普通高等教育工程训练系列教材

工程训练教程

主　编　闫占辉

副主编　武　勇　闫　伟　李　锟　王　征

参　编　郑晓培　刘　旦　栾　鑫　刘　辉

主　审　付　铁

机械工业出版社

本书根据教育部高等学校教学指导委员会编制的《普通高等学校本科专业类教学质量国家标准》、教育部高等学校机械基础课程教学指导分委员会编制的《高等学校机械基础系列课程现状调查分析报告暨机械基础系列课程教学基本要求》和各专业人才培养方案等编写而成，遵循"大工程、强实践、重创新"的现代工程教育理念，以培养应用型、创新型工程技术人才为目标。

本书分为绪论、金属材料及其成形技术、机械加工技术、先进制造技术、电工技术 5 篇，包括金属材料与钢的热处理等 25 章内容，并与闫占辉主编的《工程训练报告》配套使用。另外，本书部分章节，涉及以手工操作为主的实训内容，列出了各工种安全操作规程，以进一步增强学生的安全意识。

本书适合普通高等院校本科工程训练教学使用，便于学生对实习内容进行预习、实习和总结，注重理论与实践的结合，培养学生的工程素质、工程实践能力和创新精神。

图书在版编目（CIP）数据

工程训练教程/闫占辉主编. —北京：机械工业出版社，2021.8（2022.7 重印）

普通高等教育工程训练系列教材

ISBN 978-7-111-68244-8

Ⅰ.①工… Ⅱ.①闫… Ⅲ.①机械制造工艺-高等学校-教材 Ⅳ.①TH16

中国版本图书馆 CIP 数据核字（2021）第 091369 号

机械工业出版社（北京市百万庄大街 22 号　邮政编码 100037）

策划编辑：丁昕祯　责任编辑：丁昕祯　徐鲁融

责任校对：樊钟英　封面设计：张　静

责任印制：李　昂

北京中科印刷有限公司印刷

2022 年 7 月第 1 版第 2 次印刷

184mm×260mm · 21.25 印张 · 523 千字

标准书号：ISBN 978-7-111-68244-8

定价：59.80 元

电话服务

客服电话：010-88361066

010-88379833

010-68326294

封底无防伪标均为盗版

网络服务

机　工　官　网：www.cmpbook.com

机　工　官　博：weibo.com/cmp1952

金　书　网：www.golden-book.com

机工教育服务网：www.cmpedu.com

前 言

工程训练是以工业生产中的机械制造为主要内容的一门实践课程，是普通高等院校学生学习工艺知识、增强实践能力、提高工程素质、培养创新意识的重要实践环节。学生通过工程训练各个环节的实践，体验产品的生产工艺和生产过程，从而理解机械制造的一般过程，对实际工业生产建立初步认识。

工程训练是在原有金工实习课程的基础上发展而来的。由于早期的机械加工主要以金属材料为加工对象，于是便有了"金属加工工艺"（简称"金工"）的说法。随着科技的不断发展，越来越多产品中的金属材料被非金属材料和一些复合材料取代，机械加工不再仅以金属材料为加工对象。另外，现代机械加工方法日新月异，在铸、锻、焊、车、铣、磨等传统机械加工方法的基础上，产生了电解加工、超声波加工、激光加工、快速成形等多种加工方法，因此传统的金工实习名称和内容都具有很大的局限性。

工程训练是学生在模拟机械加工企业的工程实践环境下，在工程技术人员（或实习指导老师）指导下，通过对设备的操作和零件的加工，提高动手能力，增强工程意识的实训课。学生通过工程训练，可以增强对机械加工工艺的理性认识，初步学会相关机床设备、工具、夹具、量具和刀具等的使用方法，学会分析机械产品从毛坯到成品的工艺过程。工程训练是理工科学生的必修课和重要的实践课，力求培养和训练学生的综合素质，以使其掌握工程技术人员应具备的基本知识和技能。

本书结合教育部高等学校教学指导委员会编制的《普通高等学校本科专业类教学质量国家标准》、教育部高等学校机械基础课程教学指导分委员会编制的《高等学校机械基础系列课程现状调查分析报告暨机械基础系列课程教学基本要求》和各专业人才培养方案等编写而成，遵循"大工程、强实践、重创新"的现代工程教育理念，强化与现代机械工业主流技术的紧密衔接，以培养应用型、创新型工程技术人才为目标。编者在总结近年来工程训练教学研究和教学改革成果的基础上，组织编写了本书。

本书由长春工程学院闫占辉统稿并任主编，由武勇、闫伟、李锟、王征任副主编，由北京理工大学付铁主审。本书参与编写的人员及分工为：闫占辉（第1章）、武勇（第2~5章）、闫伟（第6、7、12、13章）、李锟（第8、9、11章）、郑晓培（第10章）、刘旦（第14~17章）、刘辉（第18章）、王征（第19.1节，第20、22、23章）、栾鑫（第19.2节，第21、24、25章）。

本书参考了同类教材等文献资料上的相关内容，借鉴了同行专家的研究成果，编者在此对相关人员一并表示诚挚的谢意。

本书与闫占辉主编的《工程训练报告》配套，供高等工科院校工程训练教学使用，便于学生对实习内容进行预习、复习、归纳和总结，促进理论与实践相结合，培养学生综合工程素质及创新实践能力。

由于编者水平有限，书中不足之处在所难免，敬请读者批评指正。

全体编者

目　录

前言

第1篇　绪　　论

第1章　绪论 …………………………… 2
　1.1　机械工业的产生与发展 …………… 2
　　1.1.1　机械工业的概念 ……………… 2
　　1.1.2　我国机械工业的发展 ………… 2
　1.2　机械产品的生产过程 ……………… 3
　　1.2.1　机械产品的设计 ……………… 3
　　1.2.2　机械产品的制造 ……………… 3
　　1.2.3　机械产品生产的组织 ………… 3
　　1.2.4　机械制造企业的成本构成 ……… 4
　1.3　机械加工的工艺过程 ……………… 5
　　1.3.1　机械加工一般工艺过程 ……… 5
　　1.3.2　生产纲领与生产类型 ………… 6
　　1.3.3　加工设备与工艺装备 ………… 6
　　1.3.4　机械零件的公差、配合与技术
　　　　　测量 …………………………… 7
　　1.3.5　产品的质量控制 ……………… 7

第2篇　金属材料及其成形技术

第2章　金属材料与钢的热处理 ……… 10
　2.1　机械工程材料综述 ………………… 10
　　2.1.1　常用机械工程材料简介 ……… 10
　　2.1.2　金属材料的性能 ……………… 14
　2.2　常用热处理方法 …………………… 15
　　2.2.1　概述 …………………………… 15
　　2.2.2　普通热处理 …………………… 16
　　2.2.3　表面热处理 …………………… 17
　　2.2.4　表面化学热处理 ……………… 18
　　2.2.5　常用的热处理设备 …………… 19

第3章　铸造 …………………………… 21
　3.1　概述 ………………………………… 21
　3.2　砂型铸造 …………………………… 22
　　3.2.1　型砂的组成 …………………… 22
　　3.2.2　型砂应具备的性能 …………… 22
　　3.2.3　型砂和芯砂的制备 …………… 23
　　3.2.4　铸型的组成 …………………… 23
　　3.2.5　型芯的作用 …………………… 23
　　3.2.6　浇冒口系统 …………………… 24
　　3.2.7　模样和芯盒的制造 …………… 25

　3.3　手工造型 …………………………… 25
　　3.3.1　分型面的选择 ………………… 25
　　3.3.2　常用手工造型工具 …………… 25
　　3.3.3　造型方法 ……………………… 26
　　3.3.4　制芯 …………………………… 30
　3.4　铸件的落砂、清理及缺陷分析 …… 30
　3.5　铸造实习安全操作规程 …………… 32

第4章　锻压 …………………………… 33
　4.1　概述 ………………………………… 33
　4.2　金属的加热与锻件的冷却 ………… 34
　　4.2.1　金属的加热 …………………… 34
　　4.2.2　锻件的冷却 …………………… 35
　　4.2.3　锻件的热处理 ………………… 36
　4.3　自由锻造 …………………………… 36
　　4.3.1　自由锻设备与工具 …………… 36
　　4.3.2　自由锻的特点 ………………… 36
　　4.3.3　自由锻的基本工序 …………… 37
　4.4　模锻和胎模锻 ……………………… 38
　　4.4.1　模锻 …………………………… 38
　　4.4.2　胎模锻 ………………………… 39

4.5 板料冲压 ………………………… 39
　4.5.1 冲压生产概述 ………………… 39
　4.5.2 板料冲压的主要工序 ………… 39
　4.5.3 冲压主要设备 ……………… 40
4.6 锻造实习安全操作规程 ………… 42

第5章 焊接 …………………………… 43
5.1 概述 ……………………………… 43
5.2 焊条电弧焊 …………………… 43
　5.2.1 焊接电弧 …………………… 43
　5.2.2 弧焊电源 …………………… 44
　5.2.3 焊条电弧焊 ………………… 44
　5.2.4 焊条电弧焊实习安全操作规程 … 49
5.3 气焊与气割 …………………… 49
　5.3.1 气焊 ………………………… 49
　5.3.2 气割 ………………………… 51
　5.3.3 气焊、气割实习安全操作规程 … 52

第6章 钣金 …………………………… 53
6.1 概述 ……………………………… 53
6.2 钣金加工设备及手工成形工具 … 54
　6.2.1 钣金加工设备 ……………… 54
　6.2.2 手工成形工具 ……………… 54
6.3 作图展开方法 ………………… 55
　6.3.1 柱面与平行线 ……………… 55
　6.3.2 平行线画法展开实例 ……… 56
6.4 板厚及加工余量的处理 ……… 57
　6.4.1 板厚的处理 ………………… 57
　6.4.2 加工余量的处理 …………… 59
6.5 板料的手工剪切、弯曲与卷边 … 61

6.5.1 手工剪切工具 ……………… 61
　6.5.2 剪切方法 …………………… 61
　6.5.3 弯曲 ………………………… 63
　6.5.4 卷边 ………………………… 64
　6.5.5 放边与收边 ………………… 65
6.6 咬接加工 ……………………… 66
　6.6.1 咬接工具 …………………… 66
　6.6.2 咬接的形式 ………………… 66
　6.6.3 咬接的操作方法 …………… 67
　6.6.4 咬接实例 …………………… 71
6.7 钣金实习安全操作规程 ……… 72

第7章 管道连接 ……………………… 73
7.1 概述 ……………………………… 73
　7.1.1 管材的种类 ………………… 73
　7.1.2 管道连接方式 ……………… 73
　7.1.3 管道分类 …………………… 74
7.2 管螺纹连接 …………………… 74
　7.2.1 管螺纹连接基本知识 ……… 74
　7.2.2 管螺纹加工操作方法 ……… 75
　7.2.3 管螺纹连接的常用工具 …… 76
　7.2.4 管螺纹连接的填料 ………… 77
　7.2.5 管螺纹连接的注意事项 …… 77
7.3 管道热熔连接 ………………… 77
　7.3.1 熔接器使用方法 …………… 78
　7.3.2 热熔连接的操作步骤 ……… 78
7.4 焊接管件的加工制作 ………… 79
　7.4.1 焊接弯头制作 ……………… 79
　7.4.2 焊接管三通制作 …………… 80

第3篇　机械加工技术

第8章 切削加工技术基础 ………… 83
8.1 切削加工 ……………………… 83
　8.1.1 切削运动 …………………… 83
　8.1.2 切削用量三要素 …………… 84
8.2 加工精度与表面质量 ………… 84
　8.2.1 加工精度 …………………… 85
　8.2.2 表面质量 …………………… 86
8.3 测量工具 ……………………… 87
　8.3.1 钢直尺 ……………………… 87
　8.3.2 内、外卡钳 ………………… 87
　8.3.3 游标读数量具 ……………… 87
　8.3.4 螺旋测微量具 ……………… 89

8.3.5 指示式量具 ………………… 91

第9章 车削加工 ……………………… 93
9.1 概述 ……………………………… 93
9.2 卧式车床 ……………………… 94
　9.2.1 卧式车床型号 ……………… 94
　9.2.2 卧式车床的组成 …………… 94
　9.2.3 卧式车床的传动系统 ……… 96
9.3 工件装夹方法 ………………… 96
　9.3.1 自定心卡盘 ………………… 96
　9.3.2 单动卡盘 …………………… 97
　9.3.3 顶尖 ………………………… 97
　9.3.4 中心架和跟刀架 …………… 99

9.3.5　心轴 ································ 99

9.3.6　花盘 ································ 100

9.4　车刀及车刀安装 ···················· 100

9.4.1　车刀种类及结构 ············· 100

9.4.2　车刀的切削角度 ············· 102

9.4.3　车刀刃磨 ······················ 104

9.4.4　车刀安装 ······················ 104

9.5　车床操作 ·························· 105

9.5.1　刻度盘原理及应用 ·········· 105

9.5.2　车削步骤 ······················ 105

9.5.3　粗车与精车 ··················· 106

9.5.4　车削外圆 ······················ 107

9.5.5　车削端面 ······················ 107

9.5.6　车削台阶 ······················ 108

9.5.7　钻孔与车孔 ··················· 109

9.5.8　车槽与切断 ··················· 110

9.5.9　车削锥面 ······················ 111

9.5.10　车削成形面 ·················· 112

9.5.11　滚花 ··························· 113

9.5.12　车螺纹 ························ 114

9.6　车削实习安全操作规程 ·········· 116

第 10 章　铣削加工 ···················· 117

10.1　概述 ································ 117

10.1.1　铣削运动及加工范围 ······ 117

10.1.2　工艺特性 ···················· 117

10.1.3　铣削用量 ···················· 118

10.1.4　铣床及其附件 ·············· 118

10.2　铣刀 ································ 122

10.2.1　铣刀种类 ···················· 122

10.2.2　铣刀的安装 ················· 124

10.3　铣削方法 ·························· 125

10.3.1　铣平面 ······················· 125

10.3.2　铣沟槽 ······················· 127

10.3.3　铣斜面 ······················· 129

10.3.4　铣齿轮 ······················· 129

10.4　铣削实习安全操作规程 ········· 130

第 11 章　磨削加工 ···················· 131

11.1　概述 ································ 131

11.2　磨床 ································ 132

11.2.1　外圆磨床 ···················· 132

11.2.2　内圆磨床 ···················· 133

11.2.3　平面磨床 ···················· 133

11.2.4　无心磨床 ···················· 134

11.3　砂轮 ································ 135

11.3.1　砂轮的特性及代号 ········· 135

11.3.2　砂轮的平衡、安装及修整 ··· 137

11.4　磨削加工 ·························· 138

11.4.1　外圆磨削 ···················· 138

11.4.2　内圆磨削 ···················· 140

11.4.3　平面磨削 ···················· 140

11.4.4　磨外圆锥面 ················· 140

11.5　磨削实习安全操作规程 ········· 142

第 12 章　钳工 ························· 143

12.1　概述 ································ 143

12.1.1　钳工的工作内容 ············ 143

12.1.2　钳工的分类 ················· 143

12.1.3　钳工的特点 ················· 143

12.1.4　钳工常用设备 ·············· 144

12.1.5　钳工常用工具和量具 ······· 144

12.2　划线 ································ 144

12.2.1　划线的目的和分类 ········· 144

12.2.2　划线工具 ···················· 145

12.2.3　划线基准及其选择 ········· 148

12.2.4　划线方法 ···················· 148

12.3　锯削 ································ 149

12.3.1　锯削工具 ···················· 149

12.3.2　锯削方法 ···················· 150

12.3.3　锯削实习的安全注意事项 ··· 151

12.4　锉削 ································ 152

12.4.1　锉刀及其选用 ·············· 152

12.4.2　锉削方法 ···················· 154

12.4.3　锉削实习的安全注意事项 ··· 156

12.5　钻孔、扩孔、铰孔与锪孔 ······ 157

12.5.1　钻孔 ··························· 157

12.5.2　扩孔、铰孔与锪孔 ········· 161

12.5.3　钻孔、扩孔、铰孔与锪孔实习的
安全注意事项 ·············· 163

12.6　攻螺纹与套螺纹 ·················· 163

12.6.1　攻螺纹 ······················· 163

12.6.2　套螺纹 ······················· 164

12.6.3　攻螺纹与套螺纹实习的安全注意
事项 ······················· 165

12.7　钳工实习安全操作规程 ········· 166

第 13 章　装配 ························· 167

13.1　概述 ································ 167

13.2　装配工艺、组织形式 ············ 167

13.3 装配的基本原则 ……………… 168
13.4 装配方法 ……………………… 168
13.5 基本零件的装配 ……………… 169
13.6 典型机构的装配 ……………… 171
13.7 拆卸机器的基本要求 ………… 172

第4篇　先进制造技术

第14章　数控车床编程与操作 ………… 174
14.1 数控车床简介 ………………… 174
14.1.1 数控车床的分类 ………… 174
14.1.2 数控车床的加工范围 …… 174
14.2 FANUC 0i 系统数控车床常用编程
指令 ……………………………… 174
14.2.1 数控车床的编程特点 …… 174
14.2.2 数控车床坐标系的特点 … 175
14.2.3 基本编程指令 …………… 175
14.2.4 固定循环指令 …………… 178
14.2.5 数控车削加工综合训练 … 183
14.3 FANUC 0i 系统数控车床操作 … 185
14.3.1 FANUC 0i 系统基本操作 … 185
14.3.2 操作面板 ………………… 186
14.3.3 数控车床对刀操作训练 … 190

第15章　数控铣床及加工中心编程与
操作 ……………………… 191
15.1 数控铣床及加工中心简介 …… 191
15.1.1 数控铣床 ………………… 191
15.1.2 加工中心 ………………… 191
15.2 FANUC 0i 系统数控铣床及加工中心
常用编程指令 …………………… 191
15.2.1 基本编程指令 …………… 191
15.2.2 刀具补偿指令 …………… 196
15.2.3 加工中心的换刀指令 …… 200
15.2.4 固定循环指令 …………… 200
15.3 简化编程指令及其应用 ……… 203
15.4 数控铣削加工综合训练 ……… 205
15.5 FANUC 0i 系统数控铣床操作 … 208
15.5.1 FANUC 0i 系统基本操作 … 208
15.5.2 操作面板 ………………… 210
15.5.3 数控铣床对刀操作训练 … 212

第16章　数控电火花线切割加工 ……… 216
16.1 数控电火花线切割加工的基础
知识 ……………………………… 216
16.1.1 数控电火花线切割加工的基本
原理和必备条件 ………… 216

16.1.2 数控电火花线切割加工的
特点及应用 ……………… 217
16.1.3 数控电火花线切割机床的
分类 ……………………… 218
16.1.4 数控高速走丝电火花线切割
机床的结构特点 ………… 218
16.1.5 数控电火花线切割加工常用
名词术语 ………………… 221
16.1.6 数控高速走丝电火花线切割
加工要素 ………………… 222
16.2 数控高速走丝电火花线切割加工
编程基础 ………………………… 225
16.2.1 程序的组成构成 ………… 225
16.2.2 数控高速走丝电火花线切割
加工 ISO 编程指令 ……… 227
16.2.3 数控电火花线切割加工 ISO
程序实例 ………………… 232
16.3 数控高速走丝电火花线切割加工
自动编程 ………………………… 234
16.3.1 数控高速走丝电火花线切割加工
自动编程系统简介 ……… 234
16.3.2 典型零件自动编程实例 … 240
16.4 数控高速走丝电火花线切割加工
操作基础 ………………………… 243
16.4.1 数控高速走丝电火花线切割
加工机床开机与关机 …… 243
16.4.2 数控高速走丝电火花线切割
加工工件装夹及找正 …… 243
16.4.3 数控高速走丝电火花线切割
加工电极丝安装 ………… 245
16.4.4 数控高速走丝电火花线切割
加工机床的操作屏 ……… 247

第17章　激光切割 …………………… 255
17.1 激光加工的基础知识 ………… 255
17.2 激光切割机操作基础 ………… 256
17.2.1 CLS3500 系列高速激光切割机
结构 ……………………… 256

17.2.2 CLS3500 系列高速激光切割机
操作指南 ·················· 258

第 18 章 物料自动化加工模拟系统 ····· 261
18.1 物料自动化加工基础知识 ······ 261
18.1.1 物料自动化加工基本概念 ··· 261
18.1.2 机器人分类与沿革 ········· 261
18.1.3 电气控制与 PLC 基础 ······ 262
18.2 物料自动化加工模拟系统介绍 ··· 264
18.2.1 系统组成 ················ 264

18.2.2 设备连接 ················ 266
18.2.3 设备运行 ················ 267
18.3 PLC 编程 ···················· 267
18.4 机器人编程 ·················· 269
18.4.1 示教器介绍 ·············· 269
18.4.2 FANUC 机器人的手动操作 ··· 270
18.4.3 常用运动指令 ············ 273
18.4.4 运行自己的程序 ·········· 276
18.4.5 机器人与 PLC 的配合 ······ 276

第 5 篇 电 工 技 术

第 19 章 电工基础知识 ··········· 278
19.1 安全用电 ···················· 278
19.1.1 电流对人体的危害 ········ 278
19.1.2 电气安全工作要求与措施 ··· 279
19.1.3 电气防火 ················ 280
19.1.4 静电、雷电、电磁危害的防护
措施 ·················· 280
19.1.5 触电急救程序及电气火灾扑救
方法 ·················· 280
19.2 常用电工工具及仪表 ·········· 282
19.2.1 常用电工工具 ············ 282
19.2.2 常用电工仪表 ············ 285

第 20 章 三相异步电动机检修 ····· 287
20.1 三相异步电动机概述 ·········· 287
20.2 三相异步电动机工作原理 ······ 288
20.3 三相异步电动机结构 ·········· 288
20.4 三相异步电动机的拆卸与组装 ··· 289
20.4.1 定子绕组制作 ············ 290
20.4.2 三相绕组的连接及首末端
判断 ·················· 291

第 21 章 二次回路保护 ··········· 293
21.1 二次配线中的继电器介绍 ······ 293
21.2 二次回路基本工作原理 ········ 295
21.2.1 输电线路的电流三段式保护 ··· 295
21.2.2 自动重合闸在电力系统中的

作用 ·················· 295
21.2.3 对自动重合闸装置的基本
要求 ·················· 296
21.3 二次回路配线工艺要求 ········ 299

第 22 章 室内照明配线 ··········· 300
22.1 室内照明灯具和附加元件 ······ 300
22.2 室内照明控制电路 ············ 303
22.3 室内照明系统安装工艺 ········ 304

第 23 章 低压动力盘及配电变压器 ··· 306
23.1 低压动力盘概述 ·············· 306
23.2 低压动力盘结构 ·············· 306
23.3 低压动力盘电器元件安装与调试 ··· 309
23.4 低压动力盘配线工艺 ·········· 310
23.5 配电变压器 ················· 312

第 24 章 低压电器及控制回路 ····· 315
24.1 常用低压电器元件规格性能 ···· 315
24.2 三相异步电动机可逆起动电路
原理图 ···················· 317
24.3 配线工艺要求 ··············· 319

第 25 章 高压开关检修 ··········· 320
25.1 高压断路器的基本知识 ········ 320
25.2 户内少油断路器 ············· 322
25.3 真空断路器 ················· 325
25.4 高压断路器的操动机构 ········ 326

参考文献 ····················· 329

第1篇 绪 论

第1章

绪　论

1.1　机械工业的产生与发展

1.1.1　机械工业的概念

机械工业又称机械制造工业，主要包括农业机械、矿山设备、冶金设备、动力设备、化工设备及工作母机等制造工业。机械制造业是工业的心脏，它为工业、农业、交通运输业、国防等提供技术装备，是整个国民经济和国防现代化的技术基础，因此，机械制造业的发达程度及机械装备的自给水平是衡量一个国家经济发展水平与科学技术水平的真正标志。机械制造工业的门类多，已成为拥有几十个独立生产部门的最庞大的工业体系。由于机械产品结构复杂、零部件多、技术性强，因此实行生产专门化、标准化、自动化对于机械制造业的发展具有重大意义。狭义机械工业指机械制造工业，广义机械工业指凡用金属切削机床从事工业生产活动的工业部门。

从制造方式来看，铸、锻、焊是制造过程中材料到零件的重量基本不变的制造方式，属于"等材制造"，这种制造方式已有3000多年的历史；随着电动机的发明，车床、铣床、刨床、磨床等机床相继出现，它们通过对材料的切削和去除，使其达到设计形状，这种制造方式属于"减材制造"，已有300多年的历史；而以3D打印为代表的"增材制造"，出现在20世纪90年代中期，前景广阔。

1.1.2　我国机械工业的发展

我国的近代机械工业诞生于第一次鸦片战争以后，1845年英国人柯柏在广州黄埔设立利柏船舶厂，这是中国最早的外资机械厂；1861年曾国藩创办安庆军械所，这是我国自办的第一家机械厂；1866年设立的上海发昌钢铁机器厂是我国民族资本家开办的第一家机械厂。中华人民共和国成立前，我国机械工业基础十分薄弱，机械厂数量少，而且始终没有摆脱以修配为主的状况，只能依靠进口器件制造少量简易产品，没有发展成为独立的制造工业。

中华人民共和国成立以后，机械工业获得了快速发展，尤其是改革开放以来，我国制造业迅速发展，建成了门类齐全、独立完整的产业体系，有力地推动了工业化和现代化进程，增强了综合国力，支撑我国成为世界大国的地位。与世界先进水平相比，我国制造业在自主创新能力、核心技术、知识产权、资源利用效率、产业结构水平、质量效益等方面还存在明显差距，许多大型成套设备、关键元器件和重要基础件仍依靠进口，有时还要受制于人；产业技术水平和附加值总体偏低，处于国际产业链中低端。

1.2 机械产品的生产过程

机械产品的生产过程是指将原材料（或半成品）转变为成品的各种相互关联的劳动过程的总和。它包括生产技术准备过程、基本生产过程、辅助生产过程和生产服务过程四个方面。生产技术准备过程是指产品生产前的市场调查与预测、新产品开发鉴定、产品设计标准化审查等；基本生产过程是指直接制造产品毛坯和零件的机械加工、热处理、检验、装配、调试、涂装等生产过程；辅助生产过程是为了保证基本生产过程的正常进行所必需的辅助生产活动，如工艺装备的制造、能源的供应、设备的维修等；生产服务过程是指原材料的组织、运输、保管、供应及产品的包装、销售等过程。

1.2.1 机械产品的设计

机械产品的设计是机械产品生产的第一步，是整个制造过程的依据，也是决定产品质量及产品在制造过程中和投入使用后的经济效益的一个重要环节。现代工业产品设计是一种有特定目的的创造性行为，是根据市场的需求，运用工程技术方法，在社会、经济和时间等因素的约束范围内所进行的设计工作。一个好的设计应当是技术先进和经济合理相统一的，且最终使消费者与制造者都感到满意。

对工业企业来讲，产品设计是企业经营的核心，产品的技术水平、质量水平、生产效率及成本水平等，基本上取决于产品设计阶段。

1.2.2 机械产品的制造

机械产品包罗万象，材料、结构复杂程度不一，有的产品是由几个零件组合而成，有的产品可以由几百种材料、上万个零件组合而成。尽管这些产品的形式、功能、产量等各有不同，但其共同之处是任何机械产品都是通过各种零件按一定规则装配起来而获得的，只有制造出合乎要求的零件才能装配出合格的产品。因此对于机械产品的制造，首先需要解决的是零件制造问题，零件制造的基本要素是材料、设备和操作人员。材料是基础，其质量好坏决定着产品的先天基础和加工的难易。设备一般包括刀具、夹具、模具、检测设备等。

一般情况下，机械产品的制造过程为：将原材料经毛坯加工（如铸造、锻压、焊接等）制成毛坯，然后由毛坯经机械加工（如车削、铣削、磨削、钳工等）制成零件，再对产品进行装配调试，检验合格后出厂。由于企业专业化协作的不断加强，机械产品许多零部件的生产不一定都在一个企业内完成，也可以分散在多个企业协作完成，例如螺钉、轴承等标准件的加工常由专业生产厂家完成。

机械产品的制造过程可分为生产准备、毛坯准备、零件加工、装配试车四个阶段。操作者在这四个阶段中利用设备对材料进行加工，前一阶段的产品在后一阶段中就成为材料（加工对象）。

1.2.3 机械产品生产的组织

工业企业作为社会生产活动的基本单位，它不仅要用自己所生产的产品满足社会和市场的需要，还要通过生产经营活动取得更多的利润，并向社会提供更多的生产条件。因此，应科学有序地组织和管理生产过程，充分利用和挖掘企业的人力、物力和财力，以最少的劳动消耗，取得最大的经济效益。

1. 企业组织

机械制造企业一般在总公司下面设立技术管理部门、生产管理部门等若干事业部门，并且设有若干进行实际生产活动的工厂。这种组织形式反映了以机械产品制造为中心的企业，各个部门的活动是如何密切相关的。

2. 生产过程的组织与管理

在公司职能机构向制造部门下发了包含生产数量、使用设备、人员等的总体制造计划之后，设计部门需要向制造部门提供以下资料：标明每个零件制造方法的零件图、标明装配方法的装配图等。生产技术部门据此制订产品的生产计划和工艺技术文件（如工艺图、工装图、工艺卡等）。制订生产计划时，应确定制造零件的件数和外购零件、外购部件等的数量，以及交货期限等。例如，轴承、密封件、螺栓、螺母等都是最常见的外购零件，而电动机、减速器、各种液压或气动装置等都是典型的外购部件。

制造部门按照生产技术部门下达的任务进行生产。首先将生产任务分配给各加工组织（如生产车间或班组等），确定毛坯制造方法、机械加工方法、热处理方法和加工顺序（也称加工路线），进而确定各加工组织的加工方法和要使用的设备，然后确定每部机床的加工内容、加工时间等，制订详细的生产日程。制造零件时，通常加工所需时间较短，而准备所需（刀具的装卸、毛坯的装卸等）时间则较长。此外，制成一个零件所需的时间大部分不是用在加工上，而是用在各工序间的输送和等待上。因此缩短这些时间，缩短从制订生产计划到制成产品的时间，提高生产效率，使生产计划具有柔性，是生产管理的主要任务。对加工完成的零件进行各种检查以后，要将其移交到下面的装配工序。对装配完毕的机器进行性能检验并确认合格后，即完成了制造任务。

随着机械制造系统自动化水平的不断提高，为适应现代多品种、变批量的生产要求，人们正不断开发出一些全新的现代生产系统和制造技术，如柔性制造系统（FMS）、计算机集成制造系统（CIMS），以及精良生产（LP）、敏捷制造（AM）、智能制造（IM）和虚拟制造（VM）技术等。这些新系统和技术的推广和发展，使制造业的面貌发生了巨大的变化。

1.2.4 机械制造企业的成本构成

机械制造企业的成本一般由投资成本、生产成本、管理成本三部分构成，投资成本主要是修建厂房和基础设施、购买设备的费用，这部分成本是以折旧的形式计入产品中。一方面，投资需要收回；另一方面，厂房、设备在使用中也会磨损、老化，经过一段时间以后需要更新。

生产成本主要包括原材料、辅助材料、能源、水、工人工资等费用。原材料一般只用于某一种产品的生产。辅助材料、能源、水是生产必需的，这一部分成本往往以平摊的方式计入成本。工人劳动要有报酬，其费用以工时费的形式计入成本。此外，在生产中不可避免会加工出废品，其成本也需计入生产成本，因此废品率高也会造成产品生产成本的增加。

管理成本包括企业的办公费用、市场营销费用、职工福利等。随着企业规模的扩大，在企业中从事技术支持、日常管理、市场营销的人员数量也会相应增加，这部分费用以管理费的形式计入成本。

投资成本和管理成本是以分摊的形式计入产品成本的，产品中这一部分成本的高低与产品的产量有直接的关系，产量越高，分摊的成本越低。而生产成本是直接计入产品成本的，与产量无关，要想降低这一部分成本，必须通过技术创新来节约原材料、能源和劳动消耗。

1.3 机械加工的工艺过程

机械产品的生产过程是指将原材料转变为成品（可以是一台机器、一个部件，也可以是某种零件）的所有劳动过程，其加工工艺路线包括：①原材料、半成品和成品的运输和保存；②生产和技术准备工作，如产品的开发和设计、工艺及工艺装备的设计与制造、各种生产资料的准备及生产组织；③毛坯制造和处理；④零件的机械加工、热处理及其他表面处理；⑤部件或产品的装配、检验、调试、喷漆和包装等。

1.3.1 机械加工一般工艺过程

机械加工工艺过程是指用机械加工的方法直接改变毛坯的形状、尺寸和表面质量，使之成为零件或部件的生产过程，它包括机械加工工艺过程和机器装配工艺过程。在机械加工工艺过程中，针对零件的结构特点和技术要求，要采用不同的加工方法和装备，按照一定的顺序进行加工，才能完成由毛坯到零件的生产。组成机械加工工艺过程的基本单元是工序，工序又由安装、工位、工步和走刀等组成。

一个或一组工人，在一个工作地点对同一个工件，或者同时对几个工件进行加工所连续完成的工艺过程，称之为工序。划分工序的依据是工作地点是否变化和工作是否连续。

在加工前，应先使工件在机床上或夹具中占有正确的位置，这一过程称为定位；定位工件后，将其固定，使其在加工过程中保持定位位置不变的操作称为夹紧；将工件在机床或夹具中每定位、夹紧一次所完成的那一部分工序内容称为安装。一道工序中，工件可能被安装一次或多次，应尽量减少装夹次数，因为多一次装夹，就多一项误差，而且增加装卸工件的辅助时间。

为了完成一定的工序内容，一次安装工件后，工件与夹具或设备的可动部分相对刀具或设备的固定部分所占据的每一个位置称为工位。为了减少由多次安装带来的误差和时间损失，加工中常采用回转工作台、回转夹具或移动夹具，使工件在一次安装中，先后处于几个不同的位置进行加工，称为多工位加工。采用多工位加工方法既可以减少安装次数、提高加工精度、减轻工人的劳动强度，又可以使各工位的加工与工件的装卸同时进行，提高劳动生产率。

工序又可分成若干工步。加工表面不变、切削刀具不变、切削用量中的进给量和切削速度基本保持不变的情况下所连续完成的工序内容，称为工步。以上三个不变因素中，只要有一个因素改变，即成为新的工步。一道工序包括一个或几个工步。

在一个工步中，若需切去的金属层很厚，则可分几次切削，每进行一次切削就是一次走刀。一个工步可以包括一次或几次走刀。

1.3.2　生产纲领与生产类型

1. 生产纲领

生产纲领是指企业在计划期内应当生产的产品产量和进度计划。计划期通常为1年，所以生产纲领也称为年产量。对于零件产品的产量而言，除了包含制造机器所需要的数量之外，还要包括一定的备品和废品数量。

2. 生产类型

生产类型是指企业生产专业化程度的分类。按照产品的生产纲领、投入生产的批量，可将生产分为单件生产、批量生产和大量生产三种类型。

（1）单件生产　逐个生产不同结构和尺寸的产品，很少重复甚至不重复，这种生产称为单件生产。如新产品试制、维修车间的配件制造和重型机械制造等都属于此种生产类型。其特点是：产品的种类较多，而同一产品的产量很小，工作地点的加工对象经常改变。

（2）批量生产　一年中分批轮流制造几种不同的产品，每种产品均有一定的数量，工作地点的加工对象周期性地重复，这种生产称为批量生产。如一些通用机械厂、某些农业机械厂、陶瓷机械厂、造纸机械厂、烟草机械厂等的生产即属于这种生产类型。其特点是：产品的种类较少，有一定的生产数量，加工对象周期性改变，加工过程周期性重复。

（3）大量生产　在较长时间内接连不断地重复制造品种相同的产品，这种生产称为大量生产。其特点是：产品品种少，产品产量大，生产比较稳定，工作地长期固定，专业化程度较高。如采掘、钢铁、纺织、造纸等工业生产都是大量生产。

同一产品（或零件）每批投入生产的数量称为批量。根据批量的大小，生产又可分为大批量生产、中批量生产和小批量生产。小批量生产的工艺特征接近单件生产，大批量生产的工艺特征接近大量生产。

根据零件生产纲领可确定生产类型，不同生产类型的制造工艺有不同的特征。

1.3.3　加工设备与工艺装备

1. 加工设备

加工设备是机械制造装备的主体和核心，是采用机械制造方法制造机器零件或毛坯的机器设备，又称为机床或工作母机。机床的类型很多，除了金属切削机床之外，还有锻压机床、冲压机床、注塑机、快速成形机、焊接设备、铸造设备等。

2. 工艺装备

工艺装备是产品制造过程中所用各种工具的总称，包括刀具、夹具、量具、模具和辅具等。它们是贯彻工艺规程、保证产品质量和提高生产率等的重要技术手段。

1）刀具是指能从工件上切除多余材料或切断材料的带刃工具。刀具类型很多，每一种机床都有其具有代表性的一类刀具。标准刀具是按国家或有关部门制定的"标准"或"规范"制造，由专业化的工具厂集中大批大量生产。非标准刀具是根据工件与具体加工的特殊要求设计制造的，也可通过将标准刀具加以改制而得到。

2）夹具是机床上用以装夹工件及引导刀具的装置。该装置对于贯彻工艺规程、保证加工质量和提高生产率起着决定性的作用。

3）量具是以直接或间接方法测出被测对象量值的工具、仪器及仪表等，通用量具是标准化、系列化的量具，专用量具是专门针对特定零件的特定尺寸而设计的。

4）模具是用以限定生产对象的形状和尺寸的装置。按填充方法和填充材料的不同，可分为粉末冶金模具、塑料模具、压铸模具、冲压模具、锻压模具等。

1.3.4 机械零件的公差、配合与技术测量

1. 互换性

互换性是指机械产品在装配时，同一规格的零件或部件，不需经任何选择、调整或修配，就能装配到机器上，并能满足使用性能要求的一种特性。在日常生活中，经常看到这样的情况：自行车、手表的某个零件坏了，只要换一个相同规格的零件，就能正常使用；家用电器上的螺钉掉了，换一个相同规格的螺钉即可。这些现象都说明上面所说的零部件具有互换性。按照互换的程度，互换性可以分为完全互换和不完全互换两种。

2. 公差与配合

任何一台机器，无论结构复杂与简单，都是由最基本的若干个零件所构成的。这些具有一定尺寸、形状和相互位置关系的零件装配在一起时，必须满足一定的尺寸关系和松紧程度，这在机械制造中称为"配合"。在加工零件过程中，无论设备的精度和操作工人的技术水平多么高，零件的加工都会产生误差。要将加工零件的尺寸、形状和位置做得绝对准确，不但不可能，而且没必要。只要将零件加工所产生的各种几何参数（尺寸、形状和位置）误差控制在一定的范围内，就可以保证零件的使用功能，同时还能实现互换性。零件几何参数这种允许的变动量称为公差。它包括尺寸公差、几何公差等。公差用来控制零件加工中的误差，以保证互换性的实现，而建立各种几何参数的公差标准是实现对零件误差的控制和保证互换性的基础。

3. 测量和检验

测量是指以确定被测对象量值为目的的全部操作。它实质上是将被测几何量与作为计量单位的标准量进行比较，从而确定被测几何量是计量单位的倍数还是分数的过程。一个完整的测量过程应包括测量对象、计量单位、测量方法和测量精度四个方面。

1）测量对象指几何量，即长度、角度、形状和位置误差及表面粗糙度等。

2）计量单位（简称单位）是以定量表示同种几何量的量值而约定采用的特定量。对计量单位的要求是：统一稳定，能够复现，便于应用。

3）测量方法指测量时所采用的测量原理、测量器具和测量条件的总和。

4）测量精度指测量结果与零件真值的接近程度。不考虑测量精度而得到的测量结果是没有任何意义的，由于测量会受到许多因素的影响，所以其过程总是不完善的，即任何测量都不可能没有误差。

检验是指确定被测几何量是否在规定的范围之内，从而判断产品是否合格（不一定得出具体的量值）的过程。

1.3.5 产品的质量控制

产品质量是指产品适合一定用途，满足社会和人们一定需要所必备的特性。它包括产品结构、性能等内在的质量特性，也包括产品外观色泽、气味、包装等外在的质量特性。同时，还包括经济特性（如成本、价格、维修时间和费用等）、商业特性（如交货期、保修期

等）及其他方面的特性（如安全、环保、美观等）。

一般将产品质量特性应达到的要求规定在产品质量标准中。产品质量标准按其颁发单位和适用范围不同，又分为国际标准、国家标准、行业标准、企业标准等。产品质量标准是进行产品生产和质量检验的依据。

产品质量控制是企业生产合格产品、提供顾客满意的服务和减少无效劳动的重要保证。企业进行产品质量控制，必须掌握并坚持全面质量管理方法。全面质量管理的内容主要包括两个方面：一是全员参与质量管理，二是全过程质量管理。即企业内部的全体员工都参与到企业产品质量和工作质量管理的过程中，将企业的经营管理理念、专业操作和开发技术、各种统计与会计手段方法等结合起来，在企业中普遍建立从研究开发、新产品设计、外购原材料、生产加工，到产品销售、售后服务等环节贯穿到企业生产经营活动全过程的质量管理体系。

全面质量管理体现了全新的质量控制观念。质量不仅是企业产品的性能，还包括企业的服务质量、管理质量、成本控制质量，以及企业内部不同部门之间相互服务和协作的质量等。

全面质量管理强调了动态的过程控制。质量管理的范围不能局限在某一个或者某几个环节和阶段，必须贯穿市场调查、研究开发、产品设计、加工制造、产品检验、仓储管理、途中运输、销售安装、维修调换等整个过程中。

第2篇　金属材料及其成形技术

第2章

金属材料与钢的热处理

2.1 机械工程材料综述

2.1.1 常用机械工程材料简介

材料是人类一切生产和生活活动的物质基础。机械工程材料是指制造工程构件、机器零件和工具使用的材料。按材料的化学成分、结合键的特点，机械工程材料主要分为金属材料、非金属材料和复合材料三大类。

1. 常用金属材料简介

（1）钢铁材料　钢铁材料是指钢和铸铁。工业用钢按化学成分不同可分为碳素钢和合金钢两大类。碳素钢是碳的质量分数小于 2.11% 的铁碳合金。合金钢是为了改善和提高碳素钢的性能或使之获得某些特殊性能，在碳素钢的基础上，加入某些合金元素得到的以铁为基础的合金。合金钢的性能比碳素钢更加优良，因此合金钢的用量逐年增大。常用钢铁材料有如下类型。

碳素钢以铁和碳为主要元素，常含有硅、锰、硫、磷等杂质成分。由于这类钢容易冶炼、价格低廉、工艺性好，在机械制造业得到了广泛的应用。表 2-1 列出了常用碳素钢的牌号、种类和用途。

表 2-1　常用碳素钢的牌号、种类和用途

种类	牌号举例	牌号意义	用途举例
碳素结构钢	Q195、Q215、Q235、Q275	如 Q235AF，字母"Q"表示屈服强度"屈"字的汉语拼音首位字母；235 表示屈服强度值（MPa）；"A"表示质量等级，分 A、B、C、D 四级；"F"表示沸腾钢"沸"字汉语拼音首位字母	建筑结构、螺栓、轴、销、键、连杆、法兰盘、锻件坯料等
优质碳素结构钢	08、15、20、35、45、60、45Mn	两位数字表示钢中碳的平均质量分数是万分之几。锰的质量分数为 0.7%~1.2% 时加 Mn 表示	冲压件、焊接件、轴、齿轮、活塞销、套筒、蜗杆、弹簧等
一般工程用铸造碳钢	ZG200-400、ZG270-500、ZG340-640	"ZG"表示铸钢，前三位数字表示最小屈服强度值（MPa），后三位数字表示最小抗拉强度值（MPa）。碳的质量分数越高，强度越高	机座、箱体、连杆、齿轮、棘轮等

（续）

种类	牌号举例	牌号意义	用途举例
碳素工具钢	T7、T8、T10、T10A、T12、T13	"T"表示碳，其后的数字表示碳的质量分数是千分之几，"A"表示高级优质	冲头、板牙、圆锯片、丝锥、钻头、锉刀、刮刀、量规、冷切边模等

合金钢是在碳素钢的基础上加入一些合金元素而成的钢。常用的合金元素有锰、硅、铬、镍、钼、钨、钒、钛、硼等。表 2-2 列出了常用合金钢的牌号、种类和用途。

表 2-2 常用合金钢的牌号、种类和用途

种类	牌号举例	牌号意义	用途举例
低合金高强度结构钢	Q355C Q390C	第一个字母"Q"表示屈服强度"屈"字的汉语拼音首字母，"355"表示规定的最小上屈服强度数值（MPa），最后一个字母"C"表示质量等级	用于制造工程构件，如压力容器桥梁、船舶等
合金结构钢	20Cr 50Mn2 GCr15	前面两位数字表示钢中碳的平均质量分数的万分数，元素符号表示所含合金元素，元素符号后面的数字表示该元素平均质量分数，质量分数小于 1.5% 时一般不标出。若为高级优质钢，则在后面加"A"。如 40Cr 表示碳的质量分数为 0.40%，$w(Cr) < 1.5\%$ 的合金结构钢。滚动轴承前面加字母 G，Cr 后面的数字表示该元素平均质量分数的千分数	用于制作各种轴类、连杆、齿轮、重要螺栓、弹簧及弹性零件、滚动轴承、丝杠等
合金工具钢及高速工具钢	9SiCr W18Cr4V	前面一位数表示钢中碳的平均质量分数，当 $w(C) \geq 1.0\%$ 时不标出，$w(C) < 1.0\%$ 时以千分之几表示。合金元素平均质量分数的表示方法同合金结构钢	用于制作各种刀具（如丝锥、板牙、车刀、钻头等）、模具、量具
特殊性能钢	12Cr18Ni9 15CrMo	前面一位数表示钢中碳的平均质量分数，以千分之几表示。当 $w(C) \leq 0.03\%$ 时，钢号用"00"表示，当 $w(C) \leq 0.08\%$ 时，钢号前用"0"表示。合金元素平均质量分数的表示方法同合金结构钢	用于制作各种耐蚀及耐热零件，如汽轮机叶片、手术刀、锅炉等

常用铸铁是以铁和碳为主的合金，其碳的质量分数大于 2.11%，此外还含有硅、锰、硫、磷等元素。由于铸铁生产方法简便、成本低廉、性能优良，成为人类最早使用和广泛使用的金属材料之一。根据碳在铸铁中存在的形式及石墨形态的不同，将铸铁分为灰铸铁、球墨铸铁、可锻铸铁、蠕墨铸铁、耐热铸铁等。常用铸铁的牌号、种类和用途见表 2-3。

表 2-3 常用铸铁的牌号、种类和用途

种类	牌号举例	牌号意义	用途举例
灰铸铁	HT150 HT200 HT350	"HT"表示灰铸铁，数字表示最小抗拉强度值（MPa）	底座、床身、泵体、阀体、凸轮等缸体
球墨铸铁	QT400-18 QT600-3 QT900-2	"QT"表示球墨铸铁，前面数字表示最小抗拉强度值（MPa），后面数字表示断后伸长率（%）	扳手、曲轴、连杆、机床主轴等
可锻铸铁	KTH330-08 KTH370-12 KTZ650-02	"KTH"表示黑心可锻铸铁，"KTZ"表示珠光体可锻铸铁，数字意义同球墨铸铁	传动链条阀门、管接头等

（续）

种类	牌号举例	牌号意义	用途举例
蠕墨铸铁	RuT300 RuT350 RuT400	"RuT"表示蠕墨铸铁,数字表示最小抗拉强度值(MPa)	齿轮箱体、汽缸盖、活塞环、排气管等
耐热铸铁	HTRCr16 HTRSi5	"HTR"表示耐热灰铸铁,化学符号表示合金元素,数字表示合金元素质量分数	化工机械零件、炉底、坩埚换热器等

（2）常用非铁金属材料　工业上把钢铁以外的金属称为非铁金属材料（有色金属材料），非铁金属材料及其合金具有钢铁材料所没有的许多特殊的力学、物理和化学性能，是现代工业不可缺少的金属材料。常用的非铁材料有铝及铝合金、铜及铜合金等。

1）铝及铝合金。纯铝的密度小（2.7g/cm³），导电、导热性仅次于银和铜，在大气中有良好的耐蚀性，强度低、塑性好。工业纯铝（如1060、1035等）主要用于制造电缆和日用器皿等。铝与硅、铜、镁、锰等元素组成的铝合金的强度较高。铝合金分变形铝合金和铸造铝合金。

变形铝合金的塑性好，常制成板材、管材等型材，用于制造蒙皮、油箱、铆钉和飞机构件等。按主要性能特点和用途不同，变形铝合金又可分为防锈铝（如5A05）、硬铝（如2A11）、超硬铝（如7A04）和锻铝（如2A70）。

铸造铝合金（如ZAlSi12）的铸造性好，一般用于制造形状复杂及有一定力学性能要求的零件，如仪表壳体、内燃机气缸、活塞、泵体等。

2）铜及铜合金。纯铜具有优良的导电性、导热性和耐蚀性。纯铜的强度低、塑性好，工业上加工纯铜主要用于制造电缆、油管等，很少用来制造机械零件。

黄铜是以锌为主要合金元素的铜合金。加入适量的锌，能提高铜的强度、塑性和耐蚀性。只加锌的铜合金称为普通黄铜（如H62、H70）；若在其中再加适量的铅、锰、锡、硅、铝元素，则可形成特殊黄铜（如HPb59-1、HMn58-2等），能进一步提高铜的力学性能、耐蚀性和可加工性；还有用于铸造的铸造黄铜（如ZCuZn38）。黄铜主要用于制造弹簧、衬套及耐蚀零件等。

青铜原指铜锡合金，现将以铝、硅、铅等为主要合金元素的铜合金也称为青铜。青铜按主加元素的不同分为锡青铜（如QSn4-3）、铝青铜（如QAl5）、铍青铜（如QBe2）及用于铸造的铸造锡青铜（如ZCuSn10P1）等。青铜的耐磨及减摩性好、耐蚀性好，主要用于制造轴瓦、蜗轮及要求减摩、耐蚀的零件等。

2. 非金属材料简介

长期以来，金属一直是机械工程中使用的主要材料。这是由于金属材料具有良好的力学性能和工艺性能的缘故。但随着科学技术的发展，对材料的要求越来越高，材料不仅要有高强度，而且要重量轻、耐蚀、耐高温、耐低温和具有良好的电气性能等。因此，近年来已有许多非金属材料，如塑料、橡胶、陶瓷等用于各类机械工程结构。

（1）塑料　塑料是以合成树脂为基础，加入各种添加剂（如增塑剂、润滑剂、稳定剂、填充剂等）制成的高分子材料。塑料具有密度低、耐蚀性好、绝缘、绝热、隔音性好、减摩和耐磨性好、价格低、成形方便等优点，因此广泛应用于包装、日用消费品、农业、交通、运输、航空、电子、化工、通信、机械、建筑材料等领域。塑料的缺点是强度及硬度低、耐热性差。塑料有多种分类方法。

1) 按热性能，塑料常分为热塑性塑料和热固性塑料两种类型。

① 热塑性塑料。典型的品种有聚乙烯、聚丙烯、聚氯乙烯、聚苯乙烯、尼龙、ABS 塑料、聚甲醛、聚砜、有机玻璃等。这类塑料的特点是易于加工成形，可多次重复使用，强度较高，但耐热性和刚度较低。

② 热固性塑料。典型品种有环氧、酚醛、氨基、不饱和聚酯树脂等。这类塑料具有较高的耐热性和刚度，但脆性大，不能反复成形与再生使用。

2) 按用途，塑料常分为通用塑料、工程塑料和特种塑料三种类型。

① 通用塑料。通用塑料产量大、用途广、价格低。主要有聚乙烯、聚丙烯、聚氯乙烯、聚苯乙烯、酚醛塑料和氨基塑料六大品种。

② 工程塑料。工程塑料具有较好的力学性能，是用作工程结构材料的塑料。常用的有 ABS 塑料、聚酰胺、聚甲醛和聚四氟乙烯等。

③ 特种塑料。特种塑料是指耐热或具有特殊性能和特殊用途的塑料。品种有氟塑料、有机硅树脂、环氧树脂和离子交换树脂等。

(2) 橡胶　橡胶是在室温下处于高弹态的高分子材料。工业上使用的橡胶是在生橡胶（天然或合成的）中加入各种配合剂再进行硫化处理而制成的。橡胶的最大特点是弹性好，具有良好的吸振性、电绝缘性、耐磨性和化学稳定性。

橡胶分为天然橡胶和合成橡胶。天然橡胶有很好的综合性能，广泛用于制造轮胎、胶带、胶管等。合成橡胶种类很多，常用的有丁苯橡胶、顺丁橡胶和氯丁橡胶等。用于制造机械中的密封圈、减振器、电线包皮、轮胎和胶带等。特种橡胶有乙丙橡胶、硅橡胶、氟橡胶和聚氨酯橡胶等。

(3) 陶瓷　陶瓷包括硅酸盐材料和氧化物材料，是无机非金属材料的总称。陶瓷具有高硬度、高耐磨性、高熔点、高化学稳定性、高抗压强度等优点。但陶瓷一般很脆，抗拉强度低，成形和加工都较困难。

陶瓷分为普通陶瓷和特种陶瓷。普通陶瓷是由黏土、长石、石英等天然原料，经粉碎、成形和烧结制成的，主要用于建筑工程、一般电气工业、生活用品及艺术品等。特种陶瓷是为满足工程上的特殊需要而用人工提炼的、纯度较高的化合物制成的陶瓷，如高温陶瓷、电容器陶瓷、磁性陶瓷和压电陶瓷等。

3. 复合材料简介

复合材料是由两种或两种以上性质不同的物质组成的人工合成材料。复合材料既保留了组成材料各自的优点，又得到了单一材料无法具备的优良综合性能，突出的特点是重量轻、综合力学性能好，是人们按照性能要求而设计的一种新型材料。

组成复合材料的物质可分为两类：一类为基体材料，起黏结剂作用；另一类是增强材料，起提高强度和韧度的作用。

按增强材料形态的不同，复合材料分为纤维复合、层叠复合和颗粒复合三种类型。

按基体材料的不同，复合材料可分为聚合物基复合、金属基复合和无机非金属基复合三大类型。

目前应用较多的是树脂基纤维复合材料，如玻璃纤维树脂复合材料和碳纤维树脂复合材料。玻璃纤维树脂复合材料俗称玻璃钢，是应用最多的复合材料。

复合材料广泛用于航空、航天、船舶、军工、汽车、化工和机械工业。

4. 新材料的研究及其发展

新材料是指那些新出现或正在发展中的，具有优异性能和特殊功能的材料。发展和研制高新材料体现了国家利益，为国家战略。目前，新材料正在向高性能化、多功能化、复合化、智能化和低成本化方向发展。

在生产中，金属材料使用范围最广，下面对其性能进行简要介绍。

2.1.2　金属材料的性能

金属材料的性能分为使用性能和工艺性能。使用性能是指机械零件在使用条件下，金属材料表现出来的性能，它包括力学性能，物理、化学性能等。金属材料使用性能的好坏决定了机械零件的使用范围和寿命。工艺性能是指金属材料在加工过程中表现出的加工难易程度，金属材料工艺性能的好坏决定了它在加工过程中对成形工艺的适应能力。

1. 力学性能

金属材料受到外力作用时所表现出来的特性称为力学性能。金属的力学性能主要有强度、塑性、硬度和冲击韧度等。材料的力学性能是选材和零件设计的重要依据。

（1）强度和塑性　强度是指金属抵抗永久变形和断裂的能力。常用的强度指标是屈服强度和抗拉强度，可通过拉伸试验测定。图 2-1 所示是低碳钢的应力-应变曲线。

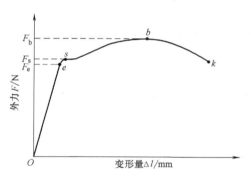

图 2-1　低碳钢应力-应变曲线

在拉伸过程中，载荷变化不大，试件变形急剧增大的现象称为屈服，此时所对应的应力称为材料的屈服强度，用 R_e 表示。屈服强度是具有屈服现象材料所具有的强度指标，分为上屈服强度（R_{eH}）和下屈服强度（R_{eL}）。在机械设计中，有时不允许机械零件发生塑性变形，或者只允许少量的塑性变形，否则机械零件会失效，因此屈服强度是机械零件设计的主要依据。

抗拉强度是指试样在拉断前所能承受的最大应力，用 R_m 表示。它是机械零件设计和选材的重要依据。

塑性是指材料在外力作用下产生永久变形而不被破坏的能力。常用的塑性指标有伸长率 A（%）和断面收缩率 Z（%），在拉伸试验中可同时测得。A 和 Z 越大，材料的塑性越好。

（2）硬度　硬度是指材料抵抗局部变形，特别是塑性变形、压痕或划痕的能力，是衡量金属软硬的判据。硬度试验是在实际生产中测定机械零件力学性能最常用的重要试验方法。生产中应用较多的有洛氏硬度和布氏硬度。

1）洛氏硬度。洛氏硬度的测定是用顶角为 120° 的金刚石圆锥或直径为 1.588mm 的淬硬钢球作压头，以相应的载荷压入试样表面，由压痕深度确定其硬度值。洛氏硬度可以从硬度计读数装置上直接读出。洛氏硬度常用的标度有 HRC、HRB、HRA。硬度值数字写在字母前面，如 60HRC、85HRB 等。常用洛氏硬度的符号、试验条件和应用范围见表 2-4。

表 2-4　常用洛氏硬度的符号、试验条件和应用范围

符号	压头	载荷 F/N(kgf)	硬度值有效范围	应用举例
HRC	顶角 120°金刚石圆锥	1470(150)	20~67HRC,相当于 225HBW 以上	淬火钢、调质钢
HRB	直径 1.588mm 淬硬钢球	980(100)	25~100HRB,相当于 60~230HBW 以上	退火钢、灰铸铁
HRA	顶角 120°金刚石圆锥	588(60)	70HRA,相当于 350HBW 以上	硬质合金、表面淬火钢

2）布氏硬度。布氏硬度的测定是用一定直径的硬质合金球,在规定的载荷 F 的作用下压入试样表面,保持一定时间后,卸除载荷,取下试样,用读数显微镜测出表面压痕直径 d,根据压痕直径、压头直径及所受载荷查表,即可求出布氏硬度值,用 HBW 表示。

（3）冲击韧度　冲击韧度是指材料在冲击载荷作用下抵抗断裂的能力。通常有两种度量方法:一种是材料受到冲击破坏时的吸收功,用 K 表示,单位为 J;另一种是单位横断面上的冲击吸收功,即冲击韧度,用 a_K 表示,单位为 J/cm^2。冲击韧度的测定在冲击试验机上进行。

2. 物理、化学性能

金属材料的物理、化学性能主要有密度、熔点、导电性、导热性、热膨胀性、耐热性、耐蚀性等。根据机械零件用途的不同,对材料的物理、化学性能要求也不同。例如,飞机上的一些零件要选用密度小的材料,如铝合金等。

金属材料的物理、化学性能对制造工艺也有影响。例如,导热性差的材料制成的刀具在进行切削加工时温升就快,刀具寿命短;膨胀系数的大小会影响金属热加工后工件的变形和开裂,故对膨胀系数大的材料进行锻压或热处理时,加热速度应慢些,以免产生裂纹。

3. 工艺性能

从材料到零件或产品的整个生产过程比较复杂,涉及多种加工方法。为了使工艺简便、成本低廉且能保证质量,要求材料具有相应的工艺性能。主要包含以下几个内容。

（1）铸造性能　铸造性能主要包含流动性和收缩性。前者是指熔融金属的流动能力;后者是指浇注后熔融金属冷却至室温时伴随的体积和尺寸的减小。

（2）锻造性能　锻造性能主要指金属进行锻造时,其塑性的好坏和抵抗变形能力的大小。塑性高、抵抗变形能力小,则锻造性好。

（3）焊接性能　焊接性能主要指在一定焊接工艺条件下,获得优质焊接接头的难易程度。它受材料本身的特性和工艺条件的影响。

（4）可加工性　工件材料接受切削加工的难易程度称为材料的可加工性。材料可加工性的好坏与材料的力学、物理、化学性能有关。

2.2　常用热处理方法

2.2.1　概述

钢的热处理是将钢在固态下通过加热、保温、冷却的方法,使钢的组织结构发生变化,从而获得所需性能的工艺方法。热处理工艺过程包括下列三个步骤。

（1）加热　以一定的加热速度把零件加热到规定的温度范围。这个温度范围可根据不

同的金属材料、不同的热处理要求来确定。

（2）保温　将工件在规定温度下恒温保持一定时间，使零件内外温度均匀。

（3）冷却　将保温后的零件以一定的冷却速度冷却下来。

将零件的加热、保温、冷却过程绘制在温度-时间坐标系上，就可以得到如图 2-2 所示的热处理工艺曲线。

在机械制造中，热处理具有很重要的地位。例如，钻头、锯条、冲模都必须有很高的硬度和耐磨性才能保持锋利、达到加工金属的目的，因此，除了选用合适的材料外，还必须进行热处理，才能达到上述要求。此外，热处理还可改善材料的工艺性能，如可加工性，使切削省力、刀具磨损小、工件表面质量高等。

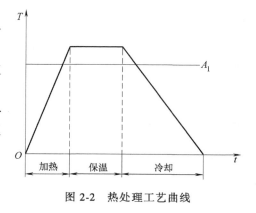

图 2-2　热处理工艺曲线

热处理工艺方法很多，一般可分为普通热处理、表面热处理和表面化学热处理等。

2.2.2　普通热处理

钢的普通热处理工艺有退火、正火、淬火和回火四种。

1. 退火

退火是将金属或合金加热到适当温度，保温一段时间，然后缓慢冷却的热处理工艺。退火的主要目的是降低硬度、消除内应力、改善组织和性能、为后续的机械加工和热处理做好准备。

生产上常用的退火方法有消除中碳钢铸件等工件中缺陷的完全退火、改善高碳钢件（如刀具、量具、模具等）加工性的球化退火，以及去除大型铸、锻件中应力的去应力退火等。

2. 正火

正火是将钢加热到适当温度，保温适当的时间后，在空气中冷却的热处理工艺。正火的目的是细化晶粒、消除内应力，这与退火的目的基本相同。但由于正火冷却速度比退火冷却速度快，故同类钢正火后的硬度和强度要略高于退火。而且由于正火不是随炉冷却，所以生产率高、成本低。因此，在满足性能要求的前提下，应尽量采用正火。普通的机械零件常用正火进行最终热处理。

3. 淬火

淬火是将钢件加热到适当温度，保持一定时间，然后以较快速度冷却的热处理工艺。淬火的目的是提高钢的硬度和耐磨性。淬火是钢件强化最经济有效的热处理工艺，几乎所有的工模具和重要零部件都需要淬火处理，因此淬火也是热处理中应用最广的工艺之一。

（1）淬火介质　由于不同成分的钢所要求的冷却速度不同，因此，应通过使用不同的淬火介质来调整钢件的淬火冷却速度。最常用的淬火介质有水、油、盐溶液和碱溶液及其他合成淬火介质。淬火冷却的基本要求是既要使工件淬硬，又要避免变形和开裂。因此，选用合适的淬火介质对提高钢的淬火效果十分重要。

（2）工件浸入淬火介质的操作方法　工件淬火时，浸入淬火介质的操作正确与否，对减小工件变形和避免工件开裂有着重要的影响。为保证工件淬火时能够均匀冷却，减小工件内应力，并且考虑工件的重心稳定，将工件浸入淬火介质的正确方法是：厚薄不均的零件应使较厚的部分先浸入淬火介质；细长的零件（如钻头、轴等）应垂直浸入淬火介质中；薄而平的工件（如圆盘、铣刀等）必须立着浸入淬火介质中；薄壁环状零件浸入淬火介质时，它的轴线必须垂直于液面；有不通孔的工件应将孔朝上浸入淬火介质中；十字形或 H 形工件应斜着浸入淬火介质中。各种形状零件浸入淬火介质的方法如图 2-3 所示。

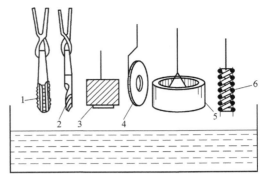

图 2-3　各种形状零件浸入淬火介质的方法
1—丝锥　2—钻头　3—铣刀　4—圆盘
5—钢圈　6—弹簧

4. 回火

回火是指将钢件淬硬后，再加热到适当温度，保温一定时间，然后冷却到室温的热处理工艺。

淬火钢回火的目的是消除和降低内应力、防止开裂、调整硬度、提高韧性，从而获得强度、硬度、塑性和韧性配合适当的力学性能，稳定钢件的组织和尺寸。一般淬火后的钢件必须立即回火，避免淬火钢件的进一步变形和开裂。

根据回火加热温度不同，回火可分为以下三种。

（1）低温回火　淬火钢件在 200～250℃ 的回火称为低温回火。低温回火使钢的内应力和脆性降低，保持了淬火钢的高硬度和高耐磨性，硬度在 60HRC 以上。各种工具、模具淬火后，应进行低温回火。

（2）中温回火　淬火钢件在 350～500℃ 的回火称为中温回火。中温回火能清除钢中的大部分内应力，使其具有一定的韧性和高弹性，硬度达 35～45HRC。各种弹簧常进行中温回火。

（3）高温回火　淬火钢件在 500～650℃ 的回火称为高温回火。习惯上常将淬火及高温回火的复合热处理工艺称为调质。钢经调质后具有强度、硬度、塑性、韧性都较好的综合力学性能。钢件回火后硬度一般为 200～300HBW。各种重要零件，如连杆、螺栓、齿轮及轴类等常进行调质处理。

2.2.3　表面热处理

表面热处理是指仅对工件表面进行热处理以改变其组织和性能的工艺。因为表面热处理只对一定深度的表层进行强化，而心部基本上保持处理前的组织和性能，所以工作表面可获得高强度、高耐磨性，而心部获得高韧性，形成三者比较满意的结合。同时由于表面热处理是局部加热，因此能显著减少淬火变形，降低能耗。

1. 感应淬火（高频感应淬火）

感应淬火是指利用感应电流通过工件所产生的热效应，使工件表面加热并进行快速冷却的淬火工艺。图 2-4 所示为感应淬火原理图。感应淬火主要用于中碳钢和中碳合金钢件，如齿轮、凸轮、传动轴等。

这种热处理工艺由于加热速度快，表面氧化、脱碳和变形小，容易控制和操作，因此，生产率高，易于机械化、自动化，适用成批生产。

2. 火焰淬火

应用氧-乙炔或其他燃气火焰对零件表面进行加热，随之淬火冷却的工艺称为火焰淬火。这种方法设备简单、成本低，但生产率低，质量较难控制，因此只适用于单件、小批量生产，或者大型齿轮、轴等大型零件的表面淬火。图 2-5 所示是火焰加热表面淬火示意图。

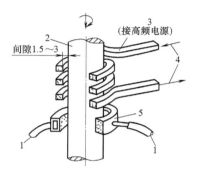

图 2-4　感应淬火原理图

1—淬火介质　2—工件　3—加热感应器
4—感应圈冷却水　5—淬火喷水套

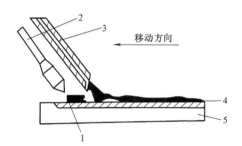

图 2-5　火焰加热表面淬火示意图

1—加热层　2—烧嘴　3—喷水管
4—淬硬层　5—工件

3. 激光淬火

激光淬火是一种新型的高能量密度的强化方法。利用激光束扫描工件表面，使工件表面迅速加热到钢的临界点以上，当激光束离开工作表面时，由于基体金属的大量吸热而其表面迅速冷却，因此无须冷却介质。

激光淬火可解决拐角、沟槽、不通孔底部、深沟内壁等一般热处理工艺难以解决的强化问题。

2.2.4　表面化学热处理

表面化学热处理是将工件置于特定的介质中进行加热和保温，使一种或几种元素的原子渗入工件表面，以改变表层的化学成分和组织，从而获得所需性能的热处理工艺。

化学热处理的目的是提高钢件的表面硬度、耐磨性和耐蚀性，而钢件的心部仍保持原有性能。常用的化学热处理工艺方法有渗碳、渗氮及几种元素共渗（如碳氮共渗等）。

1. 渗碳

为了增加钢件表面的含碳量和获得一定的碳浓度梯度，将钢件在渗碳介质中加热并保温，使碳原子深入表层的化学热处理工艺称为渗碳。渗碳用于低碳钢和低碳合金结构钢，如 20 钢、20Cr、20CrMnTi 等。渗碳后获得 0.5~2mm 的高碳表层，再经淬火、低温回火，使表面具有高硬度、高耐磨性，而心部具有良好的塑性和韧性，使零件既耐磨，又抗冲击。渗碳用于在摩擦冲击条件下工作的零件，如汽车齿轮、活塞销等。

2. 渗氮

渗氮是将工件放置在渗氮介质中加热、保温，使氮原子渗入工件表层。零件渗氮后表面形成 0.5~0.6mm 的氮化层，无需淬火就具有高的硬度、耐磨性、抗疲劳性和一定的耐蚀性，而且变形很小。但渗氮处理的时间长、成本高，目前主要用于 38CrMoAl 钢制造精密丝杠、高精度机床主轴等精密零件时的热处理。

2.2.5　常用的热处理设备

1. 加热设备

加热炉是热处理加热的专用设备，根据热处理方法的不同，所用加热炉也不同，常用加热炉有箱式电阻炉、井式电阻炉和盐浴炉等。

（1）箱式电阻炉　根据使用温度的不同，箱式电阻炉可分为高温、中温、低温箱式电阻炉。它是利用电流通过布置在炉膛内的电热元件发热，依靠辐射或对流作用，将热量传递给工件，使工件加热的。

图 2-6 为常用中温箱式电阻炉结构示意图。这种炉子的外壳用钢板和型钢焊接而成，内砌轻质耐火砖，电热元件布置在炉膛两侧和炉底，热电偶从炉顶或后壁插入炉膛，通过温控仪表显示和控制温度。中温箱式电阻炉通称 RX3 型，其中，R 表示电阻炉，X 表示箱式，3 是设计序号。如 RX3-45-9 表示炉子的功率为 45kW，最高工作温度为 950℃。

箱式电阻炉适用于钢铁材料和非铁材料（有色金属）的退火、正火、淬火、回火等热处理工艺的加热。

（2）井式电阻炉　井式电阻炉的工作原理与箱式电阻炉相同。根据使用温度不同，可分为高温、中温、低温井式电阻炉，常用的是中温井式电阻炉。

图 2-7 为中温井式电阻炉结构示意图，这种炉子一般用于长形工件的加热。因炉体较高，一般均置于地坑中，仅露出地面 600～700mm。井式电阻炉比箱式电阻炉具有更优越的性能，炉顶装有风扇，加热温度均匀，细长工件可以竖直吊挂，并可利用各种起重设备进料或出料。井式电阻炉型号为 RJ 型，R 表示电阻炉，J 表示井式。如 RJ-40-9 表示功率为 40kW，最高工作温度为 950℃。井式电阻炉主要用于轴类零件或质量要求较高的细长工件的退火、正火、淬火工艺的加热。井式电阻炉和箱式电阻炉使用都比较简单，在使用过程中

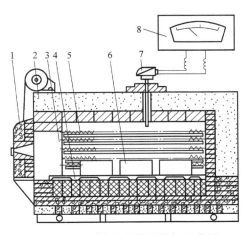

图 2-6　中温箱式电阻炉结构示意图

1—炉门　2—炉体　3—炉膛　4—耐热钢炉底板
5—电热元件　6—工件　7—热电偶　8—温控仪表

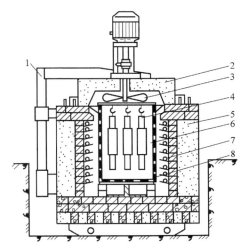

图 2-7　中温井式电阻炉结构示意图

1—炉盖升降机构　2—炉盖　3—风扇　4—工件
5—炉体　6—炉膛　7—电热元件　8—装料罐

应经常清除炉内的氧化铁屑，进、出料时必须切断电源，不得碰撞炉衬或与电热元件靠得太近，以保证安全生产和电阻炉的使用寿命。

（3）盐浴炉　盐浴炉是用熔盐作为加热介质的炉型。根据工作温度不同，可分为高温、中温、低温盐浴炉。高温、中温盐浴炉采用电极的内加热式，将低电压、大电流的交流电通入置于盐槽内的两个电极上，利用两电极间熔盐电阻的发热效应，使熔盐达到预定温度，将零件吊挂在熔盐中，通过对流、传导作用加热工件。低温盐浴炉采用电阻丝的外加热式。盐浴炉可以完成多种热处理工艺的加热，其特点是加热速度快、均匀，氧化和脱碳少，是中小型工具、模具的主要加热方式。

图 2-8 为盐浴炉结构示意图，中温炉最高工作温度为 950℃，高温炉最高工作温度为 1300℃。

（4）温控仪表　加热炉温控装置由热电偶和温度控制仪组成。热电偶是将温度转换成电动势的一种感温元件。由于一般加热炉内的温度分布不均匀，热电偶测得的又只是热端周围一小部分区域的温度，因此需要选择合适的测量点安装热电偶。通常将热电偶安装在温度较均匀且能代表工件温度的位置，而不应安装在炉门旁或与加热电源距离太近的位置。控制好工作状态的加热炉温度，是热处理工艺正确进行与热处理质量的可靠保证。

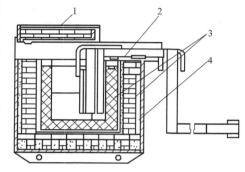

图 2-8　盐浴炉结构示意图
1—炉盖　2—电极　3—炉衬　4—炉体

2. 冷却设备及其他设备

（1）冷却设备　热处理冷却设备主要包括水槽、油槽和硝盐炉等，为提高冷却设备的生产能力和效果，常配置有淬火介质循环冷却系统。

（2）专用工艺设备　专用工艺设备指专门用于某种热处理工艺的设备，如气体渗碳炉、井式回火炉、高频感应加热淬火装置等。为了保证零件表面少、无氧化加热，可将现有空气气氛下加热的箱式电阻炉改造成可控气氛炉和真空炉。

（3）质量检测设备　根据热处理零件质量要求，检测设备一般设有检验硬度的硬度计、检验裂纹的探伤机、检验内部组织的金相显微镜及制样设备、校正变形的压力机等。

热处理并不改变零件的外形，却能使零件性能发生巨大的变化，从而使其寿命成倍增加。新的热处理工艺方法，如可控气氛热处理、真空热处理、离子轰击与特殊表面硬化技术、复合热处理、感应加热技术、新型化学热处理技术、新型冷却技术等，均已进入实用化阶段。热处理设备及检测仪器的智能化，使得热处理工艺参数的控制更精确、更合理。热处理设备和监控装置日臻完善，并向节能、环保方向发展。

第3章

铸 造

3.1 概述

铸造是液态金属在重力或外力作用下充满型腔，冷却并凝固成具有型腔形状的铸件的过程。铸件广泛用于机床制造、动力、交通运输、轻纺机械、冶金机械等设备，铸件重量占机器总重量的 40%~85%。随着科学技术的进步和国民经济的发展，铸造技术朝着优质、低耗、高效、少污染等方向发展。近些年，精密铸造（少或无加工余量）、3D 打印（增材制造）等新技术得到快速发展。

1. 铸造生产的优点

1）可以制成外形和内腔十分复杂的毛坯，如各种箱体、床身、机架等。

2）适用范围广，可铸造不同尺寸、重量、材料及各种形状的工件；铸件重量可以从几克到几百吨。

3）原材料来源广泛；工艺设备费用少，成本低。

4）所得铸件与零件尺寸较接近。

2. 铸造生产的缺点

铸件力学性能较差，生产工序多，质量不稳定，工人劳动条件差等。

3. 铸造方法

（1）砂型铸造 砂型铸造是指用型砂紧实成形的铸造方法。型砂来源广泛，价格低廉，

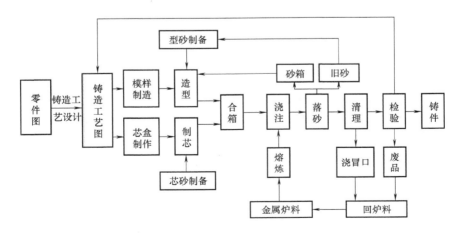

图 3-1 砂型铸造流程

且砂型铸造方法适应性强，因而是目前生产中用得最多、最基本的铸造方法。

（2）特种铸造　特种铸造是指与砂型铸造不同的其他铸造方法，如金属型铸造、压力铸造、熔模铸造、离心铸造、低压铸造、磁型铸造、消失模铸造等。

4. 砂型铸造过程

砂型铸造流程如图3-1所示。

3.2 砂型铸造

砂型铸造也叫砂模铸造，是一种以型砂作为模具材料的金属铸造过程。钢、铁和大多数有色合金铸件都可用砂型铸造方法获得。由于砂型铸造所用的造型材料价廉易得，铸型制造简便，对铸件的单件生产、成批生产和大量生产均能适应，因此长期以来，砂型铸造一直是铸造生产中的基本工艺。

3.2.1 型砂的组成

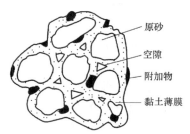

图3-2　型砂结构示意图

砂型铸造用的造型材料主要是用于制造砂型的型砂和用于制造砂芯的芯砂。型砂通常是由原砂（山砂或河砂）、黏土和水按一定比例混合而成的，其中黏土约占9%，水约占6%，其余为原砂。有时还加入少量煤粉、植物油、木屑等附加物以提高型砂和芯砂的性能。紧实后的型砂结构如图3-2所示。

芯砂由于需求量少，一般用手工配制。型芯所处的环境恶劣，所以芯砂性能要求比型砂高，同时芯砂的黏结剂（黏土、油类等）比型砂中的黏结剂的密度要大一些，所以其透气性不及型砂，制芯时要做出透气道（孔）；为改善型芯的退让性，要加入木屑等附加物。有些要求高的小型铸件往往采用油砂芯（桐油+砂子，经烘烤至黄褐色而成）。

3.2.2 型砂应具备的性能

1. 工作性能

型砂应具有经受自重、外力、高温金属液烘烤和气体压力等作用的能力，如具有湿强度、透气性、耐火度和退让性等。

2. 工艺性能

型砂应具有便于造型、修型和起模的性能，包括流动性、韧性、起模性和紧实率等。

3. 在造型和搬运过程中要求型砂具有的性能

（1）流动性　流动性是指型砂在外力或自身重力作用下，砂粒间相对移动的能力。

（2）塑性　塑性是指型砂在外力作用下变形，去除外力后能完整地保持已有形状的能力。型砂的塑性好，则造型操作方便，制成的砂型形状准确、轮廓清晰。

（3）强度　强度是指型砂抵抗外力破坏的能力。型砂必须具备足够高的强度才能在造型、搬运、合箱过程中不发生塌陷，浇注时铸型表面也不易被破坏。型砂的强度也不宜过高，否则会因透气性、退让性的下降使铸件产生缺陷。型砂在铸造生产过程中的不同时期要求具有不同性质的强度，造型和搬运时要求有湿强度、干强度，浇注时要求有足够的热湿抗拉强度。

4. 在浇注和冷却时要求型砂具有的性能

（1）透气性　透气性是指型砂能让气体透过的性能。高温金属液浇入铸型后，型腔内充满大量气体，这些气体必须由铸型内顺利排出去，否则将使铸件产生气孔、浇不足等缺陷。铸型的透气性受型砂的粒度、黏土含量、水分含量及砂型紧实度等因素的影响。型砂的粒度越细，黏土及水分含量越高，砂型紧实度越高，透气性则越差。

（2）耐火性　耐火性是指型砂抵抗高温热作用的能力。型砂耐火性差，则铸件易粘砂。型砂中 SiO_2 含量越高，型砂颗粒就越大，耐火性越好。

（3）退让性　退让性是指铸件在冷凝时，型砂可被压缩的能力。型砂退让性不好，则铸件易产生内应力或发生开裂。型砂越紧实，退让性越差。在型砂中加入木屑等附加物可以提高其退让性。

3.2.3　型砂和芯砂的制备

砂、黏土、水按一定的比例加入混砂机中，干混 2~4min，加水湿混 10min。在单件小批生产的铸造车间里，常用手捏法来粗略判断型砂的某些性能，如图 3-3 所示，用手抓起一把型砂，紧捏时感到柔软易变形；放开后砂团不松散、不粘手，并且手印清晰；把它折断时，断面平整均匀且没有碎裂现象，同时感到其具有一定强度，此时就认为型砂具有了合适的性能要求。

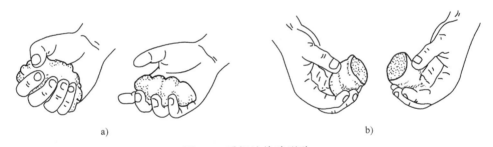

a)　　　　　　　　　　　　　　　　　　　b)

图 3-3　手捏法检验型砂

a）型砂湿度适当时可用手捏成砂团，手放开后可看出清晰的手印

b）折断时断面没有碎裂状，同时有足够强度

3.2.4　铸型的组成

铸型是根据零件形状用造型材料制成的，铸型可以是砂型，也可以是金属型。砂型是由型砂（型芯砂）作为造型材料制成的，用于浇注金属液，以获得形状、尺寸和质量符合要求的铸件。铸型一般由上型、下型、型芯、型腔和浇注系统组成，如图 3-4 所示。铸型组元间的接合面称为分型面。铸型中造型材料所包围的空腔部分，即形成铸件本体的空腔称为型腔。液态金属通过浇注系统流入并充满型腔，型腔内的气体和产生的气体从通气孔等处排出。

3.2.5　型芯的作用

型芯的主要作用是形成铸件的内腔、孔、洞、凹槽、凸台，有时也形成铸件的局部外形。

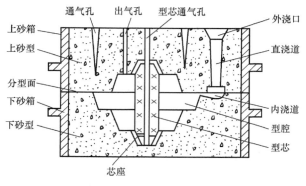

图 3-4　铸型装配图

3.2.6　浇冒口系统

1. 浇注系统

浇注系统是为金属液流入型腔而开设于铸型中的一系列通道。其作用如下。

1）平稳、迅速地注入金属液。

2）阻止熔渣、砂粒等进入型腔。

3）调节铸件各部分温度，补充金属液在冷却和凝固时的体积收缩。

正确地设置浇注系统，对保证铸件质量、降低金属的消耗量有重要的意义。若浇注系统不合理，则铸件易产生冲砂、砂眼、渣孔、浇不到、气孔和缩孔等缺陷。典型的浇注系统由外浇口、直浇道、横浇道和内浇道四部分组成，如图 3-5 所示。对形状简单的小铸件可以省略横浇道。

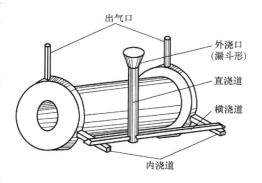

图 3-5　典型浇注系统

2. 浇注系统的组成

（1）外浇口　其作用是容纳注入的金属液并缓解液态金属对砂型的冲击。小型铸件通常为漏斗状（称为浇口杯），较大型铸件为盆状（称为浇口盆）。

（2）直浇道　它是连接外浇口与横浇道的竖直通道。改变直浇道的高度可以改变金属液的静压力大小和金属液的流动速度，从而改变液态金属的充型能力。如果直浇道的高度或直径太大，会使铸件产生浇不足的现象。为便于取出直浇道棒，直浇道一般做成上大下小的圆锥形。

（3）横浇道　它是将直浇道的金属液引入内浇道的水平通道，一般开设在砂型的分型面上，其截面形状一般是高梯形，并位于内浇道的上面。横浇道主要起挡渣作用，并分配金属液进入内浇道。

（4）内浇道　它直接与型腔相连，能调节金属液流入型腔的方向和速度，调节铸件各部分的冷却速度。内浇道的截面形状一般是方梯形和月牙形，也可为三角形。

3. 冒口

常见的缩孔、缩松等缺陷是由于铸件冷却凝固时体积收缩而产生的。为防止缩孔和缩松，往往在铸件的顶部或厚实部位设置冒口。冒口是指在铸型内特设的空腔及注入该空腔的金属。冒口中的金属液可不断地补充铸件的收缩，从而避免铸件出现缩孔和缩松。冒口是多余部分，清理时要切除。冒口除了有补缩作用外，还有排气和集渣的作用。

3.2.7 模样和芯盒的制造

模样是铸造生产中必要的工艺装备。对具有内腔的铸件，铸造时内腔由砂芯形成，因此还要制备造砂芯用的芯盒。制造模样和芯盒常用的材料有木材、金属和塑料。在单件、小批量生产时广泛采用木质模样和芯盒，在大批量生产时多采用金属或塑料模样、芯盒。金属模样与芯盒的使用寿命可达 10 万~30 万次，塑料模样与芯盒的使用寿命最多几万次，而木质模样与芯盒的使用寿命仅 1000 次左右。

为了保证铸件质量，必须先设计出铸造工艺图，然后根据工艺图的形状和大小，设计和制造模样和芯盒。在设计铸造工艺图时，要考虑下列一些问题。

（1）分型面的选择 分型面是上、下砂型的分界面，选择分型面时必须使模样能从砂型中取出，并使造型方便且有利于保证铸件质量。

（2）起模斜度 为了易于从砂型中取出模样，凡垂直于分型面的表面，都要做出 0.5°~4° 的起模斜度。

（3）加工余量 铸件需要加工的表面均需留出适当的加工余量。

（4）收缩量 铸件冷却时要收缩，模样的尺寸应考虑铸件收缩的影响。通常用于铸铁件的要加大 1%，用于铸钢件的加大 1.5%~2%，用于铝合金件的加大 1%~1.5%。

（5）铸造圆角 铸件上各表面的转折处都要做成过渡性圆角，以利于造型及保证铸件质量。

（6）芯头 有砂芯的砂型，必须在模样上做出相应的芯头。

3.3 手工造型

3.3.1 分型面的选择

分型面是指上、下砂型的接合面，其确定原则如图 3-6 所示。短线表示分型面的位置，箭头和"上""下"两字表示上型和下型的位置。分型面的确定原则如下。

1）分型面应选择模样的最大截面处，以便于取模，挖砂造型时尤其要注意，如图 3-6a 所示。

2）应尽量减少分型面数目，成批量生产时应避免采用三箱造型。

3）应使铸件中重要的机械加工面朝下或垂直于分型面，以便于保证铸件的质量。因为浇注时液体金属中的渣子、气泡总是浮在上面，铸件的上表面缺陷较多，铸件的下表面和侧面质量较好，如图 3-6b 所示。

3.3.2 常用手工造型工具

手工造型操作灵活，使用如图 3-7 所示的造型工具可进行整模两箱造型、分模造型、挖砂造型、活块造型、假箱造型、刮板造型及三箱造型等。应根据铸件的形状、大小和生产批量选择造型方法。

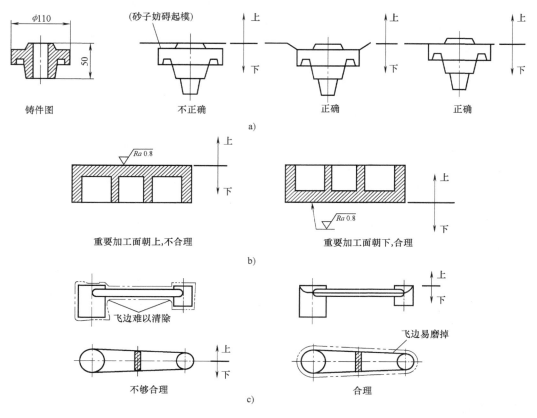

图 3-6　分型面的确定原则

a）分型面应选在最大截面处　b）分型面的选定　c）分型面的位置应能减少错箱、飞边

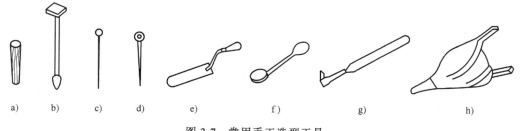

图 3-7　常用手工造型工具

a）浇口棒　b）砂冲子　c）通气针　d）起模针　e）墁刀　f）秋叶　g）砂勾　h）皮老虎

3.3.3　造型方法

1. 整模造型

整模造型的特点是：模样是整体结构，最大截面在模样一端为平面；分型面多为平面；操作简单。整模造型适用于形状简单的铸件，如盘、盖类。齿轮整模造型过程如图 3-8 所示。

2. 分模造型

分模造型的特点是：模样是分开的，模样的分开面（称为分型面）必须是模样的最大

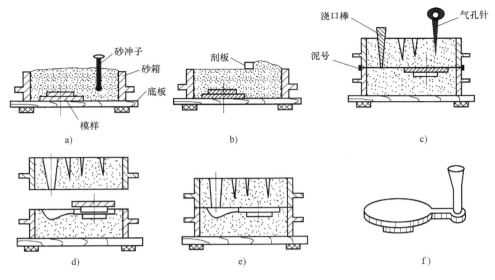

图 3-8　齿轮整模造型过程

a）造下砂型、添砂、舂砂　b）刮平、翻箱　c）造上箱、扎通气孔
d）开箱、挖浇注系统、起模　e）合箱　f）落砂后带浇口的铸件

截面，以利于起模。分模造型过程与整模造型基本相似，不同的是造上型时增加放上半模样和取上半模样两个操作。分模造型适用于形状复杂的铸件，如套筒、管子和阀体等。套筒的分模造型过程如图 3-9 所示。

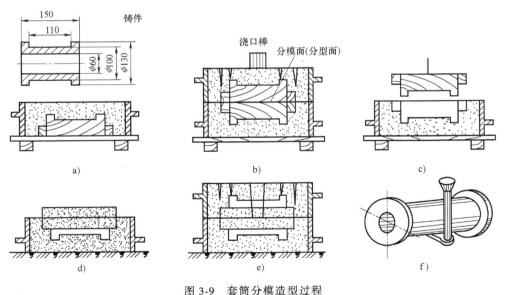

图 3-9　套筒分模造型过程

a）造下砂型　b）造上砂型　c）开箱、起模　d）开浇口、下芯　e）合箱　f）带浇口的铸件

3. 活块造型

模样上可拆卸或能活动的部分称为活块。当模样上有妨碍起模的侧面伸出部分（如小凸台）时，常将该部分做成活块。起模时，先将模样主体取出，再将留在铸型内的活块单

独取出，这种方法称为活块造型。用钉子连接的活块造型时，应注意先将活块四周的型砂塞紧，然后拔出钉子，如图 3-10 所示。

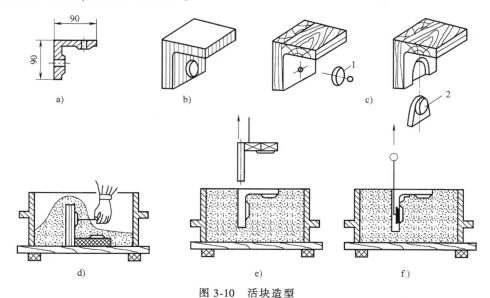

图 3-10　活块造型
a）零件图　b）铸件　c）模样　d）造下型、拔出钉子　e）取出模样主体　f）取出活块
1—用钉子连接活块　2—用燕尾连接活块

4. 挖砂造型

当铸件按结构特点需要采用分模造型，但由于条件限制（如模样太薄，制模困难）仍做成整模时，为便于起模，下型分型面需挖成曲面或有高低变化的阶梯形状（称为不平分型面），这种方法称为挖砂造型。手轮的挖砂造型过程如图 3-11 所示。

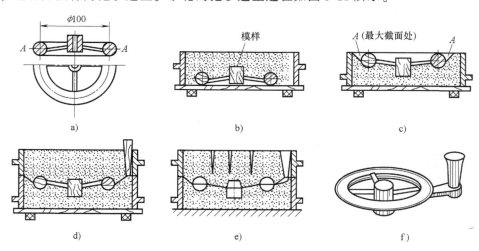

图 3-11　手轮的挖砂造型过程
a）零件图　b）造下砂箱　c）翻下型、挖修分型面　d）造上型、敞箱、起模　e）合箱　f）带浇口的铸件

5. 三箱造型

用三个砂箱制造铸型的过程称为三箱造型。前述各种造型方法都是使用两个砂箱，操作

简便，应用广泛。但有些铸件两端截面尺寸大于中间截面，此时就需要用三个砂箱，从两个方向分别起模。图 3-12 所示为带轮的三箱造型过程。

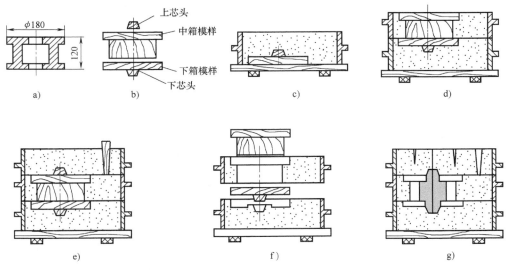

图 3-12　带轮的三箱造型过程

a）零件图　b）模样　c）造下箱　d）翻箱、造中箱　e）造上箱　f）依次取箱　g）下芯合箱

6. 刮板造型

尺寸大于 500mm 的旋转体铸件，如带轮、飞轮、大齿轮等单件生产时，为节省木材、模样加工时间及费用，可以采用刮板造型。刮板是一块和铸件截面形状相适应的木板。造型时将刮板绕着固定的中心轴旋转，在砂型中刮制出所需的型腔。带轮铸件的刮板造型过程如图 3-13 所示。

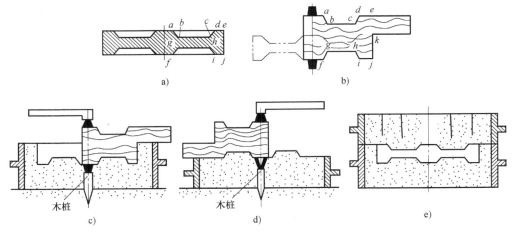

图 3-13　带轮铸件的刮板造型过程

a）带轮铸件　b）刮板（图中字母表示与铸件的对应部位）　c）刮制下型　d）刮制上型　e）合箱

7. 假箱造型

假箱造型是利用预制的成型底板或假箱来代替挖砂造型中所挖去的型砂，如图 3-14 所示。

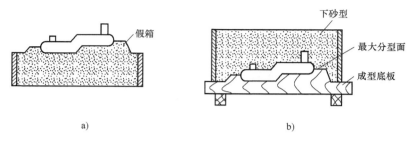

图 3-14　用假箱和成型底板造型

a）假箱　b）成型底板

3.3.4　制芯

为获得铸件的内腔或局部外形，用芯砂或其他材料制成的、安放在型腔内部的铸型组元称为型芯。绝大部分型芯是用芯砂制成的。砂芯的质量主要依靠配制合格的芯砂和正确的造芯工艺来保证。

浇注时砂芯受高温液态金属的冲击和包围，因此除了要求砂芯具有铸件内腔相应的形状外，砂芯还应具有较好的透气性、耐火性、退让性、强度等性能，故要选用杂质少的石英砂并采用植物油、水玻璃等黏结剂来配制芯砂，还要在砂芯内放入金属芯骨并扎出通气孔以提高强度和透气性。

形状简单的大、中型型芯可用黏土砂来制造。但对形状复杂和性能要求很高的型芯来说，必须采用特殊黏结剂来配制，如采用油砂、合脂砂和树脂砂等。

另外，对型芯砂还具有一些特殊的性能要求。例如，吸湿性要低，以防止合箱后型芯返潮；发气要少，浇注金属后，型芯材料受热而产生的气体应尽量少；出砂性要好，以便于清理时取出型芯。

型芯一般是用芯盒制成的，开式芯盒制芯是常用的手工制芯方法，适用于圆形截面的较复杂型芯。其制芯过程如图 3-15 所示。

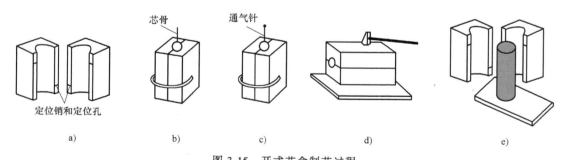

图 3-15　开式芯盒制芯过程

a）芯盒　b）放入芯骨　c）扎通气孔　d）松动芯盒　e）合箱

3.4　铸件的落砂、清理及缺陷分析

浇注、冷却后的铸件必须经过落砂、清理、检验，合格后才能进行机械加工或使用。

1. 落砂

用手工或机械使铸件与型砂、砂箱分开。

2. 清理

去除浇冒口，清除砂芯，清除粘砂，铲除、打磨飞边，进行表面精整。

3. 缺陷分析

常见铸件缺陷的名称、特征及产生原因见表 3-1~表 3-5。

表 3-1　孔洞类

缺陷名称	特征	主要产生原因
气孔	铸件内部或表面有呈圆形、梨形、椭圆形的光滑孔洞,孔的内壁较光滑	1. 舂砂太紧或型砂透气性差 2. 型砂太湿,起模刷水过多 3. 砂芯通气孔堵塞或砂芯未烘透 4. 浇口开设不正确,气体排不出去
缩孔和缩松	缩孔:在铸件最后凝固的部位出现的形状极不规则、孔壁粗糙的孔洞 缩松:铸件截面上细小而分散的缩孔	1. 浇注温度过高 2. 合金成分不对,收缩过大 3. 浇口、冒口设置不正确 4. 铸件设计不合理,金属收缩时得不到金属液补充

表 3-2　夹杂类

缺陷名称	特征	主要产生原因
砂眼	铸件表面或内部带有砂粒的孔洞	1. 型腔或浇口内散砂未吹净 2. 型砂强度不高或局部未舂紧,掉砂 3. 合箱时砂型局部挤坏 4. 浇口开设不正确,冲坏砂型或砂芯
夹杂物	铸件内或表面上存在与金属成分不同的杂质,如渣、涂料层、氧化物、硅酸盐等	1. 浇注时没有挡住熔渣 2. 浇口开设不正确,挡渣作用差 3. 浇注温度低,熔渣不易浮出 4. 浇包中熔渣未清除

表 3-3　表面缺陷

缺陷名称	特征	主要产生原因
机械粘砂	铸件的部分或整个表面上黏附着一层金属与砂料的机械混合物,使铸件表面粗糙	1. 砂型舂得太松 2. 浇注温度过高 3. 型砂耐火性差
夹砂结疤	铸件表面产生疤状金属凸起物。其表面粗糙、边缘锐利,有一小部分疤片金属和铸件本体相连,在疤片和铸件间有型砂	1. 浇注温度太高,浇注时间过长 2. 铁液流动方向不合理,砂型受铁液烘烤时间过长 3. 型砂含水量太高,黏土太多

表 3-4　裂纹冷隔类

缺陷名称	特征	主要产生原因
冷隔	在铸件上存在穿透或不穿透的、边缘呈圆角状的缝隙	1. 铁液浇注温度低 2. 浇注时断流,浇注速度过慢 3. 浇口开设不当,截面积小,内浇道数目少或位置不当 4. 远离浇口的铸件壁太薄

（续）

缺陷名称	特征	主要产生原因
裂纹	热裂：铸件开裂，裂纹断面严重氧化，呈现暗蓝色，外形曲折而不规则 冷裂：裂纹断面不氧化并发亮，有时轻微氧化，呈现连续直线状	1. 砂型（芯）退让性差，阻碍铸件收缩而引起过大的内应力 2. 浇注系统开设不当，阻碍铸件收缩 3. 铸件设计不合理，薄厚差别大

表 3-5　残缺或差错类

缺陷名称	特征	主要产生原因
浇不到	铸件残缺或轮廓不完整，或者可能完整，但边角圆且光亮	1. 浇包中铁液量不够 2. 浇注温度太低 3. 铸件壁太薄 4. 浇口太小或未开出气口
错型（错箱）	铸件的一部分与另一部分在分裂面处相互错开	1. 合箱时上、下箱未对准 2. 分开模造型时，上半模和下半模未对好 3. 模样定位销损坏或松动太大
偏芯（漂芯）	砂芯在金属液作用下漂浮移动，铸件内孔位置偏错，使形状、尺寸不符合要求	1. 下芯时砂芯放偏 2. 浇注时砂芯被冲偏 3. 芯座形状、尺寸不对 4. 砂芯变形

3.5　铸造实习安全操作规程

1）工作时必须穿好工作服，严禁露胸、臂工作或赤足工作。

2）工作场地要保持整洁，浇注时过道不允许有障碍物。

3）浇注和清理工件时要戴帆布手套、保护眼镜，并穿鞋套。

4）浇注金属型时必须先烤热金属型后方可浇注，以防止铝液迸溅，炉上的浇注工具也要预热后再用。

5）端运铝液进行浇注时，身体要稳重，其他同学不许影响操作者，以免发生意外。

6）砂箱用完后应放置整齐，木型用完要摆放在干燥的地方，造型工具要整理好，工作场地及周围的型砂要清理干净，打好文明生产基础。

7）车间内的机械设备不许私自开动，以免发生人身和设备事故。

8）在炉子附近和浇注场地内，不许有易燃、易爆物品。

第4章

锻　压

4.1　概述

1. 锻压的概念

锻压是使金属材料在外力作用下产生塑性变形，从而获得具有一定形状和尺寸的毛坯或零件的加工方法。它是机械制造中重要的加工方法。锻压包括锻造和冲压。锻造又可分为自由锻造和模型锻造两种方式。自由锻造还可分为手工锻造和机器锻造两种。

用于锻压的材料应具有良好的塑性，以便锻压时产生较大的塑性变形而不被破坏。在常用的金属材料中，铸铁无论是在常温或加热状态下，其塑性都很差，不能用于锻压。低中碳钢、铝、铜等具有良好的塑性，可以用于锻压。

（1）锻造　锻造生产的工艺过程为：下料→加热→锻造→热处理→检验。

在锻造中、小型锻件时，常以经过轧制的圆钢或方钢为原材料，用锯床、剪床或其他切割方法将原材料切成一定长度，然后将其送至加热炉中加热到一定温度，再利用锻锤或压力机进行锻造。塑性好、尺寸小的锻件，锻后可堆放在干燥的地面冷却；塑性差、尺寸大的锻件，应在灰砂或一定温度的炉子中缓慢冷却，以防止变形或开裂。多数锻件锻后要进行退火或正火处理，以消除锻件中的内应力和改善金属组织。

（2）冲压　冲压多以薄板金属材料为原材料，经下料冲压制成所需要的冲压件。冲压件具有强度高、刚性大、结构轻等优点，在汽车、拖拉机、航空、仪表及日用品等工业生产中占有极为重要的地位。

2. 锻造对零件力学性能的影响

经过锻造加工后的金属材料，其内部原有的缺陷（如裂纹、疏松等）在锻造力的作用下可被压合，形成细小晶粒，因此锻件组织致密、力学性能（尤其是抗拉强度和冲击韧度）比同类材料的铸件大大提高。如图4-1所示，用圆棒料直接以车削方法制造螺栓时，头部和杆部的纤维不能连贯而被切断，头部承受的切应力会与金属流线方向一致，故质量不高。而采用局部镦粗法制造螺栓时，其纤维未被切断，且具有较好的纤维方向，故质量较高。

有些零件，为保证纤维方向与受力方向一致，应采用保持纤维方向连续性的变形工艺，使锻造流线的分节与零件外形轮廓相符合而不被切断，如吊钩用弯曲方式、钻头用扭转方式等。广泛采用的"全纤维曲轴锻造法"，可以显著提高其力学性能，延长使用寿命，曲轴的纤维分布示意图如图4-2所示。

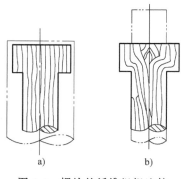

图 4-1　螺栓的纤维组织比较

a）车削方法　b）局部镦粗法

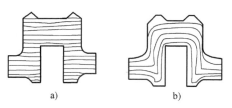

图 4-2　曲轴的纤维分布示意图

a）纤维被切断　b）全纤维完整分布

4.2　金属的加热与锻件的冷却

4.2.1　金属的加热

加热的目的是提高金属的塑性和降低其变形抗力，即提高金属的可锻性。除少数具有良好塑性的金属可在常温下锻造成形外，大多数金属在常温下的可锻性较低，造成锻造困难或不能锻造。但将这些金属加热到一定温度，就可以大大提高其可锻性，并且只需要施加较小的锻打力，便可使其发生较大的塑性变形，这就称为热锻。

加热是锻造工艺过程中的一个重要环节，它直接影响锻件的质量。加热温度如果过高，则会使锻件产生加热缺陷，甚至造成废品。因此，为了保证金属在变形时具有良好的塑性，又不产生加热缺陷，锻造必须在合适的温度范围内进行。各种金属材料锻造时允许的最高加热温度称为该材料的始锻温度，终止锻造的温度称为该材料的终锻温度。

1. 加热设备

按所用能源和形式的不同，锻造炉有多种分类。在锻工实习中常用的是箱式电阻炉，如图 4-3 所示。它结构简单，操作容易，加热质量高，但生产率低，在小件生产和维修工作中应用较多。

电阻炉是以电流通过布置在炉膛围壁上的电热元件产生的电阻热为热源，通过辐射和对流将坯料加热的。炉子通常做成箱形，分为中温箱式电阻炉和高温箱式电阻炉。中温箱式电阻炉以电阻丝为电热元件，电阻丝通

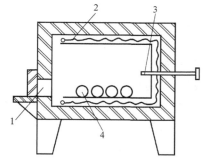

图 4-3　箱式电阻炉示意图

1—炉门　2—电阻箱

3—热电偶　4—工件

常做成丝状或带状，放在炉内的砖槽中或搁板上，最高使用温度为 1000℃；高温电阻炉通常以硅碳棒为电热元件，最高使用温度为 1350℃。

2. 锻造温度范围

坯料开始锻造的温度（始锻温度）和终止锻造的温度（终锻温度）之间的温度间隔，称为锻造温度范围。常用钢材的锻造温度范围见表 4-1。在保证不出现加热缺陷的前提下，

始锻温度应取得高一些，以便有较充裕的时间锻造成形，减少加热次数。在保证坯料还有足够塑性的前提下，终锻温度应定得低一些，以便获得内部组织细密、力学性能较好的锻件，同时也可延长锻造时间，减少加热火次。但终锻温度过低会使金属难以继续变形，易损伤锻造设备和出现断裂现象。

表 4-1 常用钢材的锻造温度范围

钢材种类	始锻温度/℃	终锻温度/℃	钢材种类	始锻温度/℃	终锻温度/℃
碳素结构钢	1200~1250	800	高速工具钢	1100~1150	900
合金结构钢	1150~1200	800~850	耐热钢	1100~1150	800~850
碳素工具钢	1050~1150	750~800	弹簧钢	1100~1150	800~850
合金工具钢	1050~1150	800~850	轴承钢	1080	800

3. 锻造温度的控制方法

（1）温度计法 通过加热炉上的热电偶温度计显示的炉内温度，可知锻件的温度；也可以使用光学高温计观测锻件温度。

（2）目测法 在实习或单件小批量生产的条件下，可根据坯料的颜色和明亮度来判别温度，即用火色鉴别法。碳钢温度与火色的关系见表 4-2。

表 4-2 碳钢温度与火色的关系

火色	黄白	淡黄	黄	淡红	樱红	暗红	赤褐
温度/℃	1300	1200	1100	900	800	700	600

4. 碳钢常见的加热缺陷

由于加热不当，碳钢在加热时可能会出现多种缺陷，碳钢常见的加热缺陷见表 4-3。

表 4-3 碳钢常见的加热缺陷

名称	实质	危害	防止(减少)危害的措施
氧化	坯料表面铁元素氧化	烧损材料、降低锻件精度和表面质量，或者缩短模具寿命	减少高温加热时间，采用控制炉气成分的少、无氧化加热或电加热等
脱碳	坯料表面碳氧化	降低锻件表面硬度，表层易产生龟裂	
过热	加热温度过高、停留时间长造成晶粒大	降低锻件力学性能，须再经过锻造或热处理才能改善	控制加热温度，减少高温加热时间
过烧	加热温度接近材料熔化温度，造成晶粒界面杂质氧化	坯料一锻即碎，只能报废	
裂纹	坯料内外温差太大、组织变化不均造成材料内应力过大	坯料产生内部裂纹，报废	某些高碳或大型坯料在开始加热时应缓慢升温

4.2.2 锻件的冷却

锻件冷却是保证锻件质量的重要环节。通常，锻件中的碳及合金元素含量越高，锻件体积越大，形状越复杂，冷却速度越要缓慢，否则会造成表面过硬不易切削加工，或者产生变形甚至开裂等缺陷。常用的冷却方法有如下三种。

1. 空冷

锻后在无风的空气中，放在干燥的地面上冷却。空冷冷却速度快，常用于低、中碳钢和合金结构钢的小型锻件。冷却后的锻件不可直接切削加工。

2. 坑冷

锻后在充填有石灰、砂子或炉灰的坑中冷却。坑冷冷却速度稍慢，常用于合金工具钢锻件，而碳素工具钢锻件应先空冷至 650~700℃，再进行坑冷。冷却后的锻件可直接切削。

3. 炉冷

锻后放入 500~700℃ 的加热炉中缓慢冷却。炉冷冷却速度极慢，常用于高合金钢及大型锻件。炉冷后的锻件可直接切削。

4.2.3 锻件的热处理

在机械加工前，锻件要进行热处理，目的是均匀组织、细化晶粒、减少锻造残余应力、调整硬度、改善机械加工性能、为最终热处理做准备。常用的热处理方法有正火、退火、球化退火等。要根据锻件材料的种类和化学成分来选择。

4.3 自由锻造

自由锻造是利用冲击力或压力使金属在上、下砧面间各个方向自由变形，不受任何限制而获得所需形状、尺寸和一定力学性能的锻件的一种加工方法，简称自由锻。

4.3.1 自由锻设备与工具

自由锻分为手工锻造和机器锻造两种。手工锻造只能生产小型锻件，生产率也较低。机器锻造则是自由锻的主要生产方法。锻件形状和尺寸主要由锻工的操作技术来保证。

自由锻所用设备根据其对坯料作用力的性质分为锻锤和液压机两大类。

空气锤是生产小型锻件的常用设备，其性能和工作原理如图 4-4 所示。电动机通过曲柄连杆带动压缩缸内活塞运动，将

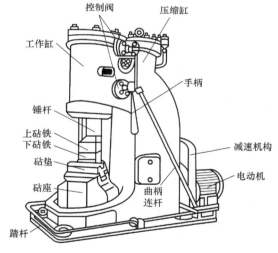

图 4-4 空气锤结构

压缩空气经旋阀送入工作缸的下腔或上腔，驱使上砧铁或锤头上下运动进行打击。通过脚踏杆操纵控制阀可使锻锤进行空转、锤头上悬、锤头下压、连续打击和单次锻打等多种动作，满足锻造的各种需要。空气锤工作时，振动大、噪声大。

4.3.2 自由锻的特点

1）应用设备和工具有很大的通用性，且工具简单，只能锻造形状简单的锻件，操作强度大，生产率低。

2）自由锻可以锻出质量从不足 1kg 到 200～300t 的锻件。对大型锻件，自由锻是唯一的加工方法，因此自由锻在重型机械制造中具有特别重要的意义。

3）自由锻依靠操作者控制锻件的形状和尺寸，锻件精度低，表面质量差，金属消耗也较多。

由于以上特点，自由锻主要用于品种多、产量不大的单件、小批量生产，也可用于模锻前的制坯工序。

自由锻工序可分为三类，第一类是基本工序，如镦粗、拔长、冲孔、扩孔、芯轴拔长、切割、弯曲、扭转、错移、锻接等，其中镦粗、拔长和冲孔三个工序应用得最多；第二类是辅助工序，如切肩、压痕等；第三类是精整工序，如平整、整形等。

4.3.3　自由锻的基本工序

1. 镦粗

镦粗是使坯料的截面增大、高度减小的锻造工序。镦粗有完全镦粗、局部镦粗和垫环镦粗三种方式。完全镦粗和局部镦粗。如图 4-5 所示。局部镦粗按其镦粗位置的不同又可分为端部镦粗和中间镦粗两种。

镦粗主要用来锻造圆盘类（如齿轮坯）及法兰等锻件，在锻造空心锻件时，可作为冲孔前的预备工序。镦粗也可作为提高锻造比的预备工序。

镦粗时应注意以下几点。

1）镦粗部分的长度与直径之比应小于 2.5，否则容易镦弯，如图 4-6 所示。

2）坯料端面要平整且与轴线垂直，锻打用力要正，否则容易锻歪。

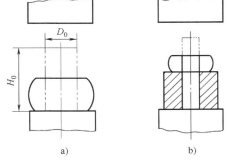

图 4-5　镦粗
a）完全镦粗　b）局部镦粗

3）镦粗力要足够大，否则会形成细腰形或夹层，如图 4-7 所示。

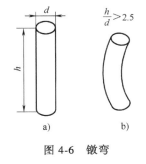

图 4-6　镦弯

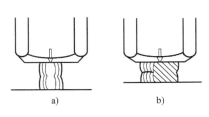

图 4-7　细腰形和夹层
a）细腰形　b）夹层

2. 拔长

拔长是使坯料长度增大、横截面减小的锻造工序，又称延伸或引伸。拔长用于锻制长而截面小的工件，如轴类、杆类和长筒形零件。

3. 冲孔

冲孔是用冲子在坯料上冲出通孔或不通孔的锻造工序。

一般规定：锤的落下部分质量为 0.15～5t，最小冲孔直径相应为 30～100mm；孔径小于 100mm，而孔深大于 300mm 的孔可不冲出；孔径小于 150mm，而孔深大于 500mm 的孔也不冲出。

根据冲孔所用冲子形状的不同，冲孔分为实心冲子冲孔和空心冲子冲孔。实心冲子冲孔分为单面冲孔和双面冲孔。

（1）单面冲孔　对于较薄工件，即工件高度与冲孔孔径之比小于 0.125 时，可采用单面冲孔。冲孔时，将工件放在漏盘上，冲子大头朝下，漏盘的孔径和冲子的直径应有一定的间隙，冲孔时应仔细校正，冲孔后稍加平整。

（2）双面冲孔　其操作过程为：镦粗；试冲，找正中心冲孔痕；撒煤粉；冲孔，即冲孔到锻件厚度的 2/3～3/4；翻转 180°，找正中心；冲除连皮；修整内孔；修整外圆。

（3）空心冲子冲孔　当冲孔直径超过 400mm 时，多采用空心冲子冲孔。对于重要的锻件，将其有缺陷的中心部分冲掉，有利于改善锻件的力学性能。

4. 扩孔

扩孔是使空心坯料壁厚减薄而内径和外径都增加的锻造工序。扩孔的方法有冲头扩孔、马杠扩孔和劈缝扩孔三种。扩孔适用于锻造空心圈和空心环锻件。

5. 弯曲

弯曲是使坯料弯成一定角度或形状的锻造工序。弯曲用于锻造吊钩、链环、弯板等锻件。

6. 扭转

扭转是将毛坯的一部分相对于另一部分绕其轴线旋转一定角度的锻造工序。锻造多拐曲轴、连杆、麻花钻等锻件和校直锻件时常用这种工序。

4.4　模锻和胎模锻

4.4.1　模锻

将加热后的坯料放到锻模的模腔内，经过锻造，使其在模腔所限制的空间内产生塑性变形，从而获得锻件的锻造方法为模型锻造，简称模锻。模锻工作示意图如图 4-8 所示。模锻

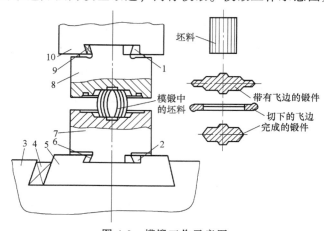

图 4-8　模锻工作示意图

1—上模用键　2—下模用键　3—砧座　4—模座用楔　5—模座　6—下模用楔
7—下楔　8—上模　9—上模用楔　10—锤头

的生产率高，并可锻出形状复杂、尺寸准确的锻件，适宜在大批量生产条件下，锻造形状复杂的中、小型锻件。目前常用的模锻设备有蒸汽-空气模锻锤、摩擦压力机等。蒸汽-空气模锻锤的规格也以落下部分的质量来表示，常用的为 1~10t。

4.4.2　胎模锻

胎模锻是在自由锻设备上使用简单的模具（称为胎模）生产锻件的方法。胎模的结构形式较多，图 4-9 为其中一种，它由上、下模块组成，模块上的空腔称为模膛，模块上的导销和销孔可使上、下模膛对准，手柄供搬动模块用。胎模锻的模具制造简便，在自由锻锤上即可进行锻造，不需模锻锤。与自由锻相比，成批生产时，胎模锻锻件质量好，生产效率高，能锻造形状较复杂的锻件，在中、小批生产中应用广泛，但劳动强度大，只适用于小型锻件。胎模锻所用胎模不固定在锤头或砧座上，按加工过程需要，可随时放在上、下砧铁上进行锻造。

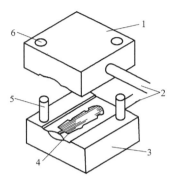

图 4-9　胎模
1—上模块　2—手柄　3—下模块
4—模膛　5—导销　6—销孔

4.5　板料冲压

4.5.1　冲压生产概述

利用冲压设备和冲模使金属或非金属板料产生分离或变形的压力加工方法称为冲压，也称为板料冲压。

板料冲压的原材料是具有较高塑性的金属材料，如低碳钢、铜及其合金、镁合金等，以及非金属（如石棉板、硬橡皮、胶木板、皮革等）的板材、带材或其他型材。用于加工的板料厚度一般小于 6mm。

冲压生产的特点如下。

1）可以生产形状复杂的零件或毛坯。

2）冲压制品具有较高的精度、较低的表面粗糙度值，质量稳定，互换性能好。

3）产品还具有材料消耗少、重量轻、强度高和刚度好的特点。

4）冲压操作简单，生产率高，易于实现机械化和自动化。

5）冲模精度要求高，结构较复杂，生产周期较长，制造成本较高，故只适用于大批量生产场合。

在一切制造金属或非金属薄板成品的企业中都可采用冲压生产，尤其在日用品、汽车、航空、电器、电机和仪表等工业生产部门，应用更为广泛。

4.5.2　板料冲压的主要工序

按板料在加工中是否分离，冲压工艺一般可分为分离工序和变形工序两大类。分离工序是在冲压过程中使冲压件与坯料沿一定的轮廓线互相分离的工序；而变形工序是使冲压坯料在不被破坏的条件下发生塑性变形，并转化成所要求的成品形状的工序。

在分离工序中，剪裁主要是在剪床上完成的。落料和冲孔又统称为冲裁，一般在压力机上完成。

在变形工序中，还可按加工要求和特点不同分为弯曲、拉深（又称拉延）和成形等。其中弯曲工序除了在压力机上完成之外，还可以在折弯机（如电气箱体加工）、滚弯机（如自行车轮圈制造等）上完成。弯曲的坯料除板材之外，还可以是管子或其他型材。变形工序又可分为缩口、翻边、扩口、卷边、胀形和压印等。

4.5.3 冲压主要设备

冲压所用的设备种类有多种，但主要设备是剪床和压力机。

1. 剪床

剪床的用途是将板料切成一定宽度的条料或块料，以供给冲压所用，剪床传动机构如图4-10所示。剪床的主要技术参数是能剪板料的厚度和长度，如Q11-2×1000型剪床，表示能剪厚度为2mm、长度为1000mm的板材。当剪切宽度大的板材时，应选用斜刃剪床；当剪切窄而厚的板材时，应选用平刃剪床。

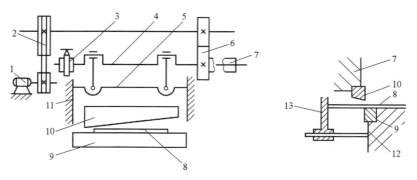

图4-10 剪床传动机构示意图

1—电动机　2—带轮　3—制动器　4—曲柄　5—滑块　6—齿轮　7—离合器　8—板料
9—下刀片　10—上刀片　11—导轨　12—工作台　13—限位挡铁

2. 压力机

压力机是曲柄压力机的一种，可完成除剪切外的绝大多数基本工序。压力机按其结构可分为单柱式和双柱式、开式和闭式等；按滑块的驱动方式分为液压驱动和机械驱动两类。机械式压力机的工作机构主要由滑块驱动机构（如曲柄、偏心齿轮、凸轮等）、连杆和滑块组成。

图4-11所示为开式双柱式压力机的外形和传动简图。电动机经V带减速系统使大带轮转动，再经离合器使曲轴旋转。踩下脚踏板后，离合器闭合并带动曲轴旋转，再通过连杆带动滑块沿导轨做上下往复运动，完成冲压加工。冲模的上模装在滑块上，随滑块上下运动，上、下模闭合一次即完成一次冲压过程。若踩下脚踏板后立即抬起，则滑块冲压一次后便在制动器作用下停止在最高位置上，以便进行下一次冲压。若不抬起脚踏板，则滑块进行连续冲压。

通用性好的开式压力机的规格以额定公称压力来表示，如100kN（10t）。其他主要技术参数有滑块行程距离（mm）、滑块行程次数（次/min）和封闭高度等。

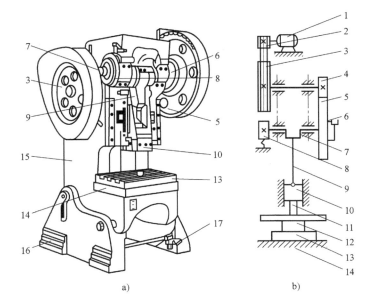

图 4-11　开式双柱式压力机的外形和传动简图

a）外形图　b）传动简图

1—电动机　2—小带轮　3—大带轮　4—小齿轮　5—大齿轮　6—离合器

7—曲轴　8—制动器　9—连杆　10—滑块　11—上模　12—下模　13—垫板

14—工作台　15—床身　16—底座　17—脚踏板

3. 冲模结构

冲模是板料冲压的主要工具，其典型结构如图 4-12 所示。一副冲模由若干零件组成，大致可分为以下几类。

1）工作零件，如凸模 1 和凹模 2，为冲模的工作部分，它们分别通过压板固定在上、下模板上，其作用是使板料变形或分离，这是模具的关键零件。

2）定位零件，如导料板 9 和定位销 10，用以保证板料在冲模中具有准确的位置。导料板控制坯料进给方向，定位销控制坯料送进量。

3）卸料零件，如卸料板 8。当冲头回程时，可使凸模从工件或坯料中脱出。亦可用弹性卸料，即用弹簧、橡皮等弹性元件通过卸料板推下板料。

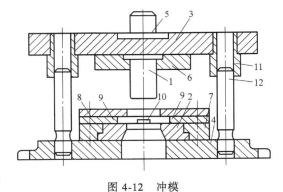

图 4-12　冲模

1—凸模　2—凹模　3—上模板　4—下模板

5—模柄　6—凸模压板　7—凹模压板　8—卸料板

9—导料板　10—定位销　11—导套　12—导柱

4）模板零件，如上模板 3、下模板 4 和模柄 5 等。上模借助上模板通过模柄固定在压力机滑块上，并可随滑块上下运动；下模借助下模板用压板螺栓固定在工作台上。

5）导向零件，如导套 11、导柱 12 等，是保证模具运动精度的重要部件，分别固定在上、下模板上，其作用是保证凸模向下运动时能对准凹模孔，并保证间隙均匀。

6）固定板零件，如凸模压板 6、凹模压板 7 等，使凸模、凹模分别固定在上、下模板上。

此外还有螺钉、螺栓等连接件。并非每副模具都具备以上所有模具零件，但工作零件、模板零件、固定板零件等则是每副模具所必须具有的。

4.6　锻造实习安全操作规程

1）工作时要穿工作服，戴防护镜。

2）确认空气锤操作手柄放在空行程位置上后，方可开机。

3）夹料时，要求钳口形状和尺寸必须与所夹的工件符合。

4）尽可能缩短提锤的时间，提锤时间超过 1min 时会使空气锤过热。

5）发现机身、砧垫、锤杆、砧铁等零部件有裂纹、松动等异常情况时应立即停机检修。

6）严禁将烧红的料及刚锻好的工件放在过道上。

7）不得锻打低于锻造温度的工件。

8）工作中不得将手伸入型砧和锤头之间或伸头探视，掌钳者的钳把不得直对自己腹部。

9）在开锤锻造时，不允许测量工件尺寸、清扫和注油。

第5章

焊　接

5.1　概述

焊接是指通过加热或加压（或二者并用），借助于金属内部原子或分子间的扩散与熔融，用（或不用）填充材料而形成永久性接头的一种工艺方法。焊接是金属加工的一种重要工艺，广泛应用于机械制造、造船、石油化工、汽车制造、桥梁、锅炉、航空航天、原子能、电子电力、建筑等领域。近些年，搅拌摩擦焊、焊接机器人等焊接新方法、新装备得到快速发展。

目前在工业生产中应用的焊接方法已达百余种。根据它们的焊接过程和特点，可将其分为熔焊、压焊、钎焊三大类，每大类可按不同的方法分为若干小类。

1）熔焊是将需要连接的两构件的接合面加热熔化成液体，然后使它们冷却结晶连成一体的焊接方法。

2）压焊是在焊接过程中，对焊件施加一定的压力，同时采取加热或不加热的方式，完成零件连接的焊接方法。

3）钎焊是将熔点低于被焊金属的钎料加热到钎料熔化，利用钎料润湿母材、填充接头间隙并与母材相互溶解和扩散而实现连接的方法。

5.2　焊条电弧焊

电弧焊是利用电弧加热零件而实现熔化焊接的方法。焊接过程中，电弧将电能转化成热能和机械能进而加热零件，使焊丝或焊条熔化并过渡到焊缝熔池中去，熔池冷却后形成一个完整的焊接接头。电弧焊应用广泛，可以焊接板厚从 0.1mm 以下到数百毫米的金属结构件，在焊接领域中占有十分重要的地位。

5.2.1　焊接电弧

焊接电弧是一种气体介质长时间放电现象，即局部气体介质中有大量电子流通过的导电现象，如图 5-1 所示。产生电弧的电极可以是焊条、钨丝、碳棒等。当电源两端分别与被焊零件和焊枪相连时，在电场的作用下，电弧阴极产生电子，阳极吸收电子，电

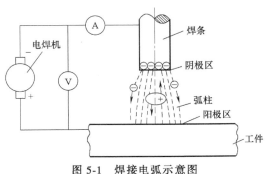

图 5-1　焊接电弧示意图

弧区的中性气体粒子在接收外界能量后电离成正离子和电子，正、负带电粒子相向运动，形成两电极之间的气体空间导电过程，借助电弧将电能转换成热能、机械能和光能。电弧燃烧的稳定性对焊接质量有重要影响。

引弧后，弧柱中充满了高温电离气体，放出大量热和很强的弧光，所产生的热量与电流和电弧电压的乘积成正比。电弧热量在阳极区产生较多（43%），在阴极区产生较少（36%），在弧柱区产生更少（21%）；其中总热量的65%~80%用于加热和熔化金属，其余热量被飞溅和弧光所带走。

电弧中阳极区和阴极区的温度因电极材料不同而不同，用结构钢焊条焊接钢材时，阳极区温度约为2600K，阴极区温度约为2400K，电弧中心区温度为6000~8000K。

由于电弧产生的热量和温度在阳极和阴极上有一定差异，使用直流焊机焊接时，有正接和反接两种接线方法。正接时，正极接工件，工件温度可稍高一些；反接时，负极接工件，工件温度可稍低一些。交流焊机无正、反接特点，温度均为2500K。

焊接电弧具有以下特点。

1）温度高，电弧弧柱温度范围为5000~30000K。

2）电弧电压低，范围为10~80V。

3）电弧电流大，范围为10~1000A。

4）弧光强度高。

5.2.2 弧焊电源

1. 对焊机的要求

1）要求空载电压较高，引弧方便，空载电压为50~80V。

2）短路电流不能过大，防止过载，短路电流不能大于工作电流的1.5倍。

3）焊接过程中电弧要稳定，工作中电弧不能受到频繁短路和弧长变化的干扰，要求弧长变化时能自动迅速地恢复到稳定的燃烧状态，使焊接过程稳定。

4）焊接电流要求可以调节，以满足不同厚度工件的需要。

2. 焊机的型号

1）交流焊机。焊机的型号按《电焊机型号编制方法》（GB/T 10249—2010）规定。例如BX1-300，B表示电弧焊变压器，X表示下降外特性，其中1、3~7表示变压器形式：1表示动铁心，3表示动圈，4表示晶体管，5表示可控硅，6表示抽头式，7表示逆变。BX1-300型交流弧焊机的结构原理属于动铁心式，最大焊接电流是300A。

2）直流电弧焊机。焊机型号为ZX，Z表示直流，X表示下降外特性。直流电弧焊机又称为手工电弧焊整流器，其原理就是用整流元件将交流电变为直流电的焊接电源。

另外有WSM、WS、TIG的型号，都是钨极气体保护焊机，属于非熔化极气体保护焊；NBC表示CO_2气体保护焊机，其中C表示CO_2。

5.2.3 焊条电弧焊

焊条电弧焊是用手工操纵焊条进行焊接的一种焊接方法，应用非常普遍。

1. 焊条电弧焊的原理

焊条电弧焊过程如图5-2所示，焊机电源两输出端通过电缆、焊钳和地线夹头分别与焊条和被焊零件相连。焊接过程中，焊条和零件之间的电弧将焊条和零件局部熔化，受电弧力作用，焊条端部熔化后的熔滴过渡到母材，和熔化的母材熔合在一起，形成熔池，随着焊工操纵电弧向前移动，熔池金属液逐渐冷却结晶，形成焊缝。焊条电弧焊设备简单，适应性强，可用于焊接板厚 1.5mm 以上的各种焊接结构件，并能灵活应用于空间位置不规则焊缝的焊接，也适用于碳钢、低合金钢、不锈钢、铜及铜合金等金属材料的焊接。

由于依靠手工操作，焊条电弧焊也存在缺点，如生产率低，产品质量在一定程度上取决于焊工操作技术，焊工劳动强度大等，现在多用于焊接单件、小批量产品和难以实现自动化焊接的焊缝。

2. 焊条

焊条电弧焊所用的焊接材料是焊条，焊条主要由焊芯和药皮两部分组成，如图 5-3 所示。

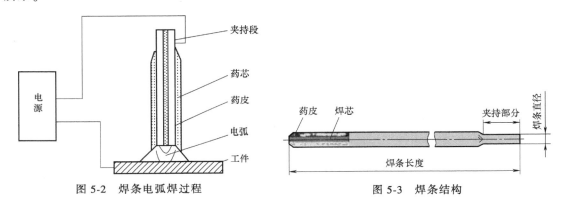

图 5-2　焊条电弧焊过程　　　　　　　图 5-3　焊条结构

焊芯一般是一个具有一定长度及直径的金属丝。焊接时，焊芯有两个功能：一是传导焊接电流，产生电弧；二是焊芯自身熔化，作为填充金属与熔化的母材熔合形成焊缝。我国生产的焊条，基本上以含碳、硫、磷较低的专用钢丝（如 H08A）做焊芯制成。焊条规格用焊条直径表示，焊条长度和直径有多种尺寸，见表 5-1。

表 5-1　焊条规格

焊条直径 d/mm	焊条长度 L/mm		
2.0	250	300	—
2.5	250	300	—
3.2	350	400	450
4.0	350	400	450
5.0	400	450	700
5.8	400	450	700

焊条药皮又称为涂料。首先，它可以起到保护作用，药皮熔化放出的气体和形成的熔渣可以起机械隔离空气作用，防止有害气体侵入熔化金属；其次可以通过熔渣与熔化金属的冶金反应去除有害杂质，添加有益的合金元素，起到冶金处理作用，使焊缝获得合乎要求的力学性能；最后，还可以改善焊接工艺性能，使电弧稳定、飞溅小、焊缝成形好、易脱渣和熔敷效率高等。

焊条药皮主要由稳弧剂、造气剂、造渣剂、脱氧剂、合金剂、黏结剂和增塑剂等组成，其主要成分有矿物类、铁合金、有机物和化工产品。

焊条分结构钢焊条、耐热钢焊条、不锈钢焊条、铸铁焊条等十大类。根据其药皮组成又分为酸性焊条和碱性焊条。酸性焊条电弧稳定，焊缝成形美观，焊条的工艺性能好，可用交流或直流电源施焊，但焊接接头的冲击韧度较低，可用于普通碳钢和低合金钢的焊接；碱性焊条多为低氢型焊条，所得焊缝冲击韧度高，力学性能好，但电弧稳定性比酸性焊条差，要采用直流电源施焊，反极性接法，多用于重要的结构钢、合金钢的焊接。

3. 焊条电弧焊操作技术

（1）引弧　焊接电弧的建立称为引弧，焊条电弧焊有两种引弧方式：划擦法和直击法。划擦法操作是在焊机电源开启后，将焊条末端对准焊缝，并保持两者的距离在 15mm 以内，依靠手腕的转动，使焊条在零件表面轻划一下并立即提起 2~4mm，电弧则被引燃，然后开始正常焊接。直击法是在焊机开启后，先将焊条末端对准焊缝，然后稍点一下手腕，使焊条轻轻撞击零件，随即提起 2~4mm，就能使电弧引燃，开始焊接。

（2）运条　焊条电弧焊是依靠人手工操作焊条运动实现焊接的，此种操作也称为运条。运条包括控制焊条角度、焊条送进、焊条摆动和焊条前移，如图 5-4 所示。

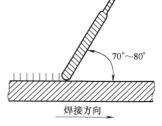

图 5-4　运条角度

运条技术的具体运用要根据零件材质、接头形式、焊接位置、焊件厚度等因素来决定。常见的焊条电弧焊运条方法如图 5-5 所示，直线形运条方法适用于板厚 3~5mm 的不开坡口对接平焊；锯齿形运条法多用于厚板的焊接；月牙形运条法对熔池加热时间长，容易使熔池中的气体和熔渣浮出，有利于得到高质量焊缝；正三角形运条法适合于不开坡口的对接接头和 T 字形接头的立焊；正圆圈形运条法适合于焊接较厚零件的平焊缝。

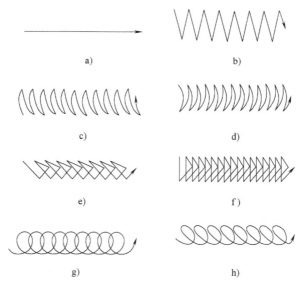

图 5-5　常见焊条电弧焊运条方法

a）直线形　b）锯齿形　c）月牙形　d）反月牙形　e）斜三角形　f）正三角形　g）正圆圈形　h）斜圆圈形

（3）焊缝的起头、接头和收尾　焊缝的起头是指焊缝起焊时的操作，由于此时零件温度低、电弧稳定性差，焊缝容易出现气孔、未焊透等缺陷，为避免此现象，应该在引弧后将电弧稍微拉长，对零件起焊部位进行适当预热，并且多次往复运条，达到所需要的熔深和熔宽后再调整到正常的弧长进行焊接。

在完成一条长焊缝的焊接时，往往要消耗多根焊条，就会出现前、后焊条更换时焊缝接头的问题。为不影响焊缝成形，保证接头处的焊接质量，更换焊条的动作应越快越好，并在接头弧坑前约 15mm 处起弧，然后移到原来的弧坑位置进行焊接。

焊缝的收尾是指焊缝结束处的操作。焊条电弧焊一般熄弧时都会留下弧坑，过深的弧坑会导致焊缝收尾处产生缩孔、弧坑应力裂纹。进行焊缝的收尾操作时，应保持正常的熔池温度，做无直线运动的横摆点焊动作，逐渐填满熔池后再将电弧拉向一侧熄灭。此外还有三种焊缝收尾的操作方法，即划圈收尾法、反复断弧收尾法和回焊收尾法，在实践中也经常用到。

4. 焊条电弧焊的焊接参数

选择合适的焊接参数是获得优良焊缝的前提，焊接参数也会直接影响生产率。焊条电弧焊的焊接参数是根据接头形式、零件材料、板材厚度、焊接位置等具体情况制定的，包括焊条牌号、焊条直径、电源种类和极性、焊接电流、焊接电压、焊接速度、焊接坡口形式和焊接层数等内容。

焊条型号应主要根据零件材质选择，并参考焊接位置情况而定。电源种类和极性又由焊条牌号确定。焊接电压取决于电弧长度，它和焊接速度对焊缝成形有重要影响，一般由焊工根据具体情况灵活掌握。

（1）焊接位置　在实际生产中，由于焊接结构和零件移动的限制，焊缝的空间位置除平焊外，还有立焊、横焊、仰焊，如图 5-6 所示。平焊操作方便，焊缝成形条件好，容易获得优质焊缝并具有高的生产率，是最合适的位置；其他三种又称空间位置焊，焊工操作比平焊困难，受熔池液态金属重力的影响，需要对焊接实施规范控制并采取一定的操作方法才能保证焊缝成形，其中仰焊的焊接条件最差，立焊、横焊次之。

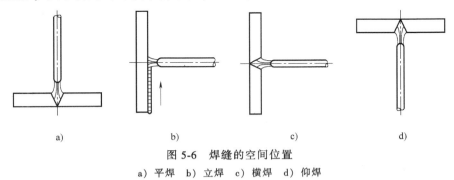

图 5-6　焊缝的空间位置

a）平焊　b）立焊　c）横焊　d）仰焊

（2）焊接接头形式和焊接坡口形式　焊接接头是指用焊接的方法连接的接头，它由焊缝、熔合区、热影响区及其邻近的母材组成。根据接头的构造形式不同，可分为对接接头、角接接头、T 形接头、搭接接头等类型，如图 5-7 所示。

焊接前需加工出坡口，目的在于使焊接容易进行，电弧能沿板厚熔敷一定的深度，保证接头根部焊透，并获得成形良好的焊缝。焊接坡口有 I 形坡口、V 形坡口、U 形坡口、双 V

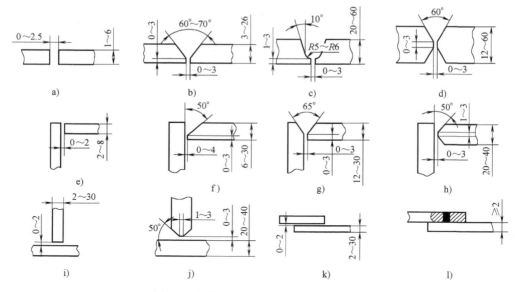

图 5-7　焊条电弧焊接头形式和坡口形式

a）对接接头 I 形坡口　b）对接接头 V 形坡口　c）对接接头 U 形坡口　d）对接接头双 V 形坡口
e）角接接头 I 形坡口　f）角接接头单 K 形坡口　g）角接接头 V 形坡口　h）角接接头 K 形坡口
i）T 形接头 I 形坡口　j）T 形接头 K 形坡口　k）搭接接头一　l）搭接接头二

形坡口、J 形坡口等多种形式。常见焊条电弧焊接头的坡口形状和尺寸如图 5-7 所示。对焊件厚度小于 6mm 的焊缝，可以不开坡口或开 I 形坡口；中厚度板和大厚度板对接焊时，为保证熔透，必须开坡口。V 形坡口便于加工，但零件焊后易发生变形；X 形坡口可以避免 V 形坡口的一些缺点，同时可以减少填充材料；U 形及双 U 形坡口的焊缝填充金属量更小，焊后变形也小，但坡口加工困难，一般用于重要焊接结构。

（3）焊条直径和焊接电流　一般焊件的厚度越大，选用的焊条直径 d 应越大，同时可选择较大的焊接电流，以提高工作效率。板厚在 3mm 以下时，焊条直径 d 取值小于或等于板厚；板厚在 4~8mm 时，d 取 3.2~4mm；板厚在 8~12mm 时，d 取 4~5mm。此外，在中厚度板零件的焊接过程中，焊缝往往采用多层焊或多层多道焊完成。低碳钢平焊时，焊条直径 d 和焊接电流 I 的对应关系有经验公式作为参考，即

$$I = kd \tag{5-1}$$

式中，k 为经验系数，取值范围为 30~50。

焊接电流值的选择还应综合考虑各种具体因素，比如焊接空间位置、焊条种类、坡口的形式等。为保证焊缝成形，应选择较小直径的焊条，立焊、横焊或仰焊时焊接电流比平焊小。在使用碱性焊条时，为减少焊接飞溅，可适当降低焊接电流值。

（4）电弧电压　电弧电压由电弧长度决定。弧长越长，电弧电压就越高，焊缝的熔深就越小，焊缝越宽；反之弧长越短，电弧电压就越低，焊缝的熔深就越大，焊缝越窄。

（5）焊接速度　焊接速度根据经验掌握。

（6）焊接层数　焊接厚板时，常采用多层焊或多层多道焊。

（7）焊接参数对焊缝成形的影响　焊接参数直接影响焊缝成形，如图 5-8 所示。

5.2.4　焊条电弧焊实习安全操作规程

1）焊接作业开始前，应先检查设备和工具的安全可靠性，如焊机有无接地或接零装置。未经安全检查不得开始操作。

2）焊接操作人员要穿好防护服，戴绝缘手套，用脚踏板、焊帽等。

3）任何情况下都不得使操作者自身成为焊接电路的一部分，尤其应注意雨天不允许进行室外操作。

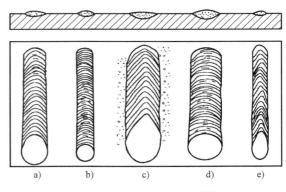

图 5-8　焊接电流和焊接速度对焊缝形状的影响
a）焊接电流和焊接速度均合适　b）焊接电流太小
c）焊接电流太大　d）焊接速度太慢　e）焊接速度太快

4）在金属容器内作业时，应设有监护人。

5）工作中焊接设备发生故障时，必须切断电源后再检修。

6）应保证焊钳在任何斜度下都能夹紧焊条。

7）起动焊机时，焊钳和焊件不能接触，以防止短路。

8）电焊机要按其额定电流和负载使用，严禁过载。

9）焊接场地 10m 内不得有易燃、易爆物品。

10）焊接后要仔细检查焊接场地周围，确认没有起火危险后方可离开场地。

5.3　气焊与气割

5.3.1　气焊

气焊是使可燃气体和氧气在焊枪中混合，再由焊嘴喷出并点火燃烧，利用气体燃烧产生的热量来熔化焊件接头处和焊丝进而形成牢固接头的焊接方法。气焊主要用于薄钢板、有色金属、铸铁件、刀具的焊接，以及硬质合金等材料的堆焊和磨损件的补焊。

1. 气焊设备

气焊设备包括氧气瓶、乙炔瓶、减压器、回火保险器、焊炬和输气管。减压器和焊炬分别如图 5-9 和图 5-10 所示。

（1）减压器　减压器用于降低气瓶输出的气体压力，调节和稳定输出气压。安装氧气减压器时要先放气，减压器应定时校验，防冻结，防油污。

（2）回火保险器　回火保险器装在乙炔瓶和焊炬之间，防止乙炔向乙炔瓶回烧。

（3）焊炬　射吸式焊炬型号有 H01-6、H01-12、H01-20 等。型号中 H 表示焊炬，0 表示手工，1 表示射吸式，后缀数字表示焊接低碳钢的最大厚度，单位为 mm。每个焊炬都配有不同规格的五个焊嘴，每个焊嘴上刻有不同数字（1~5），数字小的焊嘴孔径小，数字大的焊嘴孔径大，焊接时可根据材料、板厚选用所需的焊嘴。使用前检验射吸情况，检查是否漏气。

2. 气焊火焰

（1）焰心　焰心呈尖锥形，白亮，轮廓清楚。焰心由氧气和乙炔组成，焰心的外表分

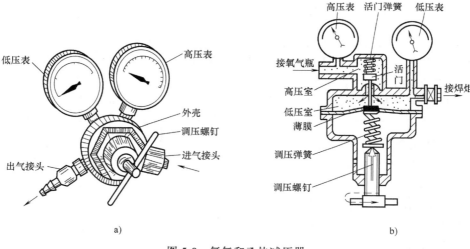

图 5-9　氧气和乙炔减压器

a）氧气减压器　b）乙炔减压器

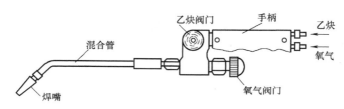

图 5-10　焊炬

布一层由乙炔分解所生成的碳素微粒，由于碳素微粒发出明亮的白光，因而有清楚的轮廓。焰心内部进行第一阶段的燃烧，虽然很亮，但是温度较低（800~1200℃），乙炔在分解过程中吸收热量。

（2）内焰　内焰呈蓝白色，有深蓝色线条。内焰处在焰心前 2~4mm 的部位燃烧最激烈，温度最高（3100~3150℃），此处为焊接区。

（3）外焰　外焰由浅紫色变为橙黄色，温度为 1200~2500℃。

改变氧气和乙炔的混合比例，可以得到三种不同性质的火焰，分别是中性焰、碳化焰、氧化焰，如图 5-11 所示。

1）中性焰，即氧气和乙炔的混合比为 1.1~1.2（体积比）时燃烧所形成的火焰，适于焊接低碳钢、中碳钢、低合金钢、不锈钢、纯铜、铝及铝合金等金属材料。

2）碳化焰，即氧气和乙炔的混合比小于 1.1（体积比）时燃烧所形成的火焰，适于焊接高碳钢、铸铁、硬质合金和高速钢等材料。

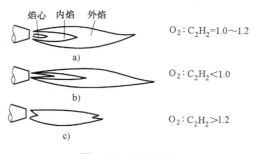

$O_2 : C_2H_2 = 1.0~1.2$

$O_2 : C_2H_2 < 1.0$

$O_2 : C_2H_2 > 1.2$

图 5-11　气焊火焰

a）中性焰　b）碳化焰　c）氧化焰

3）氧化焰，即氧气和乙炔的混合比大于 1.2（体积比）时燃烧所形成的火焰，一般不宜采用，只有在气焊黄铜、镀锌铁板时才采用轻微氧化焰。

3. 气焊基本操作

（1）点火 微开氧气阀，打开乙炔阀，点燃火焰。

（2）调整火焰 开大氧气阀调整火焰。

（3）灭火 先关乙炔阀，后关氧气阀，以防止火焰倒流和产生烟灰。当发生火焰倒流时，应迅速关闭乙炔阀，然后再关氧气阀。

4. 平对焊

（1）左向焊法 焊接方向由右向左，火焰指向焊件未焊部位，焊炬跟着焊丝移动，用于焊接薄件和熔点较低的焊件。

（2）右向焊法 焊接方向由左向右，火焰指向已焊好的焊缝，焊炬在焊丝前面向前移动，用于焊接厚件和熔点较高的焊件。

（3）焊嘴的倾角选择 焊嘴倾斜角度的大小主要根据焊嘴的大小、焊件的厚度、母材的熔点和导热性、焊缝空间位置等，如图5-12所示。倾斜角度大时热量散失少，焊件升温快。施焊时开始角度应大些，之后变小。焊嘴与焊件之间的夹角为30°～40°，焊丝与焊嘴之间的夹角为90°～100°。焊嘴与焊件之间的夹角取决于焊件的厚度和火焰能率的大小，焊嘴的夹角与焊件的厚度成正比。

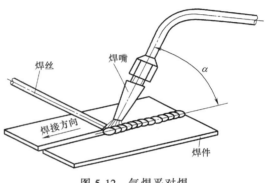

图 5-12 气焊平对焊

5. 焊丝与焊剂

焊丝不断填入熔池，并与熔化的母材金属熔合形成焊缝，因此焊缝质量的好坏很大程度上取决于焊丝。选用焊丝时，应注意以下事项。

1）焊丝的化学成分应基本上与焊件成分相符，以保证焊缝有足够的力学性能。

2）焊丝的表面应无油脂、锈斑、油漆等污物。

3）焊丝的熔点应与焊件金属的熔点相近，并在熔化时不产生强烈的飞溅或蒸发。

4）焊丝的直径要与焊件的厚度相匹配。

气焊时，金属易氧化，使焊缝产生气孔、夹渣等缺陷，为防止缺陷的产生，在焊接有色金属、铸铁、不锈钢等材料时，应采用焊接焊剂。焊剂101用于不锈钢和耐热钢气焊，焊剂201用于铸铁气焊，焊剂301用于铜合金气焊，焊剂401用于铝及铝合金气焊。

5.3.2 气割

气割是利用可燃气体与氧气混合燃烧的火焰热能将工件切割处预热到一定温度后，喷出高速切割氧流，使金属剧烈氧化并放出热量，再利用切割氧流将熔化状态的金属氧化物吹掉，从而实现切割的方法。

1. 金属气割过程的实质

金属的气割过程实质上是铁在纯氧中的燃烧过程，而不是熔化过程。可燃气体与氧气的混合及切割氧的喷射是利用割炬来完成的，气割所用的可燃气体主要是乙炔、液化石油气和氢气。

2. 金属气割条件

1）金属燃点必须低于金属自身的熔点。

2）金属氧化物熔点应低于金属自身的熔点，且流动性好。

3）金属在切割中的燃烧是放热反应，以满足下层金属的预热。

4）金属的热导率不宜太高，如果太高，燃烧热会被传导散失，气割处温度急剧下降而低于金属的燃点，使气割不能开始或中途停止。

5）金属的杂质要少，以保证气割顺利进行。

3. 气割设备

气割设备即用割炬代替焊炬，其他同气焊设备，割炬如图 5-13 所示。常用割炬有 G01-30、G01-100、G01-300 这三种型号。其中 G 表示割炬，0 表示手工，1 表示射吸式，后缀数字表示气割低碳钢最大厚度，单位为 mm。

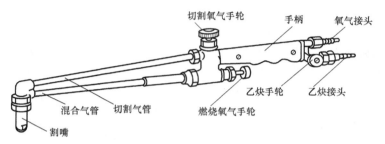

图 5-13　割炬

4. 气割的操作

（1）预热金属　利用火焰在起割点将材料预热到燃点。

（2）燃烧金属　利用喷射的氧气流使金属材料剧烈氧化燃烧，生成的氧化物熔渣被气流吹除，形成切口。

（3）气割结束　关闭气阀。

5.3.3　气焊、气割实习安全操作规程

1）操作人员工作时，要穿工作服，戴防护镜，戴手套，穿防护鞋，戴鞋套。

2）车间要有良好的排风设施。

3）使用割炬前必须检查其射吸情况。

4）检查气体通道是否正常，气体通路不允许沾染油脂，不允许漏气。

5）点火时应将氧气手轮稍微打开，然后打开乙炔手轮。停止使用时应先关闭乙炔手轮，然后关闭氧气手轮。当发生火焰倒流情况时，先关闭乙炔手轮。

6）严禁将带气源的焊炬、割炬放入工具箱。

7）凡是有液体压力、气体压力及易燃、易爆、带电的设备和容器的场地，严禁气焊、气割。

8）风力过大时，不宜进行露天气焊、气割。

9）在金属容器内作业时，应设有监护人。

10）气焊、气割后要仔细检查焊接场地周围，确认没有起火危险以后方可离开场地。

第6章

钣　金

6.1　概述

钣金一般是将一些金属薄板通过手工或模具冲压使其产生塑性变形，形成所要求的形状和尺寸，并可进一步通过手工加工、焊接或少量的机械加工使其形成更复杂的零件。钣金是针对金属薄板（通常在 6mm 以下）的一种综合冷加工工艺，主要应用于航空航天、化工、建筑工程、汽车、机械加工和日用百货等，我们日常生活中常见的不锈钢制作的一些橱具、漏斗、铁桶、烟囱、铁皮炉、汽车车身、油箱、油壶、通风管道、弯头、天圆地方管等都是钣金零件。钣金的主要加工工序是剪切、冲裁、折弯、咬接、扣边、弯曲成形、焊接、铆接等。

钣金零件具有如下特点。

1）外形尺寸大，板料较薄。

2）表面可展，成形方式简单。料厚小于 1mm 的板材多用手工自由弯曲加工，大于 1mm 的板材一般采用机械弯曲加工。

3）精度要求低。尺寸公差范围都较大（如管类公差一般在 ±2mm 左右），因此互换性差，通用零件少。

4）手工制作多，技术要求高。除了用机械冲压成形（1mm 以上的板材）外，其余板材用手工制作的特别多，而且手工技术要求高。

冷作钣金零件加工的过程一般分为选材、划线、裁料、成形、连接和装配。

（1）选材　根据零件在工作中的作用和要求来确定其材质和厚度。钣金零件所用材料种类较多，主要有薄钢板、镀锌板、不锈钢板、铝板、铜板等。

（2）划线（放样展开）　在板料上按施工图划出加工界线称为划线（也称为标记线），各道工序的加工按标记线进行。在钣金零件制造中，划线工作是十分重要的，是第一道工序，包括放样划线、展开划线和号料划线。

放样划线简称放样，是根据施工图在板料上划出实际图形的工序，是作展开图的基础，也是作展开图的依据。展开划线简称展开，是根据展开图在板料上划出实际图形，是加工或裁料的依据。号料划线也称裁料划线，是根据展开图样板，留出加工余量后直接在板料上划出裁料的界线和加工界线。

（3）裁料（下料）　裁料是将所需要的零件展开外形从材料中分离出来的工序，方法主要有机械裁剪和手工裁剪。

（4）成形　成形就是利用材料的塑性变形得到所需形状的工序。钣金零件的成形方法可分为弯曲、拉深、挤压、旋压等。

（5）连接和装配　连接是成形的半成品零件通过一定的方式连接成所需零部件的工序。连接方法主要有咬接、铆接、螺栓连接、锡焊连接、套接、电焊连接。点焊连接等。装配就是按照一定的配合技术要求，将零部件连接或固定起来使其成为产品的过程。

6.2　钣金加工设备及手工成形工具

钣金加工常用的机械设备有剪板机、折弯机、数控压力机、激光切割机、等离子切割机、水射流切割机、复合机及各种辅助设备，一般常用的辅助设备有开卷机、校平机、去飞边机、点焊机等。

手工成形常用工具有规铁、手锤、拍板（方木、打板）、冲子、线痕錾及各种规格的弯、直剪等。手工成形用于单件或小批量薄板制件的生产，目前在一些建筑工程、中央空调管道网及居民生活等方面应用比较多。手工成形要求使板料实现弯曲、放边和收边这三种基本变形。一个制件的成形又可分解为咬缝、咬口、折边、弯卷、卷边、拔缘、拱曲等工作的组合。

6.2.1　钣金加工设备

1. 剪板机

剪板机用于将板料剪切成所需宽度的条形料，以供折弯或冲压工序使用。剪板机的机构简图如图6-1所示。电动机1通过带轮2使轴转动，再通过齿轮6传动及离合器7使曲轴4转动，于是带有上刀片10的滑块5便上、下运动，进行剪切工作。工作台12上装有下刀片9。制动器3与离合器7配合，可使滑块5停在最高位置，为下次剪切做好准备。

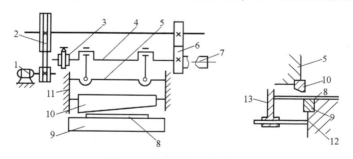

图6-1　剪板机的机构简图

1—电动机　2—带轮　3—制动器　4—曲轴　5—滑块　6—齿轮　7—离合器

8—板料　9—下刀片　10—上刀片　11—导轨　12—工作台　13—挡铁

2. 折弯机

折弯机是将剪切成一定规格尺寸的板料加工出一定形状的冷加工压制成形设备。折弯机分为手动折弯机、液压折弯机和数控折弯机。液压折弯机按同步方式又可分为扭轴同步、机液同步和电液同步三种。

6.2.2　手工成形工具

常用的手工成形工具如图6-2所示。

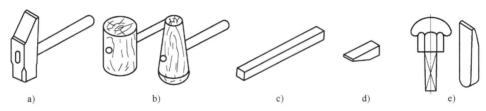

图 6-2　常用手工成形工具

a) 斩口锤　b) 木锤　c) 拍板　d) 规铁　e) 顶杆

对于不同的加工材质和成形的需要，手锤有多种不同的形状、大小和材料，常用的有如图 6-2 所示的斩口锤、木锤、拍板（方尺、打板）等，它们用于捶击板料，可使制件表面捶击痕迹不明显，并且使制件表面比较平整、光滑。木锤一般分为平头和球头两种，平头锤多用于使板料增厚收缩的捶击；球头锤多用于在胎模中使板料变薄胀形形成曲面；拍板是用于板料弯曲的主要捶击工具。

规铁主要用于在整形时承受锤子的冲击力，一般可以有多种形状，常见的有 1~5kg 的衬铁，便于手持。顶杆用于拱曲，或者在小型工件成形时支撑内腔。方钢端面一般为 50mm 见方，长约为 2.5m。除此以外，手工成形工具还有台虎钳和常用的钳工工具等。

6.3　作图展开方法

将组成某零部件的表面不遗漏、不重叠、不褶皱地铺平在同一平面内的工艺过程称为展开。展开图是在展开过程中所画出来的零件表面的实际图形。它是对零件展开过程的图形表述，也是下料的依据。展开的表面分为可展曲面和不可展曲面，例如，一个乒乓球的表面是不可展的。

6.3.1　柱面与平行线

一直线（母线）沿着一条曲导线运动，并且始终平行于直导线而形成的曲面称为柱面。母线在柱面上的各个位置称为素线。柱面素线是互相平行的，两条素线可形成一个小平面；如用一组平行线将柱体表面分割成若干小平面，将其画在同一个平面上，则可以得到柱面的展开图。

由于柱面素线是互相平行的，因此对于柱面构成的形体，一般都可以运用平行线法求出柱体表面的展开图。

1. 正圆管

图 6-3 所示为一正圆管的展开示意图。在投影图上表达圆管时，通常要画出中心线及圆管的外形轮廓线，素线的多少应视圆管直径的大小来确定。因为在展开圆形构件时，一般是量取等分圆弧的弦长，所以在截取总长后，比圆管的实际周长要稍微短一些，而增加素线可以减小误差。如果对构件尺寸要求比较严格，则应该用 πD 计算求得圆周长。

1）圆管展开，首先要确定素线，按一般惯例，可以取 12 条素线。将图 6-3 所示俯视图的断面圆 12 等分，过各等分点向主视图作垂线，则可得到 1′~7′ 处的素线的正面投影。

2）从主视图上可以看出，各平行素线都垂直于底面，且各个素线之间的距离为 $\overset{\frown}{12} = \overset{\frown}{23} = \overset{\frown}{34} = \overset{\frown}{45} = \overset{\frown}{56} = \overset{\frown}{67}$。

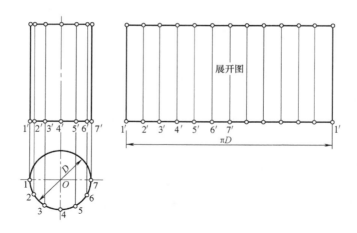

图 6-3　正圆管的展开示意图

3）将圆管表面伸直，上、下则为两条直线，在直线上确定 1″，以 1″为起点，从俯视图上截取 12 等分点间的弦长确定各点（或用 πD 求出总长后进行 12 等分），过各点向上引出垂线（素线投影），即可得到正圆管的展开图。

2. 任意斜截圆柱管的展开

图 6-4 所示为任意斜截圆柱管的展开示意图。该圆柱管的轴线垂直于水平面，上管口被斜切，下管口与轴线垂直。

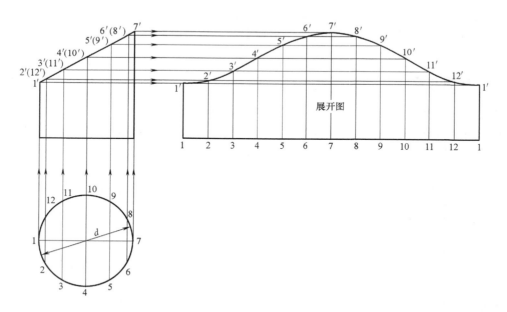

图 6-4　任意斜截圆柱管的展开示意图

6.3.2　平行线画法展开实例

上口圆、下口方的天圆地方管在工程中常用做渐变接管，其展开图如图 6-5 所示，可按如下步骤获得展开图。

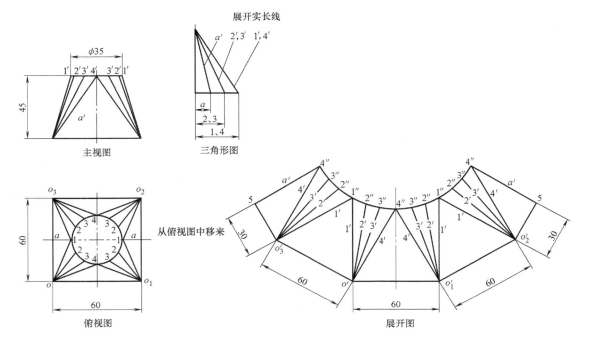

图 6-5　天圆地方管展开图

1）根据工程所要求的底边边长 60mm，圆直径 φ35mm 和高度 45mm，作出主视图和俯视图。

2）等分俯视图圆周为 12 等份，作 1、2、3、4 线，其中 1 线长与 4 线长相等，2 线长与 3 线长相等，并向上引投影线至主视图。

3）作三角形图，求出 a' 与 $2'$、$3'$、$1'$、$4'$ 线的实长。

4）由于底边的 60mm 是实长，作底边长 60mm 的直线并以 o' 和 o_1' 为圆心，以 $4'$ 线长为半径，求出 $4''$ 点。以 o' 和 o_1' 为圆心、以 $3'$、$2'$、$1'$ 线实长为半径画弧，从点 $4''$ 开始、按照俯视图中两点之间的弧长依次与各弧相交，找出点 $3''$、$2''$、$1''$。

5）再分别以 o' 和 o_1' 为圆心、底边长 60mm 为半径作弧，与分别以点 $1''$ 为圆心、$1'$ 线实长为半径作的两条弧交于点 o_2'、o_3'。分别连接 $1''o_3'$ 和 $1''o_2'$。

6）再分别以 o_2' 和 o_3' 为圆心、以 $2'$、$3'$ 和 $4'$ 线实长为半径画弧，从点 $1''$ 开始、按照俯视图中两点之间的弧长依次与各弧相交，找出左、右两侧的点 $3''$、$2''$ 和 $4''$。

7）分别以 o_2' 和 o_3' 为圆心、30mm 为半径作弧，与以点 $4''$ 为圆心、a' 线实长为半径的两条弧分别交于左、右的点 5。光滑连接上口，折线连接下口，检验点 5 处的角度是否为直角。

6.4　板厚及加工余量的处理

6.4.1　板厚的处理

任何一个钣金件都是由一定厚度的板料制作而成的。在不同情况下，板厚会对零构件的尺寸和形状产生不同的影响，将这些影响在放样及展开过程中采取相应的措施予以消除的实施技术就称为板厚的处理。对于薄板构件，如果略去板料的厚度，则其所产生的影响对构件的误差一般在工程允许的公差范围之内。因此，在实际操作中，当板厚 $t \leqslant 1.5\text{mm}$ 时，可以不考虑板厚处理问题。对于板厚 $t > 1.5\text{mm}$ 的构件就必须研究处理板料厚度的规律，并尽量设法将板料厚度的影响略去，画出没有板厚的放样图，然后对其进行展开，以保证所得到的零构件符合设计要求。下面介绍断面形状为曲线时的板厚处理及根据构件咬接形式进行的板厚处理。

1. 断面形状为曲线时的板厚处理

断面形状为曲线时的板厚处理如图6-6所示，即将厚度为 t 的平板弯曲成圆弧状的断面长度变化。当板料弯曲时，里皮压缩，外皮拉伸，它们都改变了原来的长度，只有板料的中心层长度不变。因此在一般情况下，下料时的展开长度应以中心层的展开长度为准。

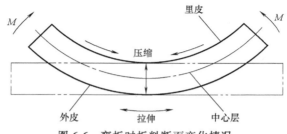

图6-6　弯板时板料断面变化情况

2. 根据构件咬接形式进行的板厚处理

板厚的处理不仅与零件本身的形状有关，而且还与构件的咬接形式有关。

"接口"与"接缝"是两个不同的概念。所谓接口，是指构件上由两个或更多的形体相交而形成的接合处，例如构成两节90°圆管弯头的两个直管的接合处称为接口。所谓接缝，是指一块板料弯曲后与对边相接的那条缝，它是自身相对边缘的接合，是零件自身成形的需要。而接口是零件与零件之间的接合，是出于零件组成构件的需要。图6-7a表示两节90°圆管弯头，图6-7b表示接口处没有进行板厚处理的情形，很明显，由于没有进行板厚处理，不但弯头的角度不对，而且在接口的中部还有缝隙（俗称缺肉）。图6-7c是经过板厚处理的接口处情形，两管的接口处完全吻合，在加工成形时，很容易进行操作。所以，接口处的板厚处理也是一个不能忽视的问题。

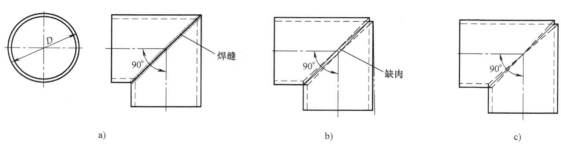

图6-7　弯头接口处的情形

a）两节90°圆管接头　b）未进行板厚处理　c）板厚处理后

6.4.2　加工余量的处理

所谓加工余量，是指在加工时零构件需要有连接（咬接、铆接、焊接等）的部位而在展开图的周边扩张出来的那部分面积。一个零构件要有接缝、接口，它们所占用的板料应在展开下料时一并考虑，以满足加工和装配的需要。在制作拱曲构件的时候，展开图的周围总要加放一定宽度的修边余量，此修边余量也叫做加工余量。一般情况下，加工余量的大小应以展开图边线向外扩张的宽度和沿展开图边线的连续长度来度量。在实际中，加工余量通常是指由展开图向外扩张的宽度。有加工余量的展开图称为展开料，根据展开料的形状和大小就可以进行下一步加工操作。

图 6-8 是加放加工余量的图形，在边线 AD、BC 外加放的余量 δ_2 是用于连接接缝的咬缝余量；在边线 AB 外加放的余量 δ_3 是用于法兰连接的翻边余量；在展开曲线 CD 外加放的余量 δ_1 是用于接口处的咬接余量。从图中可以看出，用双点画线表示的加工余量的外边线总是与展开图中相对应的边线平行。也就是说，加放加工余量的一般方法就是在展开图同一个边线外沿法线方向扩展出等宽的余量。加工余量的大小与连接方式有关。受篇幅所限，下面只对咬接方式的加放加工余量进行叙述。

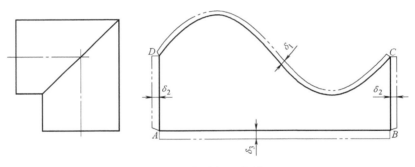

图 6-8　加放加工余量

咬接加工一般适用于制件板厚 $t<1.2\mathrm{mm}$ 的普通钢板、板厚 $t<1.5\mathrm{mm}$ 的铝板和板厚 $t<0.8\mathrm{mm}$ 的不锈钢板。咬接形式不同，其加工余量也不同。通常将咬接的宽度称为单口量，用 s 表示。单口量 s 与板厚 t 有关，一般可由以下经验公式来确定：

$$s=(8\sim12)t \tag{6-1}$$

当 $t<0.7\mathrm{mm}$ 时，s 不应小于 6mm。咬接余量的大小由单口量 s 的数值来计算。

1. 平咬接的加工余量

图 6-9a、b 所示咬接都属于单平咬接方式。如图 6-9a 所示，由于 A 在 s 中间，故板 Ⅰ、Ⅱ 的加工余量相等，即 $\delta=1.5s$；如图 6-9b 所示，由于 A 在 s 的右侧，所以板 Ⅰ 的加工余量 $\delta_1=s$，板 Ⅱ 的加工余量 $\delta_2=2s$。图 6-9c 所示咬接称为双平咬接，若点 A 在 s 的右侧，则板 Ⅰ 的加工余量 $\delta_1=2s$，板 Ⅱ 的加工余量 $\delta_2=3s$。

点 A 的位置对于确定加工余量影响很大。例如，在图 6-9a 中，若点 A 居于 s 中间，则板 Ⅰ 的加工余量 $\delta_1=2.5s$，板 Ⅱ 的加工余量 $\delta_2=2.5s$，这与原先确定的加工余量就对不上了。

2. 角咬接的加工余量

图 6-10a 所示咬接称为外单角咬接，板 Ⅰ 的加工余量 $\delta_1=2s$，板 Ⅱ 的加工余量 $\delta_2=s$；

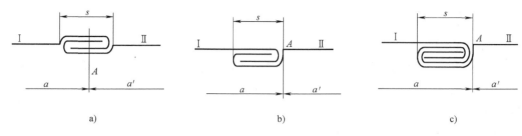

图 6-9　平咬接的加工余量

a)、b）单平咬接　c）双平咬接

图 6-10b 所示咬接称为内单角咬接，板Ⅰ的加工余量 $\delta_1 = 3s$，板Ⅱ的加工余量 $\delta_2 = 2s$；图 6-10c 所示咬接也称为外单角咬接，板Ⅰ的加工余量 $\delta_1 = 2s+b$；图 6-10d 所示咬接称为联合咬接，板Ⅰ的加工余量 $\delta_1 = 2s+b$，板Ⅱ的加工余量 $\delta_2 = s$。这里的 b 一般取 6～10mm。

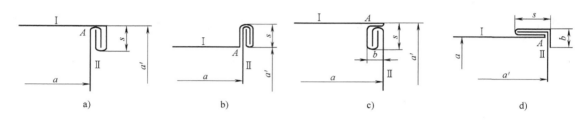

图 6-10　角咬接时的加工余量

a)、c）外单角咬接　b）内单角咬接　d）联合咬接

上述几种形式的咬接仅是最常用的几种，它们各自有着不同的应用领域和成形方法。另外，对图 6-11 所示构件边缘卷圆管时的加工余量可以按照下面的公式来确定：

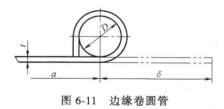

图 6-11　边缘卷圆管

$$\delta = \frac{D}{2} + 2.35(D+t) \approx 3(D+t) \qquad (6-2)$$

式中，D 为卷管内径；t 为板厚。同时应有 $D>3t$。

3. 咬接接缝位置的选择

咬接接缝位置选取的不同，展开图的形状一般也不同。咬接接缝位置一般按照下列原则选取。

1）接缝必须是直线接缝，不能为曲线接缝，因此一般都取形体素线为接缝。

2）接缝应尽可能短，这样，制作时比较容易操作。

3）接缝位置的选择应符合视觉美学原则，尽量使接缝在靠近墙壁或顶棚的位置，尽可能避开构件的裸露部位。

4）应根据构件的受力情况，在不容易泄漏的部位选取接缝位置。

5）接缝位置应便于排料、下料和节省材料。

总之，要尽可能合理地选择接缝位置，具体操作时，要视各个方面的综合情况，最大程度地满足以上几个原则。

6.5 板料的手工剪切、弯曲与卷边

6.5.1 手工剪切工具

手工剪切的主要工具是手剪刀，手剪刀一般有直剪刀和弯剪刀两种，如图 6-12 所示。直剪刀用于剪切直线，弯剪刀用于剪切曲线，为便于剪切，手剪柄有直柄和弯柄两种形式。

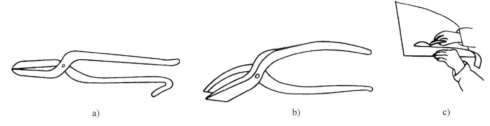

图 6-12　手剪刀及剪切方式
a）直剪刀　b）弯剪刀　c）剪切

剪刀是用含碳量 0.4% 以上的中碳钢制造的，其刃部经淬火后硬度值可达到 54~58HRC。其规格是按照剪刃的长度划分的，常用的有 100mm、150mm、200mm 等。剪刀的长度一般为剪刃长度的 2.5~3 倍。

各类剪床上的剪刀片都是用碳素工具钢或合金工具钢（T7A、T8A 或 40Cr）制造的，经过热处理后其硬度可达到 58~62HRC。

剪刃的角度根据待剪切工件的形式及材料硬度、厚度不同而不同，通常在 55°~85° 之间。切削刃的楔角越小，剪刀越锋利，但同时也越容易磨损和崩口；反之，角度越大，剪切越费力。因此，手剪刀一般只剪切厚度为 1mm 以下的薄钢板及厚度为 1.2mm 以下的铜、铝板等。

另外，在钣金零件实际加工中，对大型零件的修边和开口常使用便携振动剪刀，如图 6-13 所示，便携振动剪刀有气动式和电动式两种，它们可以剪切厚度不超过 2.5mm 的硬铝板和厚度在 2mm 以内的薄钢板。

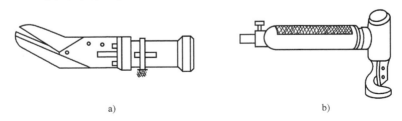

图 6-13　便携振动剪刀
a）气动式　b）电动式

6.5.2 剪切方法

剪切时握剪的方法很多，一般使用右手握持剪柄末端，这样可以增加力臂，既可以省力，又便于刀刃口向剪切方向推进，如图 6-14 所示。还可以将剪刀的弯柄夹持在台钳上，如图 6-15a 所示。使用单柄固定式手剪刀时，要将一个手柄固定起来，如图 6-15b 所示。

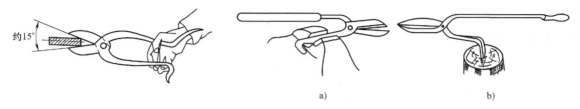

约15°

图 6-14　手剪刀的握持方法

a)　　　　　　　　　　b)

图 6-15　手剪刀的固定

剪切时，刀口必须垂直对准剪切线，剪口不要倾斜。刀片的倾角（张开角）要适当，倾角过大，板料会与剪轴距离过近，在剪切操作时，板料就会向外侧滑移，这是由于倾角过大致使剪刀对板料产生推力的缘故，如图 6-16a 所示，当合力大于工件与刀刃之间的摩擦力时，工件便向外滑移。刀片的倾角过小（图 6-16b），工作面集中在剪刃的刃口前端，使阻力臂增大，因此所需的剪切力也随之增大。手工剪切时，由于刀片倾角随着剪刃闭合而减小，所需要的剪切力则逐渐增大，因此刃口张开角度一般在 15°左右为宜。

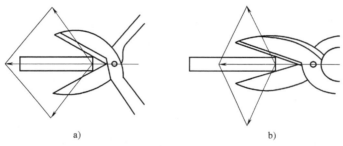

a)　　　　　　　　　　b)

图 6-16　剪切角度
a）倾角过小　b）倾角过大

在剪切曲线外形时，如图 6-17 所示，应沿逆时针方向进行剪切；剪切曲线内形时，应沿顺时针方向进行剪切，按照这种顺序进行剪切操作可使标记线不被剪刀遮住。

在面积较小的板料上剪切窄条毛料时，可用左手拿着板料进行剪切，如图 6-18 所示。

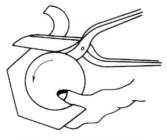

图 6-17　剪切曲线外形

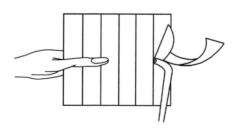

图 6-18　剪切窄条毛料

手剪刀的刃口变钝时，应进行刃磨，刃磨一般在水磨石或油石上进行。如果刃口出现崩裂和豁口，则应首先在砂轮机上磨去豁口，再在磨石上进行刃磨，不要在砂轮机上直接刃磨。进行刃磨时用力要适当，始终保持刃部的斜面与磨石面一致，一直磨到刃部足够锋利为止。

6.5.3 弯曲

1. 折边

折边是指弯曲曲率半径很小的角形弯曲。

对短小零件的折边一般可以在台虎钳上进行操作，为了避免制件在台虎钳钢制钳口上压出网纹压痕，可以在钳口处垫上角钢、金属片、软钳口等，如图 6-19 所示。进行弯曲操作时，手拉住板料上端，使用木锤捶击制件根部，可借助垫铁来弯曲闭角弯曲件，如图 6-20 所示。

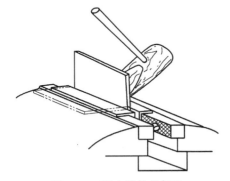

图 6-19　短小零件的折边

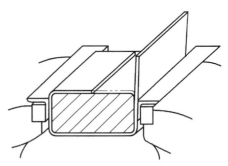

图 6-20　闭角弯曲件

对宽长制件的弯曲折边，是将弯曲线对准方钢边沿并使用手虎钳进行固定，人力压弯后用拍板来进行修角，如图 6-21 所示。

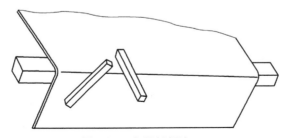

图 6-21　宽长板折边

2. 弯卷

圆筒件弯卷时，是将板料搁置在圆钢上，用拍板对两端预弯，预弯长度为 100mm，如果是咬缝连接，要掌握好拍板捶击的部位，如图 6-22 所示。

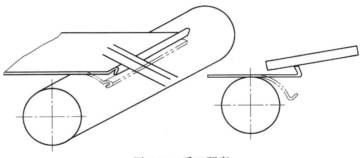

图 6-22　手工预弯

为了防止咬缝被敲扁，每隔一段素线间距，要将板料在圆钢上压弯、圈圆，对材质较差的材料，圈圆时会出现不规则的棱线，这时可以先向弯曲的反方向圈圆一次。咬缝连接或焊接后，可将筒形制件套到圆钢上进行整圆。整圆有两个作用，一是消除拍板捶击部位的棱角，如图 6-23 所示；二是进行规圆，规圆一般以两端为重点，借助光线在筒件上的反射，可以判别出曲率的均匀程度，在曲率小的两侧按照消除棱角的方式使其中部凸起。锥筒制件的制作过程与圆筒件相仿。

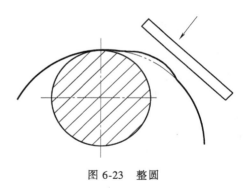

图 6-23　整圆

6.5.4　卷边

卷边一般可分为空心直卷边和包丝弯卷边两种。卷边是将平板料的直线或曲线边缘卷曲成管状，如图 6-24 所示，卷边是为了提高薄板制件的边缘刚度，避免锐边伤人，有时也是为了便于零件间的连接或使零件更美观，包丝弯卷边的制作如图 6-24b 所示。

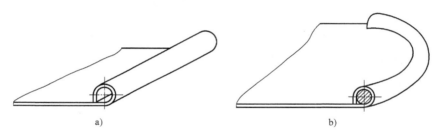

图 6-24　卷边

a）空心直卷边　b）包丝弯卷边

包丝弯卷边操作如图 6-25 所示，包含如下操作步骤。

1）根据铁丝直径 d，在板料边缘上分别划出 $d/2$ 和 $3d$ 处的两条弯曲线。

2）沿 $d/2$ 处的弯曲线将板料弯曲成约 70°弯角，弯角不要过尖。将 $d/2 \sim 3d$ 之间的板料敲成圆弧状，然后从端面插入铁丝。

3）翻转板料用拍板捶实，再在方钢上进行整形，修整不太严重的过卷和包容不足的疵病，并且可使卷边粗细一致和平滑。

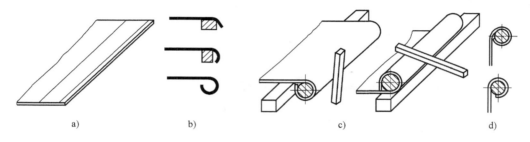

图 6-25　包丝弯卷边操作

a）划线　b）弯曲　c）整形　d）疵病

6.5.5　放边与收边

放边与收边是用手工成形工具使钣金零件的边缘或周沿产生变薄延展（放边）与增厚收缩（收边）的变形。

1. 放边操作

如图 6-26 所示，对截面为 L 形的型材使用斩口锤敲击，使其一边的纤维伸长而制成法兰制件，这是典型的放边操作，胚料和制成零件如图 6-26a 所示。

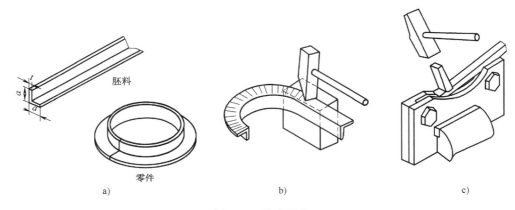

图 6-26　放边操作

a）胚料和零件　b）打薄放边　c）型胎放边

常用的放边操作有以下三种。

（1）打薄放边　将被放边的一边置于砧铁上，使用斩口锤进行敲击，这时，要注意敲击线应垂直于型材外缘，敲击的中点距外缘应为总宽度的 1/3，锤子稍微向外倾斜，敲击落点要密集且均匀，如图 6-26b 所示。

（2）拉薄放边　拉薄放边是将被放边的一边于橡胶或硬木垫料上进行放边。由于垫料较软且有弹性，敲击时，材料同时受沿敲击线两侧方向的拉应力作用。拉薄放边的零件表面比较光滑，但其成形速度不如打薄放边快。

（3）型胎放边　按照弯曲的曲率半径做出型胎，将 L 形型材嵌入型胎中，用顶木放边，如图 6-26c 所示。这种放边相当于断面惯性矩为 I 的板料弯曲，较薄的材料容易弯裂或扭曲，故一般用于打薄或拉薄到一定程度后的型胎校形。

2. 收边操作

收边操作一般有以下两种操作方式。

（1）起皱钳收边　如图 6-27 所示，使用起皱钳（尖头钳）将收边部位钳成波纹状，操作时，要求波纹尽可能细密，并且要使坯料收缩弯曲至比工件要求更小的曲率半径，然后用木锤将起皱波纹打平，最后再用铁锤进行修整，并且使坯料展放至工件要求的曲率半径。

（2）起皱模收边　对于较厚的坯料，起皱钳不易进行操作加工，一般可使用硬木制成的起皱模，将坯料在起皱模上用斩口锤捶出波纹，然后再按照上述方法进行消除、修整波纹操作，如图 6-28 所示。

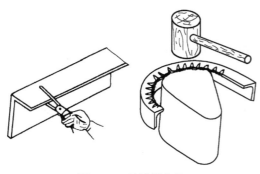
图 6-27　起皱钳收边

图 6-28　起皱模收边

6.6　咬接加工

在钣金加工操作中，把制件毛坯的两端或两块板料的边缘折转扣合，并使它们彼此压紧的连接称为咬接。咬接可根据制件的加工关系分为咬缝连接和咬口连接，根据咬接的方法又可分为手工咬接和机械咬接。在管道工程、建筑防水及居民生活中，钣金制件的材料多为薄板，因此，咬接制作应用比较多，尤其手工咬接应用相当普遍。

6.6.1　咬接工具

咬接的常用工具有手锤、木锤、拍板、扁口、规铁等。其中，拍板是咬接操作的主要工具，它是由硬质木料制成的，拍板的大小要适中，太大不容易握持，太小拍打力量不够，拍板尺寸一般以 45mm × 450mm 为宜。木锤多用于圆形制件的立咬口抛边。咬口的打制应在规铁上进行。为便于操作，一般将规铁固定在工作台上，如图 6-29 所示。

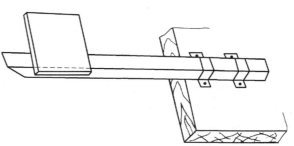
图 6-29　规铁的固定方法

6.6.2　咬接的形式

制件的结构或使用要求不同，所采用的咬接形式也不同。咬接的形式可分为单咬接、双咬接、综合咬接和角形咬接，又可按照咬接的外形分为平咬接和立咬接，还可按照咬接的位置分为纵咬接和横咬接等，如图 6-30 所示。

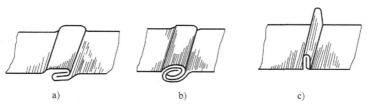

a)　　　　　　　　　b)　　　　　　　　　c)

图 6-30　咬接的形式

a）单平咬接　b）双平咬接　c）单立咬接

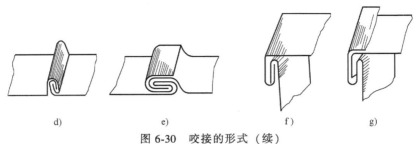

图 6-30 咬接的形式（续）

d）双立咬接 e）综合咬接 f）单角形咬接 g）综合角形咬接

6.6.3 咬接的操作方法

1. 单平咬接

单平咬接主要用于各种薄板制件的纵向咬缝，以及对强度和密封性能要求不高的咬口等。其操作方法如图 6-31 所示。

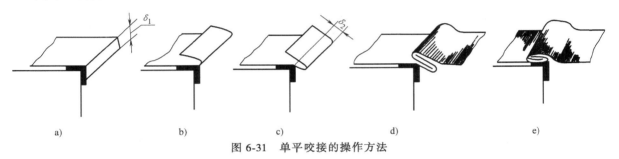

图 6-31 单平咬接的操作方法

具体操作过程如下。

1）根据放样展开时所留的咬接余量 δ_1 和 δ_2，在板料上分别划出折边线。咬接宽度应视板厚和工艺的要求来确定。

2）将板料放在规铁上，用拍板拍打咬接宽度伸出的折边部分（δ_1），使其成为 90°角。如图 6-31a 所示。再将板料翻转，使折边向上，如图 6-31b 所示。

3）将板料在规铁上伸出折边（δ_2），用拍板向里拍打折边，使其成 30°～50°的角度，这时，应注意不要将两折边打和在一起，如图 6-31c 所示。

4）用同样的方法将第二块板料折边打好，并将其折边互套在一起，如图 6-31d 所示。这样便于敲打，不致于将咬口打疵。然后将两块板料的折边敲合在一起就完成了咬接，如图 6-31e 所示。为了使咬接紧密和严实，在拍打扣合后，还应该用铁锤轻轻敲打一遍。

2. 双咬接

双咬接方式主要是用于拉力和强度要求较大的构件，其具体操作方法如图 6-32 所示。

具体操作过程如下。

1）折边划线的方法与单平咬接相同。

2）将板料在规铁上打成直角折边，如图 6-32a 所示。然后向上翻转，将折边向里拍打，如图 6-32b 所示。这时，应注意折边与板料之间应留有大于板料厚度的间隙。

3）将折边向下翻转，用拍板打出带斜度的第二个折边，这个折边要稍大于第一个折边，如图 6-32c 所示。打好后，再将板料翻转过来，将第二个折边拍打成 45° 角，如图 6-32d 所示。

4）用同样的方法将另一块板料也打成单折边，然后将两块板料互套在一起，并将单折边板料翻转，用木锤将咬口打紧，如图 6-32e 所示。最后在规铁上打出固口凹线，如图 6-32f 所示。

具体操作时要注意在两块板料互套之前，如图 6-32g 所示，应使用检查板沿板料的里面进行检查，看它是否有被拍打成贴合的地方，确认无误后，再将两块板料彼此推入至端面平齐为止，如图 6-32h 所示。

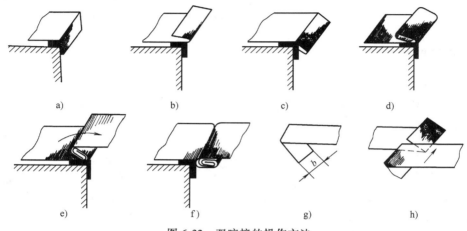

a)   b)   c)   d)

e)   f)   g)   h)

图 6-32　双咬接的操作方法

3. 简易双咬接

这种咬接是将两块板料贴合在一起后，一起拍打折边，如图 6-33 所示。其操作比上述方法要简便，减少了两块板料分别折边、翻转等的过程，因此，这种方法可以提高生产效率，但是不适于大块板料的连接。

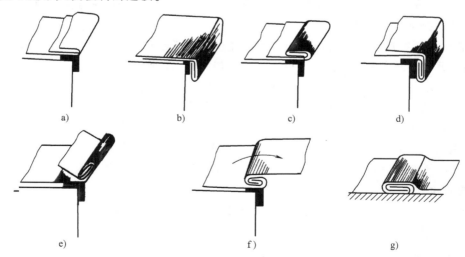

a)   b)   c)   d)

e)   f)   g)

图 6-33　简易双咬接的操作方法

简易双咬接的具体操作过程如下。

1）在第一块板料的折边内放上第二块板料，然后用拍板或木锤将第一块板料的折边向上打紧，如图 6-33a 所示。向下翻转打第二个折（叠）边，其宽度应以第一个折边为准，如图 6-33b 所示。然后翻转折（叠）边向里打紧，如图 6-33c 所示。继续翻转，将板料向下打成直角，如图 6-33d 所示。

2）将下面的板料翻转到上面，如图 6-33e 所示。向上扳上面的材料，使其与另一块板料平行，再用木锤打紧，如图 6-33f 所示。最后打出固口凹线，如图 6-33g 所示。

4. 综合咬接

综合咬接是对上述几种咬接形式的综合应用，其主要目的是加强咬接处的刚度和密封性能，操作方法如图 6-34 所示。

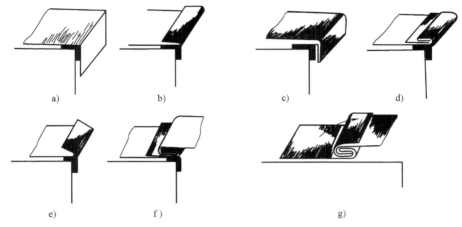

图 6-34　综合咬接的操作方法

具体操作过程如下。

1）划折边线，与上述几种咬接方法的划折边线操作相同。

2）用拍板沿咬接宽度的三倍处打出直角边，如图 6-34a 所示。翻转板料将折边向里打平，如图 6-34b 所示。

3）翻转板料向下打出一个折边宽度，如图 6-34c 所示。再翻转板料向里打平，这时要注意留出一个大于板厚的间隙，如图 6-34d 所示。

4）把另一块板料按照咬接余量打出一个具有一定间隙的折（叠）边，原则上其宽度应等于第一块板料的第二次折边，如图 6-34e 所示。然后将两块板料互套在一起用木锤打紧，如图 6-34f 所示。

5）将综合咬接中的自由边扳起，使其向上包住第二块板料，并且使用木锤打平压紧，然后打出扣合缝，使两块板料保持在同一个平面上，如图 6-34g 所示。

5. 筒端咬接

筒端咬接常用于管件对接时的咬口连接，由一个筒形制件的抛双边（两次翻边）操作和另一个筒形制件的抛单边（一次翻边）操作构成，如图 6-35 所示。

具体操作过程如下。

1）将筒形制件放在规铁上，使用铁锤的窄面轻轻地向外均匀地抛打制件，抛打时要不断地转动工件，使其逐渐扳平，如图 6-35a 所示。抛边的宽度应根据板料的厚度而定，以避免产生裂口。在抛边的过程中还要应注意抛边的平整及边宽的一致，如图 6-35b 所示。

2）将宽边在规铁上做出单边，使其与端面成为直角，如图 6-35c 所示。

3）将另一个圆筒件抛出单边并进行平整后，放入有双边的制件内，先用手锤沿制件的圆周收边，确认没有疵边后再将其抛合，如图 6-35d 所示。

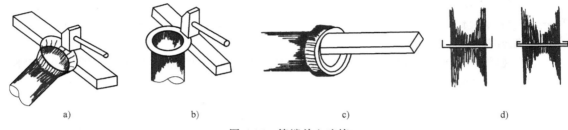

a)　　　　　　b)　　　　　　c)　　　　　　d)

图 6-35　筒端单立咬接

6. 双立咬接

双立咬接与单立咬接的操作方法相同，只是在折第二个折边时，需要使用撑托工具在制件下面支撑，再用手锤将单边打弯，然后将撑托移向左边弯折的双口处进行敲合，如图 6-36 所示。

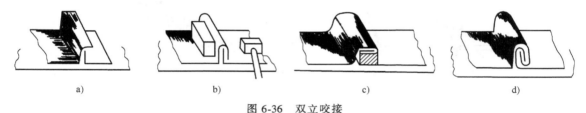

a)　　　　　　b)　　　　　　c)　　　　　　d)

图 6-36　双立咬接

7. 角形咬接

角形咬接常用于方形构件的连接，如矩形通风管等。对咬接的部位没有特殊要求时，一般都将咬缝放在棱角处。先将板料的一端打出折边，将另外一端打出有间隙的叠边，如图 6-37a 所示；然后将构件放到规铁上，将两个端边进行套合后，先用钳子将套合的叠边夹合，再用铁锤将咬边敲平，如图 6-37b 所示；要注意修整出清晰的棱角，使其制件外形美观，如图 6-37c 所示。

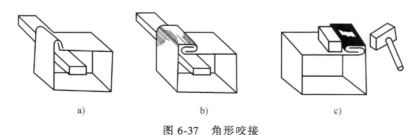

a)　　　　　　b)　　　　　　c)

图 6-37　角形咬接

8. 角形综合咬接

角形综合咬接如图 6-38 所示，具体操作过程如下。

1）首先计算综合余量，划出折边线。

2）将其中一块板料进行折边，折边宽度为咬接余量的两倍，折边至 30°~40° 即可，如图 6-38a 所示。翻转板料并向下再进行一次折边，其宽度为咬接余量的一倍，如图 6-38b 所示。然后再对板料进行一次翻转，将第二次的折边打成叠边，同时将第一次的折边扳向右

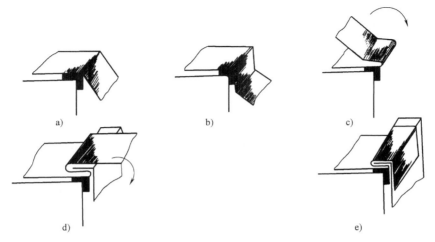

图 6-38 角形综合咬接

侧，使其与板料的位置平行，如图 6-38c 所示。

3）将另一块板料打成直角折边，其宽度为咬接余量的一倍，放入第一块板料的叠边内，如图 6-38d 所示。用木锤将其咬口进行敲合，并将第一块板料的伸出部分向下打平压紧，如图 6-38e 所示。

6.6.4 咬接实例

簸箕是日常生活中常用的物品，从图 6-39 可以看出，它的结构形状比较简单。并且主视图和左视图都可以反映实形，可直接按照图示尺寸画出它的展开图。但此构件多系薄板加工，必须要考虑咬口接缝的问题。对于矩形构件，一般情况下是 a 面咬口于 b 面，即 b 面为已知咬口宽度、a 面为两倍咬口宽度。在咬口余量处，为了便于操作咬合，应适当剪出斜度，如图 6-39 所示。

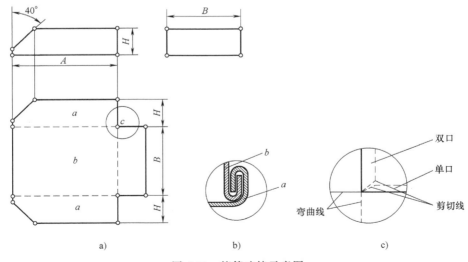

图 6-39 簸箕咬接示意图

a）展开图　b）咬口示意图　c）剪切示意图

6.7 钣金实习安全操作规程

1）实习时，要穿工作服，不允许穿拖鞋；操作机床时严禁戴手套，长头发同学要戴工作帽。

2）不允许擅自使用不熟悉的机器和工具。设备使用前要检查，如发现损坏或其他故障，应停止使用并报告。

3）使用剪切、冲压、折弯设备时，应首先检查设备是否正常；操作中严禁将手伸入剪口、工作面下。两人同时工作要时刻注意安全，互相照应，防止意外发生。

4）使用手剪刀时，不允许使用手锤捶击加力，剪刀变钝时不允许使用砂轮打磨，应使用油石修磨。

第7章

管 道 连 接

7.1 概述

管道连接是指按照设计图的要求，将已经加工预制好的管段连接成一个完整的系统。在施工中，应根据所用管子的材质选择不同的连接方法。

7.1.1 管材的种类

管材是建筑工程必需的材料，常用的有给水管、排水管、煤气管、暖气管、电线导管、雨水管等。随着科学技术的发展，家庭装修使用的管材也经历了普通铸铁管→水泥管（钢筋混凝土管、石棉水泥管）→球墨铸铁管和镀锌钢管→塑料管及铝塑复合管的发展历程。

1）给水管：有镀锌钢管、铜管、铝塑复合管、ABS 塑料管、聚乙烯管、PP-R 聚丙烯管等。

2）排水管：有钢管、铸铁管、承插式预应力钢筋混凝土管和承插式自应力钢筋混凝土管、GPR 聚酯树脂管、HOBAS 离心浇铸玻璃纤维增强聚酯树脂管、聚乙烯管、PVC 塑料管等。

3）煤气管、暖气管：有镀锌钢管、CPVC 塑料管、ABS 塑料管、聚乙烯管、聚丙烯管等。

4）电线套管：有磁管、铝塑复合管等。

5）雨水管：有铁皮管、铸铁管、铝塑复合管、PE 塑料管等。

7.1.2 管道连接方式

根据用途和管材，常用的管道连接方法有螺纹连接、法兰连接、焊接、承插连接、热熔连接、粘接、卡套式连接等。本章重点介绍螺纹连接和热熔连接两种管道连接方式。

（1）管道螺纹连接　螺纹连接是利用带螺纹的管道配件进行连接的方法，多用于明装管道。管径小于或等于 100mm 的镀锌钢管宜用螺纹连接，钢塑复合管一般也用螺纹连接。螺纹连接的特点是易于拆换，但承压不高。

（2）管道法兰连接　直径较大的管道采用法兰连接，法兰连接一般用在主干道连接阀门、止回阀、水表、水泵等处，以及需要经常拆卸、检修的管段上。特点是易于拆换，承压较高。

（3）管道焊接　焊接适用于不镀锌钢管，多用于暗装管道和直径较大的管道，并在高层建筑中应用较多。特点是漏点少，但维修和更换时都必须先割断，再重新焊接。

（4）管道承插连接　承插连接主要用于带承插接头的铸铁管、混凝土管、陶瓷管、塑料管的连接。有柔性连接和刚性连接两类，柔性连接采用橡胶圈密封，刚性连接采用石棉水泥或膨胀性填料密封，重要场合可用铅密封。特点是承压一般不高，属于靠重力流的自然管道。

（5）管道热熔连接　热熔连接用于非金属与非金属之间，是将其加热升温至（液态）熔点后的一种连接方式。广泛应用于 PP-R 管、PB 管、PE-RT 管、金属复合管、曲弹矢量铝合金衬塑复合管道系统等新型管材与管件连接。特点是具有连接简便、使用年限久、不易腐蚀等优点。

（6）管道粘接　粘接是采用专用胶进行粘接的连接方式，主要用于 CPVC、ABS 等塑料管材。特点是操作简单易行，便于掌握。

（7）管道卡套式连接　常用的卡套式连接方式为螺纹卡套压接，主要用于铝塑复合管。将配件螺母套在管道端头，再将配件内芯套入端头内，用扳手将配件与螺母拧紧即可。铜管的连接也可采用螺纹卡套连接。卡套式连接的特点是不适合高温、有振动的地方。

7.1.3　管道分类

管道按用途可分为民用管道、动力管道、输送管道、工艺管道。按设计压力可分为真空管道（$P<0.1\text{MPa}$）、低压管道（$0.1\text{MPa}\leqslant P<1.6\text{MPa}$）、中压管道（$1.6\text{MPa}\leqslant P<10\text{MPa}$）、高压管道（$10\text{MPa}\leqslant P<100\text{MPa}$）。按工作温度可分为低温管道（工作温度低于 $-20℃$）、常温管道（工作温度为 $-20\sim100℃$）、高温管道（工作温度高于 $200℃$）。按管道材质可分为黑色金属管道、有色金属管道、非金属管道。按管道敷设方式可分为明设管道、暗设管道、埋设管道。

7.2　管螺纹连接

7.2.1　管螺纹连接基本知识

螺纹连接（也称为丝扣连接），可用于给水、热水、煤气及低压蒸汽管道。在施工中使用螺纹连接管道的最大管径一般都在 100mm 以下。

1. 管螺纹的分类

用于管道连接的螺纹有圆锥形和圆柱形两种。管螺纹连接的方式有圆柱形内螺纹套入圆柱形外螺纹、圆柱形内螺纹套入圆锥形外螺纹及圆锥形内螺纹套入圆锥形外螺纹三种，后两种方式在施工中普遍使用。

管螺纹按螺纹牙型角的不同分为 55°密封管螺纹和 60°密封管螺纹两大类。我国长期以来广泛使用 55°密封管螺纹。水、煤气管在现行国家标准中已改称低压流体输送用焊接钢管。当焊接钢管采用螺纹连接时，管件外螺纹和管件内螺纹均应为 55°密封管螺纹。

2. 螺纹连接操作步骤

（1）清理管端　先清理管端内、外螺纹连接处的杂物。

（2）上填料　为了增加管螺纹接口的密封性和避免螺纹锈蚀造成的不易拆卸、无法维修等问题，螺纹连接处一般要加填料。因此填料要既能填充空隙，又能防腐蚀。

（3）连接　拧紧管螺纹应选用合适的管钳。不允许采用在管钳的手柄上加套筒的方式来拧紧管子。管螺纹拧紧后，管件或阀件外应露出 1~2 扣螺纹（即螺尾）。

（4）清理　完成连接后，应将外露的填料割断清理。

3. 塑料管材的螺纹连接

当塑料管与金属管、配件及用水器具连接时，小口径管可用螺纹连接方法；暗敷于墙体、地面内的管道不得采用螺纹连接方式。连接时必须使用厂家提供的专用转换接头（也称为过渡件），不得在塑料管及管件上车制螺纹或用管子绞板手动套丝机制作螺纹，故不能直接在塑料管上采用螺纹或法兰连接。

弯头、三通、管箍等过渡件为一次注塑成型，其一端与塑料管管材相同，按照该塑料管的连接方式与塑料管连接；而另一端为内嵌或外嵌金属螺纹，可与金属管、配件及用水器具用螺纹连接。

7.2.2　管螺纹加工操作方法

1. 管材切割

在管道的安装和维修中，为了得到所需长度的管材，需对管材进行下料切割。切割管材常用的工具有手工锯、台虎钳、管子台虎钳和切管器等。

（1）手工锯和台虎钳　手工锯和台虎钳的具体操作方法可参阅钳工中的有关内容，此外还应注意，要选用细齿锯条，锯齿不易崩裂，锯削时，必须使锯条始终与管子轴线保持垂直。锯削大口径管子时，锯前应划切割线，常采用硬纸做样板紧紧围住管子，然后沿着平直样板的一侧用石笔划一圈，即切割线。在锯削中，在锯口处滴些机油，不允许为了省力将最后未锯断的部分用手强行折断，以免影响后道工序的套螺纹和焊接。

（2）管子台虎钳　管子台虎钳（又称为龙门钳）结构如图7-1所示，钳口由两块上下相对并带有齿形的 V 形铁组成，夹持圆管特别稳固。松钳时可将龙门架连带上钳口一起翻转打开；夹持时，在反转合上龙门架的同时，弯钩能自动套住下底座，操作方便。

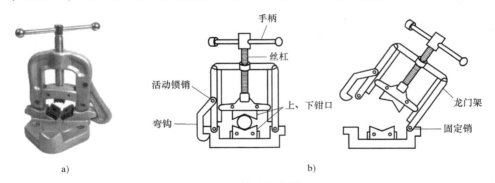

图 7-1　管子台虎钳

a）外观图　b）结构图

2. 管材套螺纹

管道工程中，螺纹连接是最常用的方法之一，而螺纹连接就需要对管材进行套螺纹，即在管子端头切削出外螺纹。套螺纹方法有机械和手工两种。机械套螺纹是由车床或套丝机（图7-2）完成，用于大批量生产管件等。手工套螺纹是指管工利用管子绞板手动套丝机（图7-3）在施工现场对管材进行套螺纹，然后与各种所需的管件、阀门和设备等装配连接成一套管道系统。手动套丝机由于携带方便，无需电源，因而大量用于野外作业。

管子绞板手动套丝机套螺纹的方法和步骤如下。

1）将管子固定于管子台虎钳上，前端留出一定长度用于套螺纹。

2）将与管道尺寸匹配的板牙架装在棘轮手柄上，套丝机与管连接。

3）开始套螺纹：左手用力推板牙架，右手操作棘轮手柄，使板牙架顺时针旋转（右旋螺纹）。

4）在板牙吃进管道一圈后，可松开左手，靠板牙上的纹路自行进给。此时需适当加一些切削液。

5）当管道的边缘与板牙末端相平齐时，停止套螺纹。

6）此时将棘轮手柄调节为反转，慢慢将板牙架退出管道。

图 7-2 机械套螺纹机

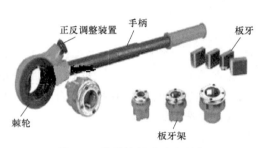

图 7-3 管子绞板手动套丝机

7.2.3 管螺纹连接的常用工具

管道螺纹连接的常用工具是管钳、链条管子钳、活扳手、呆扳手等，扳手适用于内接等带方头的管件及小规格阀门的连接。另外，还有自紧式管子钳，使用时不需要调节，可以自动夹紧不同直径的管子。

管钳（图 7-4）的规格是以钳头张口中心到钳把尾端的长度来标称的，选用管钳时可参照表 7-1。若用大规格的管钳拧紧小口径的管子，虽然因钳把长而省力，但也容易用力过大、拧得过紧而胀破管件或阀门，反之，若用小规格的管钳去拧紧大口径的管子，则费力且不易拧紧，而且容易损坏管钳；由于钳口上的齿是斜向钳口的，因此，拧紧和拧松操作时钳口的卡进方向是不同的，使用时卡进方向应与加力方向一致；为保证加力时钳口不打滑，使用时可一手按住钳头，另一手施力于钳把，扳转钳把时要平稳，不可用力过猛或用整个身体加力于钳把，防止管钳滑脱伤人，特别是在双手压钳把用力时更应注意安全。

链条管钳（图 7-5）用于安装场所狭窄而管钳无法工作的地方，选用链条管钳时可参照表 7-2。

图 7-4 管钳

图 7-5 链条管钳

表 7-1　管钳规格表　　　　（单位：mm）

管钳规格	200	250	300	350	450	600	900	1025
钳口宽度	25	30	40	45	60	75	85	100
适用管径范围	3~15	3~20	15~25	20~32	32~50	40~80	65~100	80~125

表 7-2　链条管钳规格表　　　　（单位：mm）

链条管钳规格	350	450	600	900	1200
适用管径范围	25~40	32~50	50~80	80~125	100~200

7.2.4　管螺纹连接的填料

管螺纹无论采用何种方式连接，均须在内、外螺纹之间添加填料。常用填料有油麻丝、铅油、石棉绳、聚四氟乙烯密封带（俗称生料带）等。管子输送的介质（如冷水、热水、低压蒸汽等）温度在120℃以内时，可使用油麻丝和铅油做填料。操作时，一般是将油麻丝从管螺纹第二、三扣开始沿螺纹顺时针方向缠绕，缠好后再在油麻丝表面上均匀地涂抹一层铅油。当输送的介质温度较高时，最好使用聚四氟乙烯做密封填料，方法与用油麻丝基本相同。聚四氟乙烯密封带可用于180~250℃的液体和气体管道及耐蚀性管道，如煤气管道、冷冻管道及其他无特殊要求的一般性管道，其使用方法简便，将其薄膜紧紧地缠在螺纹上便可装配管件。

涂抹好填料后先用手拧上管件，再用管钳或链条管子钳将其拧紧。管件拧紧后要留有2~3圈螺尾。为保证接口长久严密，管螺纹不得过松，不能用多加填充材料的方式来防止渗漏。应注意的是填料在螺纹连接中只能使用一次，若遇拆卸，则应重新更换。

7.2.5　管螺纹连接的注意事项

1）连接前，在管螺纹上加缠填料，注意缠绕方向须与螺纹方向相同，然后用手拧入2~3扣后，再用管钳一次拧紧，不得倒回反复拧，拧铸铁阀门或管件时不得用力过猛，以免拧裂阀门或管件。

2）填料不能加得太多，以免拧入管腔堵塞管路。挤在螺纹外面的填料应及时清除；填料只能用一次，拆卸重装时应更换填料。

3）油麻丝和铅油混合调和后，必须在10min内用完，否则会硬化，无法再用。

4）管螺纹连接应选用合适的管钳或链条管子钳，不允许加套管延长手柄来拧紧管子。

7.3　管道热熔连接

热熔连接技术适用于聚烯烃类热塑性塑料管道系统的连接。热熔连接是一个物理过程，加热到一定时间后，材料原来紧密排列的分子链会熔化，然后在稳定的压力作用下将两个部件连接并固定，在熔合区建立接缝压力。由于接缝压力的作用，熔化的分子链随材料冷却，温度下降并重新连接，两个部件闭合成一个整体。因此，温度、加热时间和接缝压力是热熔连接的三个重要因素。对于管道外径小于63mm的管材，采用手持式熔接器进行连接；对于外径大于 63mm 的管材，则采用大功率熔接器进行连接。热熔连接可分为热熔承插连接、热熔鞍形连接和热熔对接连接三种形式。

　　热熔连接的主要工具有：熔接器（图 7-6）、管子切管器（图 7-7）或细齿锯。热熔连接具有连接简便、使用年限久、不易腐蚀等优点。

图 7-6　熔接器

图 7-7　管子切管器

7.3.1　熔接器使用方法

　　1）固定熔接器安装加热端头。将熔接器放置于架上，根据管材规格安装对应的加热端头，并用内六角扳手拧紧。

　　2）通电开机。接通电源（注意电源必须带有接地保护线），绿色指示灯亮，红色指示灯熄灭，表示熔接器进入自动控制状态，可开始操作。注意：自动控制状态即熔接器处于受控状态。

　　3）用管子切管器垂直切断管材，将管材和管件同时无旋转地推进熔接器模头内，并按表 7-3 控制加热时间。达到加热时间后立即将管材与管件从模头同时取下，迅速无旋转地均匀插入到所需深度，使接头形成均匀凸缘。

7.3.2　热熔连接的操作步骤

　　1）将熔接器接通电源，使其升温，热熔温度应该控制在 260℃，达到该温度后方能开始操作。

　　2）用管子切管器切割管材，切割时必须保证端面垂直于管轴线，切割后，必须将管材端面的飞边去除干净。

　　3）用清洗液（或无水酒精）或不起毛的纸将要进行热熔连接的管材、管件的端头，以及焊接部位表面清洁干净，必须保证清洁、干燥、无油。

　　4）用铅笔和卡尺在准备热熔的管子端头标出热熔深度，热熔深度须满足要求。

　　5）对于弯头或三通的热熔，应注意连接方向，应在管件和管材的直线方向用辅助标志标出位置。

　　6）将管材和管件分别插入加热套和加热头内，插入时不要旋转，且应到达需要的深度，加热时间应满足规定。

　　7）达到加热时间后，应在 5s 内迅速将管材和管件取下，并迅速无旋转地沿轴线方向插入到所标的深度，使接头形成均匀的凸缘。

　　8）熔接过程必须严格遵守必需的冷却时间，具体时间应满足表 7-3 的规定。

　　9）在保持时间内，刚熔接好的接头可以校正，但不允许旋转。

表 7-3　熔接深度与热熔时间

管材外径/mm	熔接深度/mm	热熔时间/s	插接时间/s	冷却时间/min
20	14	5	4	3
25	16	7	4	3
32	20	8	4	4
40	21	12	6	4
50	22.5	18	6	5
63	24	24	6	6
75	26	30	10	8
90	32	40	10	8
110	38.5	50	15	10

7.4　焊接管件的加工制作

在管道安装工程中，经常用到转弯、分支和变径所需的管配件。这些管配件中的相当一部分要在安装过程中根据实际情况现场制作，而制作这类管件必须先进行展开放样，根据样板在管材上划出切割线，切割完成后拼焊制成管件。因此展开放样是管道工必须掌握的技能之一。

7.4.1　焊接弯头制作

弯头是改变管道走向的管件，一般可分为光滑弯头和焊接弯头两种。光滑弯头的制作一般采用冷弯和热弯两种方法。弯头的制造方法不同，其弯曲半径也不同。弯曲半径的尺寸，从减小变形方面来说，选得越大越好；但从便于安装和美观的方面来说，则小一些好。所以，弯曲半径的选择应在不超过允许范围的条件下，选得尽量小。

弯曲半径通常用管子公称直径或外径的几倍来表示，一般规定钢管热弯时，弯曲半径不小于管子外径的 3.5 倍，冷弯时不小于管子外径的 4 倍，焊接弯头时不小于管子外径的 1.5 倍。

1. 焊接弯头的组成

焊接弯头（俗称虾米弯）是由若干个带斜截面的直管段组成，有两个端节及若干个中节组成，端节为中节的一半，根据中节数的多少，虾米弯分为单节、两节、三节等；节数越多，弯头的外观越圆滑，对介质的阻力越小，但制作越困难。端节和中节可用绘制展开图的方法，先做出样板，根据样板在管材上划出切割线，切断成若干节后，拼焊而成。

2. 90°单节虾米弯展开方法和步骤

1）作 $\angle AOB = 90°$，以点 O 为圆心，以半径 R 为弯曲半径，画出虾米弯的中心线。

2）将 $\angle AOB$ 平分，得 45°的 $\angle AOC$、$\angle COB$，再将 $\angle AOC$、$\angle COB$ 分别平分，得 22.5°的 $\angle AOK$、$\angle KOC$、$\angle COD$ 与 $\angle DOB$。

3）以弯管中心线与 OB 的交点 4 为圆心，以 R 为半径画半圆，并将其六等分。

4）通过半圆上的各等分点作 OB 的垂线，与 OB 相交于 1、2、3、4、5、6、7，与 OD

相交于 1′、2′、3′、4′、5′、6′、7′，直角梯形 11′7′7 就是需要展开的弯头端节。

5）在 OB 的延长线方向上，画线段 EF，使 $EF = \pi D$，并将 EF 十二等分，得各等分点 1、2、3、4、5、6、7、6、5、4、3、2、1，通过各等分点作垂线。

6）以 EF 上的各等分点为基点，分别截取 11′、22′、33′、44′、55′、66′、77′ 的线段长，画在 EF 相应的垂直线上，得到各交点 1′、2′、3′、4′、5′、6′、7′、6′、5′、4′、3′、2′、1′，将各交点用圆滑的曲线依次连接起来，所得几何图形即为端节展开图。用同样方法对称地截取 11′、22′、33′、44′、55′、66′、77′ 后，用圆滑的曲线连接起来，即得到中节展开图，如图 7-8 所示。

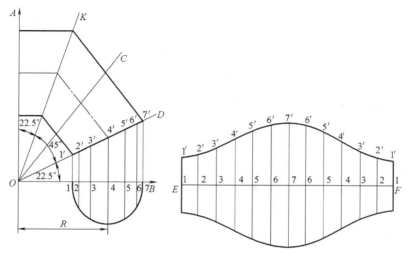

图 7-8　90°单节虾米弯展开图

7.4.2　焊接管三通制作

三通是主管道与分支管道相连接的管件，根据制造材质和用途的不同，分为很多种。从规格上分，可分为同径三通和异径三通。同径三通是指分支接管的管径与主管的管径相同，故也称为等径三通。异径三通是指分支接管的管径小于主管的管径，因此也称为不等径三通，异径三通更为常用一些。下面以等径斜交管三通为例讲解展开图的绘制方法（图 7-9）。

已知主管与支管交角为 α，则等径斜交管三通展开图作图步骤如下。

1）根据主管直径及相交角 α 画出同径斜三通的正面投影图（主视图）。

2）在支管的顶端画半圆并六等分，得各等分点 1、2、3、4、5、6、7，过各等分点作斜支管轴心线的平行线，交支管与主管相交线于 1′、2′、3′、4′、5′、6′、7′。

3）在支管直径 17 线段的延长线方向上，作直线 $AB = \pi D$，并将其十二等分，得各等分点 1、2、3、4、5、6、7、6、5、4、3、2、1。

4）过 AB 线段的各等分点 1、2、3、4、5、6、7、6、5、4、3、2、1 作 AB 的垂线，再分别过主管与支管的相交点 1′、2′、3′、4′、5′、6′、7′ 作线段 AB 的平行线，依次得到交点 1″、2″、3″、4″、5″、6″、7″、6″、5″、4″、3″、2″、1″，将所得交点用圆滑曲线连接起来，所得几何图形就是支管展开图。

5）在主管右断面图上画半圆；由支管与主管的相交点 1′、2′、3′、4′向右引主管轴心线的平行线，将主管断面图的半圆分成六份，交于 a、b、c、d 点。（此步也可省略。）

　　6）在三通主管下面作一条线段 $7°1°$ 使其平行于三通主管轴心线，以 $7°1°$ 为中心分别向上、向下依此截取 ab、bc、cd 的弧长，并作 $7°1°$ 的平行线段，再过 $1'$、$2'$、$3'$、$4'$、$5'$、$6'$、$7'$ 各点向下作三通主管轴心线的垂线，依次相交于 $1°$、$2°$、$3°$、$4°$、$5°$、$6°$、$7°$，将所得交点用圆滑曲线连接起来，所得几何图形就是主管开孔的展开图。

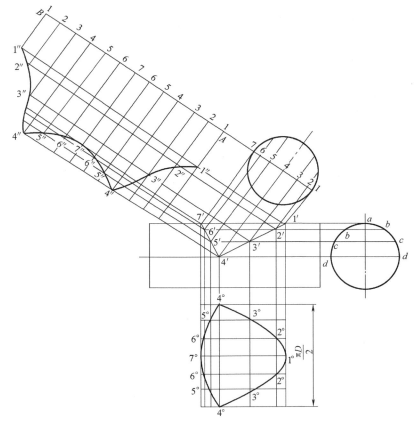

图 7-9　等径斜交管三通的展开图

第3篇　机械加工技术

第8章

切削加工技术基础

8.1 切削加工

在各类机械制造中，为了获得较高的精度和较低的表面粗糙度，一般都要进行切削加工成形。切削加工就是利用切削工具从工件上切削去除多余材料，实现工件尺寸和形状等的要求。切削加工方法分为机械加工和钳工加工两大类。常见的机械加工方法有车削、钻削、铣削、刨削、磨削等，依次如图8-1a～e所示，对应的机械加工设备分别是车床、钻床、铣床、刨床和外圆磨床。

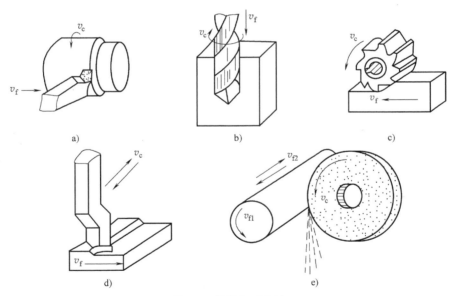

图 8-1 机械加工方法

a）车削 b）钻削 c）铣削 d）刨削 d）磨削

8.1.1 切削运动

要进行切削加工，刀具和工件之间就必须有相对运动。切削运动包括主运动和进给运动。常用机床的切削运动见表8-1。

1. 主运动

主运动是切削的最基本运动，如车削中的工件旋转（主轴旋转）。其运动速度用 v_c 表示。在切削过程中，主运动速度最高、消耗动力最多。

2. 进给运动

进给运动是切削层不断被投入切削的运动，是加工出完整表面所需要的运动，如车削中车刀的纵向和横向进给运动，其运动速度用 v_f 表示。

表 8-1　常用机床的切削运动

机床名称	主运动	进给运动	机床名称	主运动	进给运动
普通车床	工件（主轴）旋转	车刀纵向、横向移动等	外圆磨床	砂轮旋转	工件转动、工件往复运动；砂轮横向移动
钻床	钻头旋转	钻头纵向移动	平面磨床	砂轮旋转	工件（工作台）横向移动；砂轮横向、竖向移动
铣床	铣刀旋转	工件（工作台）横向、纵向移动等	牛头刨床	刨刀往复运动	工件（工作台）横向移动；刨刀竖向移动等

8.1.2　切削用量三要素

切削用量是切削过程中的切削速度、进给量和吃刀量的总称，又称为切削用量三要素。

1. 切削速度

切削刃上的固定点相对于工件的主运动速度称为切削速度。当主运动为旋转运动时，切削速度为最大线速度，计算公式为

$$v_c = \frac{\pi d n}{1000 \times 60} \tag{8-1}$$

式中，v_c 为切削速度，单位为 m/s；d 为工件待加工表面直径，单位为 mm；n 为工件转速，单位为 r/min。

当主运动为直线往复运动时，切削速度计算公式为

$$v_c = \frac{2 L n_r}{1000 \times 60} \tag{8-2}$$

式中，v_c 为切削速度，单位为 m/s；L 为行程长度，单位为 mm；n_r 为冲程次数，单位为 str/min。

2. 进给量

进给量是指主运动进行单位循环时，刀具与工件之间沿进给方向运动的位移量，有相对进给量和绝对进给量等，如进给速度 mm/min 就是绝对进给量，每转进给量 mm/r 就是相对进给量。

3. 吃刀量

吃刀量有进给吃刀量、背吃刀量、侧吃刀量之分。其中最常用的是背吃刀量，背吃刀量是指在垂直进给运动的方向上，主切削刃切入工件的深度。因此，背吃刀量又称为切削深度。

8.2　加工精度与表面质量

零件质量一般由技术要求来限定，以保证加工的工件在装配时能够满足零件之间的相互配合关系等。技术要求主要包括加工精度和表面质量等。

8.2.1　加工精度

由于切削加工过程会受到各种因素的影响，工具与工件间的相对位置会产生偏移，因此加工出的零件不可能与理想的要求完全符合，这就产生了加工精度和加工误差。加工精度是零件经机械加工后，其几何参数（尺寸、形状、表面相对位置等）的实际值与理想值的符合程度，符合程度越高，加工精度也越高；加工误差是指各几何参数实际值与理想值之差。加工误差越小，加工精度越高。实际生产中，加工精度的高低是用加工误差的大小来衡量的。零件的加工精度包括尺寸精度和几何精度。

1. 尺寸精度

尺寸精度是指零件的直径、长度、表面之间的距离等尺寸的实际数值对理想数值的符合程度。切削加工总是有误差存在，任何加工方法都不能也没有必要将工件的尺寸做到绝对精确。对于需要控制的尺寸，需要给出加工所允许的误差范围，也就是公差，加工完成的工件尺寸在允许的公差范围内，工件就是合格产品。

公差值的大小决定了工件尺寸的精确程度，公差值越小，尺寸精度越高。国家标准 GB/T 1800.1—2009 规定，尺寸公差分 20 个等级，即 IT01、IT0、IT1~IT18。其中，IT01 的公差最小，尺寸精度最高。一般情况下，切削加工的尺寸精度越高，加工成本越高，因此，在设计零件时，在保证零件使用性能的前提下，应选用较低的尺寸精度。

2. 几何精度

为控制机械零件的几何误差，提高机器的精度和延长使用寿命，保证产品互换性，国家标准 GB/T 1182—2008 规定了 19 项几何公差项目，主要包括形状公差、方向公差、位置公差和跳动公差，其项目的名称和符号见表 8-2。

表 8-2　几何公差项目

公差类型	几何特征	符号	有无基准	公差类型	几何特征	符号	有无基准
形状公差	直线度	——	无	方向公差	倾斜度	∠	有
	平面度	▱	无		线轮廓度	⌒	有
	圆度	○	无		面轮廓度	◠	有
	圆柱度	⌀	无	位置公差	位置度	⊕	有或无
	线轮廓度	⌒	无		同心度（用于中心点）	◎	有
	面轮廓度	◠	无		同轴度（用于轴线）	◎	有
方向公差	平行度	//	有		对称度	═	有
	垂直度	⊥	有				

（续）

公差类型	几何特征	符号	有无基准	公差类型	几何特征	符号	有无基准
位置公差	线轮廓度	⌒	有	跳动公差	圆跳动	↗	有
	面轮廓度	⌓	有		全跳动	⌰	有

8.2.2 表面质量

表面质量是指机械加工后零件表面层的微观几何结构，以及表层金属材料性质发生变化的情况，包括表面粗糙度、表面加工硬化和表面残余应力等。

1. 表面粗糙度

任何方式的机械加工都会在零件的加工表面形成加工的痕迹。零件加工表面上的较小间距和峰谷所形成的微观几何形状特征称为表面粗糙度。表面粗糙度直接影响工件的精度、耐磨性、配合性质耐蚀性等，从而影响产品的使用性能和寿命。

国家标准《产品几何技术规范（GPS）表面结构 轮廓法 表面粗糙度参数及其数值》GB/T 1031—2006 规定，表面粗糙度参数从 Ra、Rz 中选取一项，最常用的是轮廓的算数平均偏差 Ra 值。它是在取样长度 l 内，轮廓纵坐标 $Z(x)$ 绝对值的算数平均值，如图 8-2 所示。

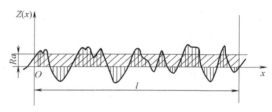

图 8-2 轮廓的算数平均偏差 Ra 值示意图

可见，表面粗糙度值 Ra 越小，切削加工的表面越平整。其计算式为：

$$Ra \approx \frac{1}{l}\int_0^l |Z(x)|\,\mathrm{d}x \tag{8-3}$$

2. 表面加工硬化

切削加工时，由于刀具刃口不是绝对锋利的，因此切削刃接触的金属会受到刀具刃口圆弧的挤压而产生剧烈的塑性变形；另外，刀具对已加工表面的挤压、摩擦，也会引起局部塑性变形。这些塑性变形导致已加工表面产生加工硬化现象。

加工硬化还常常伴随着细微的表面裂纹和残余应力，使表面粗糙度值增大、疲劳强度下降，使下道工序切削困难。工件材料的塑性越好，加工硬化现象越严重。精加工时，减小已加工表面的加工硬化程度，有利于提高零件的疲劳强度和已加工表面的表面质量。

生产上常采用高速切削、施加切削液、保持刀刃锋利等措施来减小已加工表面的加工硬化程度。

3. 表面残余应力

由于切削过程中表层金属塑性变形和切削温度的作用，工件经切削加工后，在已加工表面会产生残余应力。残余应力是切削过程中刀具对工件的挤压而产生的弹塑性变形、热应力引起的塑性变形和切削温度引起的相变所引起的体积变化等综合作用的结果。工件表面残余应力分为残余拉应力和残余压应力。残余拉应力容易使工件表面产生裂纹，降低工件的疲劳强度；残余压应力可阻止表面裂纹的产生和发展，提高工件的疲劳强度。工件各部分的残余应力如果分布不均匀，就会使工件加工后产生变形，从而影响工件的形状和尺寸精度。

8.3　测量工具

经过加工的工件及装配的部件等是否符合图样要求，都需要进行测量来判断，用于测量的工具称为量具。量具种类繁多，分为专用量具和通用量具，这里介绍部分常用的通用量具。

8.3.1　钢直尺

钢直尺的长度有 150mm、300mm、500mm 和 1000mm 等规格。图 8-3 所示为 150mm 钢直尺。

图 8-3　150mm 钢直尺

钢直尺的测量结果不太精确。因为钢直尺的标尺间距一般为 1mm，而刻线本身宽度就有 0.1～0.2mm，所以测量时读数误差较大，只能读出毫米数值，即它的最小读数为 1mm，也就是说这种量具的分度值为 1mm。比 1mm 小的数值，只能估计。

8.3.2　内、外卡钳

图 8-4 所示为常见的外、内卡钳。外、内卡钳是简单的比较量具，之所以称为比较量具，是因为它们本身都不能直接读出测量结果，而是把测得的尺寸在钢直尺上进行读数，或者在钢直尺上先量取所需尺寸，再去检验工件的尺寸是否符合。一般情况下，外卡钳用于测量外径和平面，内卡钳用于测量内径和凹槽等。

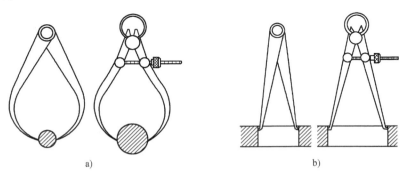

a)　　　　　　　　　　　　　　　　　　　b)

图 8-4　外、内卡钳
a）外卡钳　b）内卡钳

8.3.3　游标读数量具

应用游标读数原理制成的量具有游标卡尺、游标高度卡尺、游标深度卡尺、游标万能角度尺和游标齿厚卡尺等，用以测量工件的外径、内径、长度、宽度、厚度、高度、深度、角度及齿轮的齿厚等，应用范围非常广泛。

1. 游标卡尺

游标卡尺是一种常用的中等精度量具，具有结构简单、使用方便和测量尺寸范围大等特点，可以用来测量工件的外径、内径、长度、宽度、厚度、深度和孔距等。

（1）游标卡尺的结构类型　游标卡尺是机械加工中最常用的测量工具之一，其结构有多种类型。最常用的一种结构型式如图 8-5 所示。

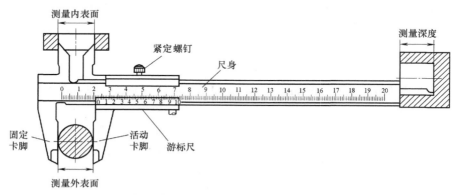

图 8-5　游标卡尺的结构类型

（2）游标卡尺主要组成部分

1）具有固定卡脚的尺身。尺身上有类似钢直尺一样的标尺，其标尺间距为 1mm。尺身的长度决定游标卡尺的测量范围。

2）具有活动卡脚的游标尺。游标尺可以在尺身上移动，其分度值有 0.1mm、0.05mm 和 0.02mm 三种。

3）测量深度的深度尺。深度尺固定在尺身的背面，能随着游标尺在尺身的导向凹槽中移动。测量深度时，应将尺身尾部的端面靠紧在工件的测量基准平面上。

（3）游标卡尺的读数原理和读数方法　游标卡尺的读数机构由尺身和游标尺两部分组成。当活动卡脚与固定卡脚贴合时，游标尺上的"0"刻度线对准尺身上的"0"刻度线，此时卡脚间的距离为 0。当游标尺向右移动到某一位置时，固定卡脚与活动卡脚之间距离的整数部分可在游标零刻度线左侧的尺身标尺上读出来，小于 1mm 的小数部分，可借助游标尺读出。

以常用的分度值为 0.02mm 的游标卡尺为例，如图 8-6a 所示，尺身每小格为 1mm，当两个卡脚合并时，游标尺上的 50 格刚好对应于尺身上的 49mm，则有：

$$游标尺间隔 = 49mm \div 50 = 0.98mm$$

$$尺身标尺间隔与游标尺间隔相差 = 1mm - 0.98mm = 0.02mm$$

0.02mm 即为此种游标卡尺的分度值。

在图 8-6b 中，游标尺零刻度线在尺身上的 3mm 与 4mm 之间，游标尺上的 33 格刻度线与尺身刻度线对准，则有：被测尺寸的整数部分为 3mm，小数部分为 $33 \times 0.02mm = 0.66mm$，被测尺寸为 $3mm + 0.66mm = 3.66mm$。实际上，也可以直接从尺身上读出 3mm，从游标尺上面的数值直接读出小数尺寸为 0.66mm，相加即是测得的尺寸 3.66mm。同理，

图 8-6c 所示情况可以直接读出 48.30mm。

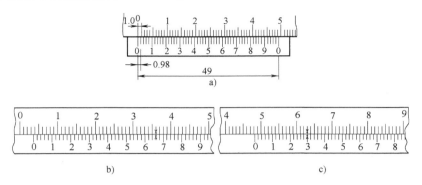

图 8-6　游标卡尺读数方法

为便于使用，有的游标卡尺装有测微表，成为带表卡尺，如图 8-7 所示。还有带数字显示装置的游标卡尺，称为数显卡尺如图 8-8 所示。应用这两种游标卡尺测量尺寸时，直接读出表指针或数字显示装置的示值即可，能有效减少人为读数误差。

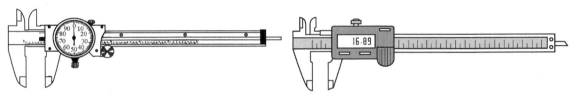

图 8-7　带表卡尺　　　　　　　　　　　　图 8-8　数显卡尺

2. 游标高度卡尺

游标高度卡尺，如图 8-9 所示，主要用于划线和测量工件的高度。其结构特点是用质量较大的底座代替固定卡脚，活动卡脚为测量高度和划线用的量爪，量爪的测量面上镶有硬质合金，可以提高量爪的使用寿命。游标高度卡尺的测量工作应在平台上进行。当量爪的测量面与底座的底平面位于同一平面时，主尺与游标尺的零线对准。在测量高度时，量爪测量面的高度，就是被测工件的高度尺寸，与游标卡尺一样，工件的具体数值可在尺身（整数部分）和游标尺（小数部分）上读出。应用游标高度卡尺划线时，调好划线高度后，要用紧定螺钉将游标尺锁紧，之后应在平台上先进行调零，再进行划线。

8.3.4　螺旋测微量具

应用螺旋测微原理制成的量具，称为螺旋测微量具。它们的测量精度较高，并且测量比较灵活，因此，当加工精度要求较高时多被应用。常用的螺旋测微量具有百分尺和千分尺。顾名思义，百分尺的分度值为 0.01mm，千分尺的分度值为 0.001mm。但在一般情况下，百分尺和千分尺统称为千

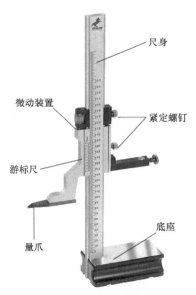

图 8-9　游标高度卡尺

分尺。

千分尺的种类很多，机械加工中常用的有外径、内径、深度螺纹和公法线千分尺等，分别用于测量或检验工件的外径、内径、深度、厚度、螺纹的中径和齿轮的公法线长度等。其中，外径千分尺应用最广。

1. 外径千分尺的结构

各种千分尺的结构大同小异，常用外径千分尺由尺架、测微螺杆、测力装置和紧定螺钉等组成。图 8-10 所示为测量范围为 0~25mm 的外径千分尺。尺架的一端装着固定砧座，另一端装着测微螺杆。固定砧座和测微螺杆的测量面上都镶有硬质合金，以提高测量面的使用寿命。尺架的两侧面覆盖着绝热板，使用千分尺时，手拿在绝热板上，防止人体散发的热量影响千分尺的测量精度。

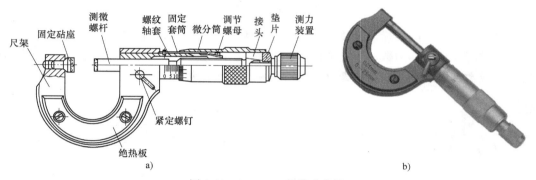

图 8-10　0~25mm 外径千分尺

a）基本结构　b）实物图

2. 千分尺的读数原理和读数方法

（1）千分尺的读数原理　外径千分尺主要应用螺旋机构进行读数，它包括由一对精密的测微螺杆与螺纹轴套组成的螺旋测量机构，以及由一对固定套筒与微分筒组成的螺旋读数机构。

用千分尺测量工件的尺寸时，要先将测微螺杆退开，将待测物体放在的两个测量面之间。千分尺尾端的测力装置是一个棘轮，转动它可使测微螺杆移动，当测微螺杆与被测物（或固定砧座）间的压力达到某一数值时，棘轮将滑动并产生咔、咔的响声，微分筒不再转动，测微螺杆也停止前进，此时即可读数。

常用千分尺测微螺杆的螺距为 0.5mm。因此，当测微螺杆顺时针旋转一周时，两测量面之间的距离就缩小 0.5mm。微分筒的圆周上刻有 50 个等分线，当微分筒转一周时，测微螺杆就推进或后退 0.5mm，微分筒转过它自身圆周刻度的一小格时，两测量面之间移动的距离为 $0.5mm \div 50 = 0.01mm$。

由此可知，应用千分尺的螺旋读数机构，可以正确读出 0.01mm，也就是其精度为 0.01mm。

在千分尺的固定套筒上刻有轴向中线，作为微分筒读数的基准线。另外，为了计算测微螺杆旋转的整数转，在固定套筒中线的两侧，刻有两排刻度线，刻度线间距均为 1mm，上下两排相互错开 0.5mm。

（2）千分尺的读数方法　千分尺的读数方法分为如下三步。

1）读出固定套筒上露出的刻线尺寸。一定要注意 0.5mm 的刻度线值，很多读数错误是遗漏 0.5mm 造成的。

2）读出微分筒上的尺寸，要看清微分筒圆周上哪一格与固定套筒的中线基准对齐，读数时应估读到最小刻度的十分之一，即 0.001mm，将格数乘 0.01mm 即得微分筒上的尺寸。

3）将上面两个数相加，即为千分尺上测得的尺寸。

（3）千分尺的读数举例

1）如图 8-11a 所示，在固定套筒上读出的尺寸为 5mm，微分筒上读出的尺寸为 50.0（格）×0.01mm＝0.500mm，两数相加即得被测工件的尺寸为 5.500mm。

2）如图 8-11b 所示，在固定套筒上读出的尺寸为 5mm，微分筒上读出的尺寸为 46.0（格）×0.01mm＝0.460mm，两数相加即得被测工件的尺寸为 5.460mm。

3）如图 8-11c 所示，在固定套筒上读出的尺寸为 5.5mm，微分筒上读出的尺寸为 46.0（格）×0.01mm＝0.460mm，两数相加即得被测工件的尺寸为 5.960mm。

4）如图 8-11d 所示，在固定套筒上读出的尺寸为 5mm，微分筒上读出的尺寸为 46.5（格）×0.01mm＝0.465mm，两数相加即得被测工件的尺寸为 5.465mm。

微分筒上的最后一位都是估计出来的。实际上，这些测量结果都是可以从固定套筒和微分筒上的数据直接读出的，读数方法是以固定套筒上的数据作为整数，微分筒上的数据为小数读到千分位，相加即可。图 8-12 所示为数显外径千分尺，用数字表示读数，使用更为方便。还有的在固定套筒上刻有游标尺，利用游标尺可读出 0.002mm 或 0.001mm 的读数值。

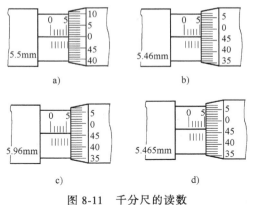

图 8-11　千分尺的读数

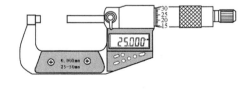

图 8-12　数显外径千分尺

8.3.5　指示式量具

指示式量具是以指针指示出测量结果的量具。车间常用的指示式量具有百分表、千分表、杠杆百分表和内径百分表等，是精度较高的比较量具，主要用于校正工件的安装位置、检验工件的形状精度和位置精度，以及测量工件的内径等。车间里经常使用的是百分表。

1. 百分表的结构与工作原理

百分表的外形如图 8-13a 所示。刻度盘上刻有 100 个等分格，其刻度值为 0.01mm。当大指针转一圈时，小指针即转动一小格，转数指示盘的刻度值为 1mm。用手转动表壳时，刻度盘也跟着转动，可使大指针对准任一刻线。测量杆是沿着套筒上、下移动的，套筒可用于安装百分表。测量时，测量头要抵住工件。手提头是用来提动测量杆的。

图 8-13b 是百分表内部机构示意图。带有齿条的测量杆 1 的直线移动，通过齿轮传动，转变为大指针 5 的回转运动。齿轮 6 和弹簧 7 使齿轮传动的间隙始终在一个方向，起着稳定指针位置的作用。弹簧 8 是控制百分表测量压力的。百分表内的齿轮传动机构使测量杆直线移动 1mm 时，大指针正好回转一圈。

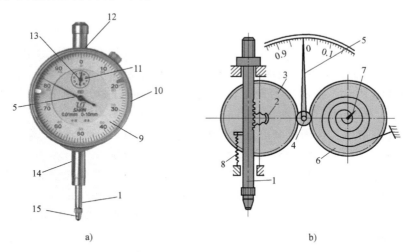

图 8-13　百分表

a）外形图　b）内部结构示意图

1—测量杆　2~4、6—齿轮　5—大指针　7、8—弹簧　9—刻度盘　10—表壳
11—转数指示盘　12—手提头　13—小指针　14—套筒　15—测量头

2. 百分表的使用方法

百分表使用时，要安装在百分表架上，一般是采用磁力表座，表架要安放平稳，防止测量结果不准确或摔坏百分表。

测量前应检查测量杆的灵活性，即轻轻推动测量杆时，测量杆在套筒内的移动要灵活，没有任何卡滞现象，且每次松开后，指针都能恢复到原来的刻度位置。

用百分表测量零件时，测量杆必须垂直于被测量表面，也就是使测量杆的轴线与被测量尺寸的方向一致，否则将导致测量杆不灵活或测量结果不准确。

用百分表校正或测量零件时，应使测量杆有一定的初始测力。即在测量头与零件表面接触时，测量杆应有 0.3~1mm 的压缩量，使大指针转过半圈左右，然后转动表壳，使刻度盘的零位刻度线对准大指针。轻轻地拉动手提头，拉起和松开几次，检查大指针所指的零位有无改变。当指针的零位稳定后，再开始测量或校正零件。如果是校正零件，则应在此时开始改变零件的相对位置，读出两指针的偏摆值，就得出零件安装的偏差数值。

第9章

车削加工

9.1 概述

车削加工是在车床上利用工件的旋转和刀具的移动来加工各种回转体表面，包括内外圆柱面、内外圆锥面、内外螺纹、端面、沟槽、滚花及成形面等。车削加工所用的刀具有车刀、镗刀、钻头、铰刀、滚花刀及成形刀具等。车削加工时，工件的旋转运动为主运动，刀具相对工件的横向或纵向移动为进给运动。车床加工范围如图9-1所示。

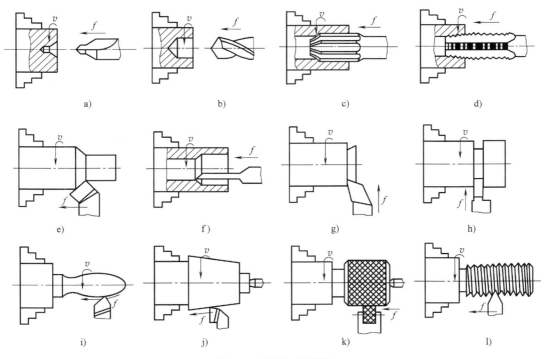

图 9-1 车床加工范围

a) 钻中心孔 b) 钻孔 c) 铰孔 d) 攻螺纹 e) 车外圆 f) 车内孔 g) 车端面
h) 切槽 i) 车成形面 j) 车锥面 k) 滚花 l) 车螺纹

车削加工是机械加工中最常用的工种，无论是在成批大量生产、单件小批量生产，还是在机械维修等方面，都占有非常重要的地位。车削加工除了可以加工金属材料外，还可以加工木材、塑料、橡胶、尼龙等非金属材料。车床加工的尺寸公差等级可达 IT11 ~ IT6，表面

粗糙度 Ra 值可达 $12.5 \sim 0.8 \mu m$。

9.2　卧式车床

车床的种类很多，有卧式车床、立式车床、仪表车床、单轴自动车床、多轴自动和半自动车床、转塔车床、落地车床、仿形及多刀车床等。其中应用最广泛的是卧式车床，其特点是适于加工各种工件。

9.2.1　卧式车床型号

卧式车床的型号用汉语拼音和阿拉伯数字进行编号，以表示机床的类型和主要参数。现以常用的 CA6136A 型卧式车床为例，其型号含义如下：

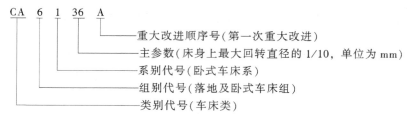

CA　6　1　36　A

重大改进顺序号(第一次重大改进)
主参数(床身上最大回转直径的1/10，单位为 mm)
系别代号(卧式车床系)
组别代号(落地及卧式车床组)
类别代号(车床类)

9.2.2　卧式车床的组成

CA6136 型卧式车床的外形如图 9-2 所示，其组成部分主要有床身、主轴箱、进给箱、溜板箱、刀架和尾座等。

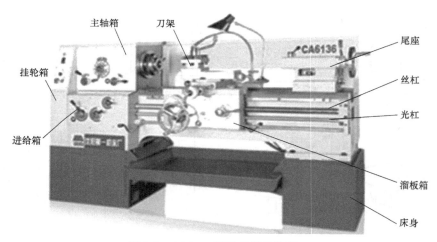

图 9-2　CA6136 型卧式车床外形

1. 床身

床身用于支撑和连接车床各个部件，床身用床腿支撑，并用地脚螺栓固定在地基上。床身还带有精密导轨的基础零件，精密导轨用作溜板箱和尾座的导向装置。

2. 变速箱

变速箱用于改变主轴的转速。变速箱内有传动轴和变速齿轮，通过操纵变速箱和主轴箱外面的变速手柄。改变齿轮或离合器的位置，可使主轴获得 12 种不同的转速。主轴的反转是通过控制电动机的反转来实现的。

3. 主轴箱

主轴箱用于支撑主轴的旋转。主轴是空心的，便于穿入过长的工件；主轴前端的锥孔可以用来安装顶尖，主轴前端的外锥面可安装卡盘、拨盘等夹具，以便装夹工件。

4. 进给箱

进给箱是用于传递进给运动和改变进给速度的变速机构。通过变速手柄改变箱内变速齿轮的位置，可以使丝杠和光杠分别获得不同的转速，以达到改变进给速度的目的。

5. 溜板箱

溜板箱用于将丝杠和光杠的旋转运动转变为刀架的进给运动。光杠一般用于车削加工，丝杠用于车螺纹。溜板箱内设有互锁机构，使丝杠与光杠不能同时使用。

6. 刀架

刀架用于装夹车刀，并使其做纵向、横向或斜向进给运动，如图 9-3 所示，它由以下几部分组成。

（1）床鞍　床鞍与溜板箱相连，可沿床身导轨纵向移动，其上有横向导轨。

（2）中滑板　中滑板可沿床鞍上的导轨横向移动。

（3）转盘　转盘与中滑板用螺栓紧固，松开螺栓便可在水平面内将转盘扳转任意角度。

（4）小滑板　小滑板可沿转盘上的导轨短距离移动。将转盘偏转若干角度后，可使小滑板做斜向进给运动，以便车削铰面。

（5）方刀架　方刀架固定在小滑板上，可同时装夹四把车刀。松开锁紧手柄，即可转动方刀架将所需要的车刀送到工作位置上。

7. 尾座

尾座用于安装顶尖以支持工件，或者用于安装钻头、铰刀等刀具以进行孔的加工。

尾座的结构如图 9-4 所示。尾座安装在床身导轨上，可沿床身导轨移动，可适应不同工件的加工要求，并用尾座锁紧手柄或紧定螺钉将其固定在所需位置上。转动尾座手轮，可改变套筒的伸出长度，也可用套筒锁紧手柄加以固定。

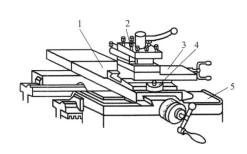

图 9-3　刀架

1—中滑板　2—方刀架　3—小滑板

4—转盘　5—床鞍

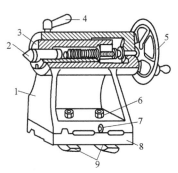

图 9-4　尾座的结构

1—尾座体　2—顶尖　3—套筒

4—套筒锁紧手柄　5—尾座手轮　6—紧定螺钉

7—调节螺钉　8—底座　9—压板

9.2.3 卧式车床的传动系统

CA6136 型卧式车床的传动系统框图如图 9-5 所示。

这里有两条传动路线，其一，从电动机经变速箱和主轴箱使主轴带动工件旋转，称为主运动传动系统。电动机的转速为 1440r/min，通过变速箱和主轴箱内的变速机构，机床主轴可获得 12 种不同的转速。其二，从主轴经进给箱和溜板箱使刀架移动，称为进给运动传动系统。进给运动的传动是从主轴开始，通过换向机构、交换齿轮、进给箱、光杠（或丝杠）传给溜板箱，使刀架做纵向、横向的进给运动。

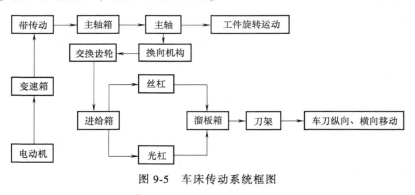

图 9-5 车床传动系统框图

9.3 工件装夹方法

工件的形状、大小和加工批量不同，工件装夹的方法及所用的附件也不同。工件装夹的要求是定位准确、装夹牢固，以保证加工质量和生产率。在普通车床上常用自定心卡盘、单动卡盘、顶尖、中心架和跟刀架，以及心轴、花盘及弯板等附件安装工件。

9.3.1 自定心卡盘

采用自定心卡盘装夹是车床上最常用的装夹方式，这种卡盘的结构如图 9-6 所示。在自定心卡盘中，法兰盘内侧的螺纹直接旋装在车床主轴上。使用时，用卡盘扳手转动其中任一小锥齿轮，可使与它相啮合的大锥齿轮随之转动，大锥齿轮背面的平面螺纹就使三个卡爪同

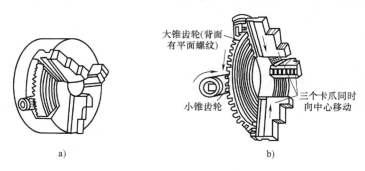

图 9-6 自定心卡盘

a）外形 b）内部结构

时做向心或离心移动，以夹紧或松开工件。当工件外圆直径较小时，可用正爪夹紧工件外圆；当工件外圆直径较大时，可用反爪夹紧工件外圆；对于内孔直径较大的工件，可用正爪反撑夹紧工件内孔。自定心卡盘适用于装夹圆形、正三角形和正六边形截面的中、小型工件。其装夹的特点是自动定心、装夹方便，但其夹紧力较小、定心精度不高，其跳动误差可达 0.05~0.08mm，且重复定位精度低。

9.3.2　单动卡盘

单动卡盘是常见的通用夹具，如图 9-7 所示。它的四个卡爪是分别调整的，互不联系，可用来装夹方形、椭圆、偏心或不规则形状截面的工件。

使用单动卡盘装夹工件找正时，一般是用划线盘按工件的外圆或内孔表面进行找正，也可按预先画在工件上的基准线用划针找正。如果工件的安装精度要求很高，可用百分表找正。找正较花费时间，对操作人员的技术要求较高。所以，单动卡盘装夹适用于单件、小批量生产。

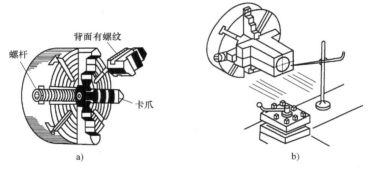

图 9-7　单动卡盘
a）外形　b）按划线找正

9.3.3　顶尖

对同轴度要求较高、需调头加工的细长轴类零件，常采用双顶尖装夹。工件装夹在前、后顶尖之间，由鸡心夹头（卡箍）、拨盘带动工件旋转，如图 9-8a 所示。前顶尖装在主轴上，与主轴一起旋转，后顶尖装在尾座上。有时也可用自定心卡盘代替拨盘带动工件旋转，如图 9-8b 所示。

顶尖的结构有两种。一种是固定顶尖（图 9-9a），另一种是回转顶尖（图 9-9b）。固定顶尖定位精度较高，但与工件中心孔摩擦易发热，只宜在低速精车工件时使用；回转顶尖由于其顶尖随工件一起旋转，故适用于高速切削，但定位精度低于固定顶尖。

用顶尖装夹工件前，要先车平工件端面，用中心钻在两端面上加工出中心孔，如图 9-10所示。A 型中心孔（图 9-10a）中的 60°锥面与顶尖锥面配合，主要承受工件自重和切削力。中心孔底部的圆柱部分使顶尖尖端不接触工件，以保证锥面配合的可靠性，还可用来储存润滑油。B 型中心孔（图 9-10b）中的 120°锥面（护锥）主要是为了防止 60°锥面被碰伤，从而影响与顶尖的配合精度。

如图 9-11 所示，用双顶尖装夹工件加工时，若前、后顶尖轴线不重合，则会导致工件

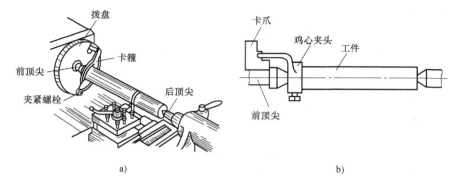

图 9-8 双顶尖装夹工件

a）用拨盘装夹工件 b）用自定心卡盘代替拨盘装夹工件

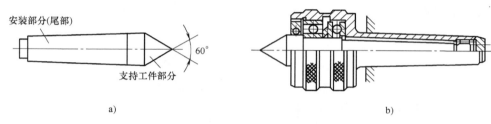

图 9-9 顶尖

a）固定顶尖 b）回转顶尖

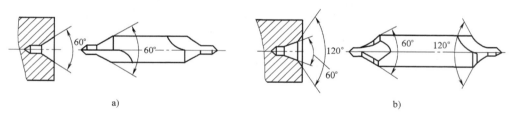

图 9-10 加工中心孔

a）加工 A 型中心孔 b）加工 B 型中心孔（带护锥）

轴线与刀架纵向进给方向不平行，工件会被车成圆锥体。为消除这一误差，可横向调整尾座位置。

　　为了增大粗车时的切削用量，或者在切削无需调头车削的轴类零件时，可采用一端用卡盘夹持、另一端用尾座顶尖顶住的一夹一顶装夹方式。一夹一顶装夹的操作要领是

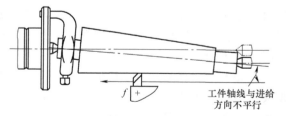

图 9-11 前、后顶尖轴线不重合时车出锥体

先用卡盘轻轻夹住工件的一端，将尾座顶尖送入工件另一端中心孔内之后，摇动尾座手轮，将工件向卡盘顶入 3~5mm，再将卡盘夹紧并锁紧尾座顶尖，如图 9-12a 所示。注意工件在卡盘内的夹持部分不能太长（10~20mm 为宜）。

　　为防止切削时工件向卡盘内缩进，可利用工件的台阶限位（图 9-12b），或者在卡盘内装上限位支撑爪（图 9-12c）。

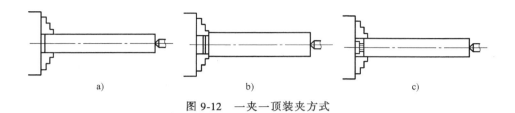

a)　　　　　　　　　b)　　　　　　　　　c)

图 9-12　一夹一顶装夹方式

9.3.4　中心架和跟刀架

在加工细长轴类零件（长度与直径之比大于 20）时，为了防止工件在切削力作用下产生弯曲变形而影响加工精度，常采用中心架或跟刀架作为工件的辅助支撑，以提高刚度。

中心架的应用如图 9-13 所示。中心架固定在车床导轨上，将三个互成 120°的支撑爪支撑在事先加工的工件外圆表面上。加工时，中心架与工件不能相对移动。需先加工一端，然后调头安装，再加工另一端。中心架一般用于加工阶梯轴和长轴端面、内孔等。

跟刀架的应用如图 9-14 所示。跟刀架固定在车床床鞍上，用两个支撑爪支撑工件已加工的外圆表面。加工时，支撑爪跟随车刀沿工件轴向移动。跟刀架适合加工不带台阶的细长光轴或丝杠。

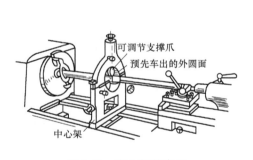

图 9-13　中心架的应用

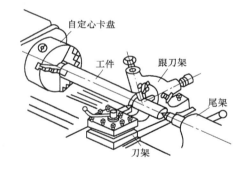

图 9-14　跟刀架的应用

9.3.5　心轴

当以内孔表面为定位基准时，应采用心轴装夹工件。装夹时，先将工件套在心轴上，然后将工件和心轴一起安装在前、后顶尖之间，再加工工件的端面和外圆。根据工件的形状、尺寸和精度要求，将采用不同结构的心轴。

当工件长度比孔径大时，可采用带有小锥度（1/1000~1/5000）的心轴装夹，如图 9-15 所示。当工件内孔与心轴配合时，是靠接触面的摩擦力来紧固工件的，因此在加工时，切削深度和切削力不能太大，以免心轴与工件产生打滑而不能正常切削。小锥度心轴比圆柱心轴定心精度高，装卸方便。

当工件长度比孔径小时，可采用带螺母压紧的圆柱心轴装夹，如图 9-16 所示。圆柱心轴的定心精度比小锥度心轴低，靠螺母压紧工件，夹紧力较大。

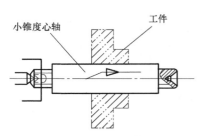

图 9-15　小锥度心轴装夹

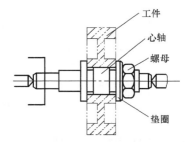

图 9-16　圆柱心轴装夹

9.3.6　花盘

对形状较复杂的支座，壳体类零件的孔、台阶和端面的加工，常采用花盘装夹工件。花盘安装在车床主轴上，端面上的 T 形槽用来安装紧定螺栓，端面为工件的定位面，工件可通过螺栓和压板直接安装在花盘上，如图 9-17 所示。也可用螺栓先在花盘上安装好 90° 弯板，再将工件安装在弯板上，用螺栓压紧固定，如图 9-18 所示。

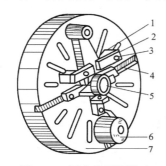

图 9-17　用花盘压板装夹
1—垫铁　2—压板　3—螺栓　4—螺栓槽
5—工件　6—平衡铁　7—花盘

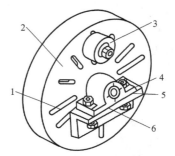

图 9-18　用花盘弯板装夹
1—螺栓槽　2—花盘　3—平衡铁
4—工件　5—安装基面　6—弯板

用花盘或花盘加弯板装夹工件时，必须在中心偏置的对应部位加平衡铁，以防止加工时因重心偏离旋转中心而引起的冲击和振动。

9.4　车刀及车刀安装

9.4.1　车刀种类及结构

1. 常用车刀的分类

车刀是一种单刃刀具，其种类较多，大致可做如下分类。

（1）按用途分　不同的车刀用于加工不同的面，其分类如图 9-19 所示。

（2）按结构形式分　如图 9-20 所示，按刀体的连接形式，车刀可分为整体式车刀、焊接式车刀、机夹式车刀、机夹可转位式车刀四种结构形式。各种结构类型车刀的特点和用途见表 9-1。

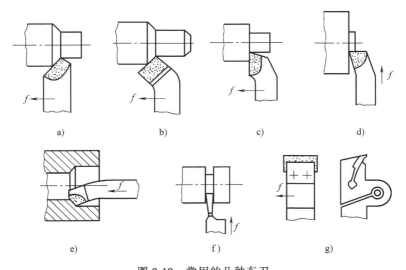

图 9-19　常用的几种车刀

a）直头外圆车刀　b）45°弯头外圆车刀　c）90°偏车刀　d）端面车刀
e）镗刀　f）切断刀　g）宽刃光刀

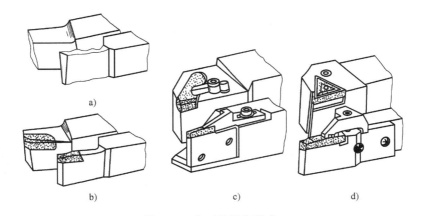

图 9-20　车刀的结构形式

a）整体式车刀　b）焊接式车刀　c）机夹式车刀　d）机夹可转位式车刀

表 9-1　各种结构类型车刀的特点和用途

名　称	特　点	适用范围
整体式	整体用高速钢制造,切削刃可以磨得很锋利	用于小型车床上加工工件或加工非铁金属(有色金属)
焊接式	中碳钢刀杆上焊接硬质合金或高速钢刀片,结构紧凑、使用灵活	各类车刀特别是较小的刀具
机夹式	避免了焊接生产的应力、变形等焊接缺陷,刀杆利用率高,刀片可集中刃磨,使用灵活	外圆车刀、端面车刀、镗刀、切断刀、螺纹车刀
机夹可转位式	避免了焊接产生的应力、变形等焊接缺陷,刀片可快速转位	用于大、中型车床加工外圆、端面、镗孔等;特别适用于自动生产线和数控车床

2．车刀的组成

如图 9-21 所示，车刀由刀头和刀体组成。刀体用于夹持在刀架上或夹持刀片，又称夹持部分。刀头用来切削，又称切削部分。目前常用的车刀是在碳素结构钢的刀体上焊接硬质合金刀片制成的。车刀切削部分由三面、两刃、一尖组成，具体如下。

（1）前刀面　刀具上切屑流经的表面。

（2）主后刀面　刀具上同前刀面相交形成主切削刃的后刀面。

（3）副后刀面　刀具上同前刀面相交形成副切削刃的后刀面。

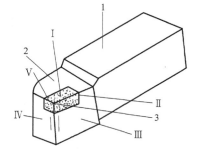

图 9-21　刀具切削部分的结构
1—刀体　2—刀头　3—刀尖
Ⅰ—前刀面　Ⅱ—主切削刃　Ⅲ—主后刀面
Ⅳ—副后刀面　Ⅴ—副切削刃

（4）主切削刃　起始于切削刃上主偏角为零的点，并至少有一段切削刃用来在工件上切出过渡表面的整段切削刃。对车刀来说是前刀面与主后刀面的交线，它承担主要的切削工作。

（5）副切削刃　切削刃上除主切削刃以外的切削刃，也起始于主偏角为零的点，但它向背离主切削刃的方向延伸，对车刀来说是前刀面与副后刀面的交线，参与部分切削工作。

（6）刀尖　主切削刃与副切削刃的连接处相当少的一部分切削刃。为增加刀尖强度，通常磨成一小段过渡圆弧。

9.4.2　车刀的切削角度

为便于确定刀具的主要角度，先建立以下三个相互垂直的参考平面，如图 9-22 所示。

（1）基面　通过切削刃选定点的平面，它平行或垂直于刀具在制造、刃磨及测量时适合于安装或定位的一个平面或轴线，一般说来其方位要垂直于假定的主运动方向。

（2）切削平面　通过切削刃选定点与切削刃相切并垂直于基面的平面。

（3）正交平面　通过主切削刃选定点并同时垂直于基面和切削平面的平面。

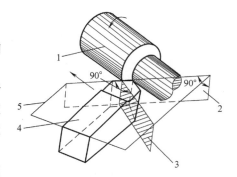

图 9-22　标注刀具角度的参考平面
1—工件　2—切削平面　3—正交平面
4—车刀　5—基面

如图 9-23 所示，刀具切削部分的主要角度有前角 γ_0、后角 α_0、主偏角 κ_r、副偏角 κ_r' 及刃倾角 λ_s。

（1）前角 γ_0　在正交平面内测量，前刀面与基面之间的夹角称为前角。前角越大，刀具越锋利，切削力越小，已加工表面质量越好。但前角越大，主切削刃强度越低，易崩刃。前角 γ_0 可在 $-5°\sim25°$ 内选取。粗加工时，刀具材料硬度高、冲击韧度低；加工断续表面时，前角 γ_0 应较小，反之，前角 γ_0 应较大。

（2）后角 α_0　在正交平面内测量，主后刀面与切削平面之间的夹角称为后角。后角可减小主后刀面与工件之间的摩擦，减小主后刀面的磨损。但后角 α_0 越大，主切削刃强度也

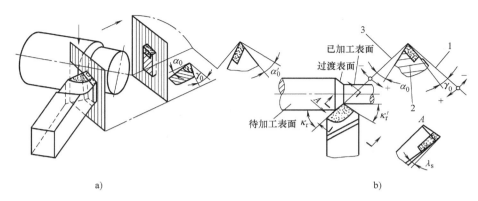

图 9-23　刀具的主要角度图

a）正交平面内度量的角度　b）车刀的主要角度

1—基面　2—正交平面　3—切削平面

越低。后角取值范围为 6°~12°，粗加工取大值，精加工取小值。

（3）主偏角 κ_r　主切削平面与假定工作平面之间的夹角称为主偏角。主偏角减小，则主切削刃参加切削的长度增加，刀具磨损减慢，但作用于工件的径向力会增加。常用刀具的主偏角 κ_r 有 45°、60°、75°、90°，加工细长轴时用主偏角 κ_r 为 90°的车刀。

（4）副偏角 κ_r'　副切削平面与假定工作平面之间的夹角称为副偏角。副偏角可减小副切削刃与工件已加工表面之间的摩擦，减小已加工表面的表面粗糙度值。副偏角一般为 5°~15°。当进给量一定时，副偏角越小，表面粗糙度值越小。因此，精加工时副偏角应较小。

（5）刃倾角 λ_s　在主切削平面中测量，主切削刃与基面的夹角称为刃倾角。刀尖为切削刃最高点时刃倾角为正，反之为负。刃倾角可控制切屑流出方向和刀头的强度。如图 9-24 所示，当 $\lambda_s = 0°$ 时，切屑沿垂直于主切削刃的方向流出；$\lambda_s < 0°$ 时，切屑向已加工面流出，

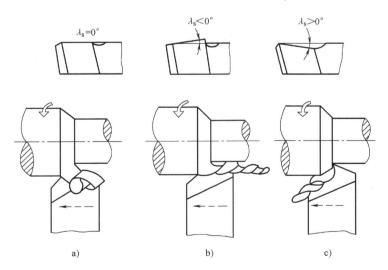

图 9-24　刃倾角对切屑流向的影响

a）$\lambda_s = 0°$　b）$\lambda_s < 0°$　c）$\lambda_s > 0°$

易刮伤已加工表面，但刀头强度较高；$\lambda_s > 0°$ 时，切屑向待加工面流出，产生的带状切屑易缠绕在卡盘等转动的部件上，影响安全。一般刃倾角 λ_s 取 $-5° \sim 5°$，粗加工或切削硬、脆材料时刃倾角取负值，精加工时取正值。

9.4.3　车刀刃磨

车刀用钝后必须重新刃磨，车刀一般用砂轮机刃磨。高速钢或硬质合金车刀刀体用氧化铝砂轮刃磨，硬质合金刀头用碳化硅砂轮刃磨。刃磨的步骤如图 9-25 所示。

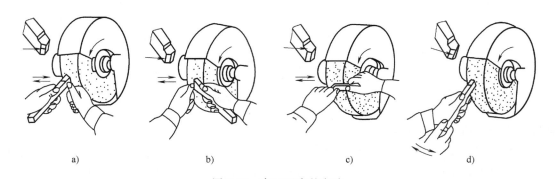

a)　　　　　　　b)　　　　　　　c)　　　　　　　d)

图 9-25　车刀刃磨的方法

a）磨主后刀面　b）磨副后刀面　c）磨前刀面　d）磨刀尖圆弧

（1）磨主后刀面　使刀杆向左倾斜，磨出主偏角；使刀头向上翘，磨出主后角，如图 9-25a 所示。

（2）磨副后刀面　使刀杆向右倾斜，磨出副偏角；使刀头向上翘，磨出副后角，如图 9-25b 所示。

（3）磨前刀面　倾斜前刀面，磨出前角和刃倾角，如图 9-25c 所示。

（4）磨刀尖圆弧　左右摆动，磨出刀尖圆弧，如图 9-25d 所示。

刃磨车刀时应注意如下事项。

1）起动砂轮或磨刀时，人应站在砂轮侧面，防止砂轮破碎伤人。

2）刃磨时，双手拿稳车刀，用力要均匀，刀具应轻轻接触砂轮，防止砂轮破碎或车刀没有拿稳而飞出。

3）刃磨车刀时，刀具应在砂轮圆周面上左右移动，使砂轮磨损均匀。不要在砂轮侧面用力刃磨车刀，防止砂轮偏斜、摆动、跳动甚至碎裂。

4）刃磨高速钢车刀时，刀头磨热后要放入水中冷却，防止刀头软化；刃磨硬质合金车刀时，刀头磨热后要将刀杆置于水中冷却，刀头不能蘸水，防止产生热裂纹。

9.4.4　车刀安装

车刀使用时必须正确安装，如图 9-26 所示。车刀安装在方刀架上，刀尖要与车床中心等高，刀尖在方刀架上伸出长度要合适，一般小于 2 倍的刀杆厚度；垫片要放平整，车刀与方刀架都要锁紧。夹持车刀的紧固螺钉至少要拧紧两个，拧紧后扳手必须及时取下，以防止发生安全事故。

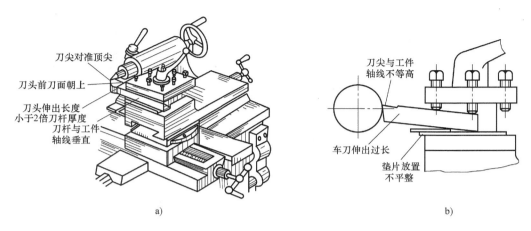

图 9-26 车刀安装
a) 正确 b) 错误

9.5 车床操作

9.5.1 刻度盘原理及应用

在车削工件时，为了准确、迅速地调整切削深度，就必须熟练地使用中滑板和小滑板的刻度盘。

中滑板手柄带动刻度盘旋转一周时，中滑板的丝杠也转动一周，这时丝杆螺母带动中滑板移动一个螺距。安装在中滑板上的刀架也移动一个螺距。以 CA6136 车床为例，它的中滑板丝杆螺距为 5mm，当手柄转动一周时，刀架就横向移动 5mm。中滑板刻度盘被等分为 100 格，当中滑板刻度盘转过 1 格时，中滑板刀架就横向移动 0.02mm，即横向切削深度为 0.02mm。由于工件是旋转的，车刀向工件表面移动进刀时，工件在直径方向被切除部分的厚度是切削深度的 2 倍。小滑板刻度盘的原理与中滑板相同，在进刀时，小滑板刻度盘纵向移动多少，工件轴向尺寸就改变多少。

在使用中、小滑板刻度盘控制切削深度时，若不慎多转过几格，不能简单地退回几格。这是因为丝杠和螺母之间存在间隙，会产生空行程（即刻度盘转动，而刀架未移动）。此时一定要向相反方向将刻度全部退回，消除空行程，然后再重新转到正确位置，如图 9-27 所示。

9.5.2 车削步骤

在正确装夹工件和安装刀具，并调整主轴转速和进给量后，通常按以下步骤进行切削。

1. 试切

为了控制切削深度，保证工件径向尺寸精度，在开始切削时，应先进行试切。以车削外圆力例，试切的方法和步骤如图 9-28 所示。若尺寸还有余量，一般要重复进行如图 9-28d ~ 图 9-28f 所示的步骤，直至尺寸合格为止。

2. 切削

在试切的基础上，获得合格尺寸后，就可以扳动自动进给手柄使车床自动走刀。当车刀

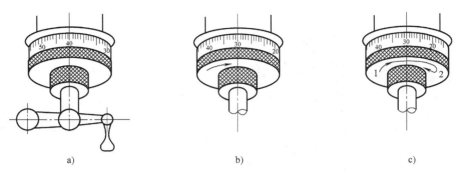

图 9-27　手柄摇过后的纠正方法

a) 要求转至 30，但是转至 40　b) 错误：直接退至 30　c) 正确：反转一周后，再转至 30

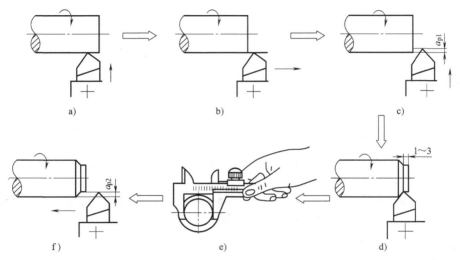

图 9-28　试切的方法和步骤

a) 开车对刀，使车刀和工件表面轻微接触　b) 向右退出车刀　c) 按要求横向进给 a_{p1}

d) 试切 1~3mm　e) 向右退出，停车，测量　f) 调整切削深度至 a_{p2} 后，自动进给车外圆

纵向进给至距末端 3~5mm 时，改自动进给为手动进给，以避免走刀超过需要尺寸或车刀切削到卡盘的卡爪。当车削至需要的长度时，应先退出车刀，再停止工件旋转。

9.5.3　粗车与精车

为了提高生产率、保证加工质量，根据车削加工目的和加工质量的要求，常将车削加工划分为粗车和精车。

粗车是以尽快切除大部分加工余量为目的的车削加工。粗车后，一般应留下 0.5~1mm 的加工余量供精车使用。粗车加工的尺寸精度可达到 IT12~IT10，表面粗糙度值 Ra 可达到 12.5~6.3μm。应选取前角、后角较小和刃倾角为负值的车刀。

精车是切除少量金属层以获得零件所需的较高加工精度和表面质量的车削加工。精车加工的尺寸精度可达到 IT9~IT7，表面粗糙度值 Ra 可达到 1.6~0.8μm。应选取前角、后角较大和刃倾角为正值的车刀，刀尖要磨出过渡圆弧刃，切削刃要光滑、锋利。

9.5.4　车削外圆

将工件车成圆柱形表面的加工称为车外圆，这是最常见、最基本的车削加工。常见的外圆车削如图 9-29 所示。

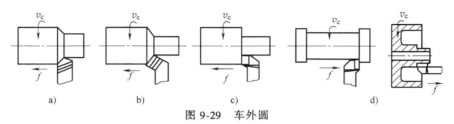

图 9-29　车外圆

a）尖刀车外圆　b）45°弯头车刀车外圆　c）右偏刀车外圆　d）左偏刀车外圆

常用的外圆车刀主要有以下几种。

1）尖刀主要用于粗车外圆和车削没有台阶或台阶不大的外圆，如图 9-29a 所示。

2）45°弯头车刀车外圆如图 9-29b 所示。45°弯头车刀也可车端面，还可用于加工 45°倒角，应用较为普遍。

3）右偏刀主要用于车削带直角台阶的外圆，如图 9-29c 所示。由于右偏刀切削时产生的径向力小，因此常用于车细长轴。

4）左偏刀车外圆，主要用于需要从左向右进刀、车削右边有直角台阶的外圆，以及右偏刀无法车削的外圆，如图 9-29d 所示。

9.5.5　车削端面

轴、套、盘类工件的端面常用来作为轴向定位、测量的基准，车削加工时，一般都先将端面车出。端面的车削加工如图 9-30 所示。

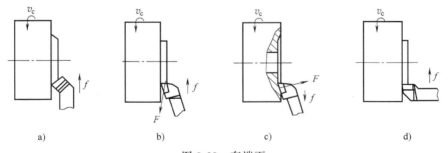

图 9-30　车端面

a）弯头车刀车端面　b）90°右偏刀从外向中心进给车端面

c）90°右偏刀从中心向外进给车端面　d）左偏刀车端面

其中，图 9-30a 是用弯头车刀车端面，可采用较大背吃刀量，切削顺利，表面质量好，大、小平面均可车削，应用较多；图 9-30b 是用 90°右偏刀从外向中心进给车端面，适宜车削尺寸较小的端面或一般的台阶面；图 9-30c 是用 90°右偏刀从中心向外进给车端面，适宜车削中心带孔的端面或一般的台阶面；图 9-30d 是用左偏刀车端面，刀头强度较好，适宜车削较大端面，尤其是铸件、锻件的大端面。

车端面时应注意以下几点。

1）车刀的刀尖应对准工件的回转中心，否则会在端面中心留下凸台。

2）工件中心处的线速度较低，为获得整个端面上较好的表面质量，车端面的转速应比车外圆的转速高一些。

3）车削直径较大的端面时，应将床鞍锁紧在床身上，以防止由床鞍让刀引起的端面外凸或内凹。此时用小滑板调整背吃刀量。

4）精度要求高的端面，也应分粗、精加工。

9.5.6 车削台阶

台阶面是一定长度的圆柱面和端面的组合，很多轴、套、盘类工件都有台阶面。台阶的高低由相邻两段圆柱体的直径所决定。高度小于 5mm 的低台阶，加工时用正装的 90°偏刀在车外圆时车出；高度大于 5mm 的高台阶，用主偏角大于 90°的右偏刀在车外圆时分层、多次横向走刀车出，如图 9-31 所示。

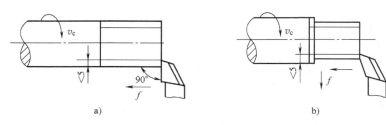

图 9-31　车台阶

a）一次进给　b）二次进给

台阶长度的确定：在单件生产时，用钢直尺测量，用刀尖划线来确定；成批生产时，用样板控制台阶的长度，如图 9-32 所示。准确长度可用游标卡尺或深度尺获得，进刀长度可用床鞍刻度盘或小滑板刻度盘控制。在大批量生产或台阶较多时，可用行程挡块来控制进给长度，如图 9-33 所示。

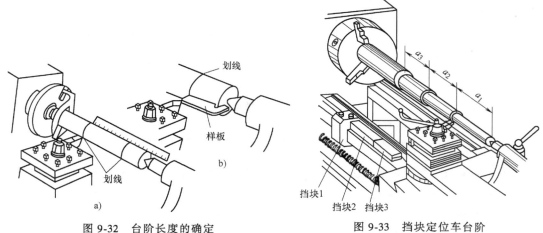

图 9-32　台阶长度的确定

a）用钢直尺确定　b）用样板确定

图 9-33　挡块定位车台阶

9.5.7 钻孔与车孔

车床上最常用的内孔加工方式为钻孔（扩孔、铰孔）和车孔。

1. 钻（扩、铰）孔

在实体材料上加工孔时，先用钻头钻孔，然后可以扩孔和铰孔，车床上钻孔的加工方式如图 9-34 所示。扩孔和铰孔与钻孔相似，钻头和铰刀装在尾架的套筒内由手动进给。

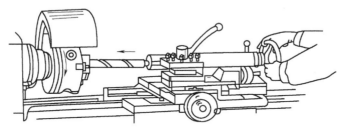

图 9-34 车床上钻孔的加工方式

车床钻孔的步骤如下。

（1）车平端面 便于钻头定心，防止钻偏。

（2）预钻中心孔 必要时，在工件中心用中心钻钻出中心孔，或者用车刀车出小的定心凹坑。

（3）装夹钻头 选择与所钻孔直径对应的钻头，钻头工作部分长度略长于孔深。直柄钻头用钻夹头装夹后插入尾座套筒，锥柄钻头用过渡锥套装夹或直接插入尾座套筒。

（4）调整尾座纵向位置 松开尾座锁紧装置，移动尾座直至钻头接近工件，将尾座锁紧在床身上。此时要考虑加工时套筒不要伸出太长，以保证尾座的刚性。

（5）开车钻孔 钻孔是封闭式切削，散热困难，容易导致钻头过热，因此钻孔的切削速度不宜过高，通常取 $v_c = 0.3 \sim 0.6 \mathrm{m/s}$。开始钻削时进给要慢一些，然后以正常进给量进给。钻不通孔时，可利用尾座套筒上的刻度控制深度，也可在钻头上做深度标记来控制孔深。孔的深度还可以用深度尺测量。钻通孔时，在快要钻通时应减缓进给速度，以防止钻头折断。钻孔结束后，先退出钻头，然后停车。

钻孔时，尤其是钻深孔时，应经常将钻头退出，以利于排屑和冷却钻头。钻削钢件时，应加注切削液。

在车床上加工直径小而精度高的孔时，常采用钻孔→扩孔→铰孔的方法。

2. 车孔

车孔是利用车孔刀对工件上已铸出、锻出或钻出的孔做进一步加工的方法。在车床上，车孔的方法如图 9-35 所示。

在车床上车孔时，工件旋转为主运动，车刀在刀架带动下做进给运动。车孔主要用于加工较大直径的孔，可以粗加工、半精加工和精加工。车孔可以纠正原来孔轴线的偏斜，提高孔的位置精度。

车不通孔或台阶孔时，当车刀纵向进给至末端时，从外向中心做横向进给运动来加工内端面，以保证内端面和孔轴线垂直。

车床车孔的尺寸获得与外圆车削基本一样，也是采用试切法，边测量边加工。孔径的测

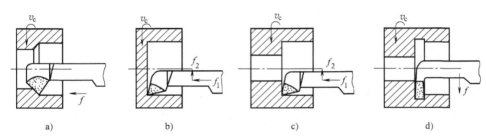

图 9-35　车孔方法

a）车通孔　b）车不通孔　c）车台阶孔　d）车内槽

量也是用游标卡尺。精度要求高时，可用内径千分尺或内径百分表测量孔径。在大批、大量生产时，工件的孔径可以用量规来进行检验。

车孔深度的控制与车台阶和在车床上钻孔相似。孔深度可以用游标卡尺或游标深度卡尺进行测量。

9.5.8　车槽与切断

1. 车槽

回转体工件表面经常存在一些沟槽，如退刀槽、砂轮越程槽等。在工件上车削沟槽的方法称为车槽。车削 5mm 以下的窄槽时，主切削刃的宽度等于槽宽，在横向进刀过程中一次车出。车削沟槽宽度大于 5mm 时，先沿纵向分段粗车，再精车出槽深及槽宽，如图 9-36 所示。

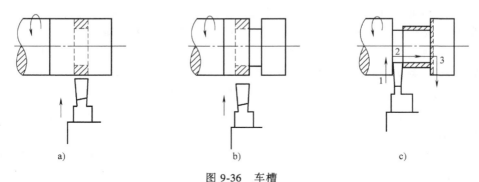

图 9-36　车槽

a）第一次横向进给　b）第二次横向进给　c）最后一次横向送进后精车

2. 切断

切断是将工件从夹持端部分离下来。切断一般在卡盘上进行，如图 9-37 所示。切断刀形状与切槽刀相似，但因刀头窄而长，很容易折断。

切断时应注意以下几点。

1）切断时，切断刀刀尖必须与工件等高，否则切断处会留有凸台，也容易损坏刀具，如图 9-38 所示。

2）切断处应靠近卡盘，以增加工件刚度，减小切削时的振动。

3）切断刀不宜伸出过长，以增强刀具刚度。

4）减小刀架各滑动部分的间隙，提高刀架刚度，减少切削过程中的变形与振动。

5）切断时，切削速度要低，采用缓慢均匀的手动进给方式，以防止进给量太大造成刀具折断。

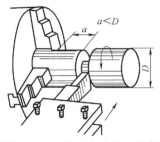

图 9-37　在自定心卡盘上切断

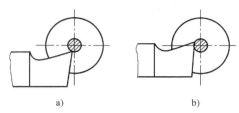

图 9-38　切断刀刀尖应与工件中心等高

a）等高　b）不等高

9.5.9　车削锥面

将工件车成锥体的方法称为车锥面。锥体可直接用角度表示，如 30°、45°、60°等；亦可用锥度表示，如 1：5、1：10、1：20 等。特殊用途的锥体应根据需要专门定制，如 7：24 锥度、莫氏锥度等。

内、外锥面具有配合紧密、拆卸方便、多次拆卸后仍保持准确对中的特点，广泛用于要求对中准确、能传递一定的转矩和经常拆卸的配合件上。

车削锥面的四种方法分别如下。

（1）小刀架转位法　松开小滑板和转盘之间的紧定螺钉，使小滑板转过半锥角 α，如图 9-39 所示。将螺钉拧紧后，转动小滑板手柄，沿斜向进给，便可车出锥面。这种方法方便、简单，主要用于单件、小批量生产的、精度较低和长度较短的内、外锥面。

（2）偏移尾座法　将尾座带动顶尖横向偏移距离 s，使安装在两顶尖间的工件回转轴线与主轴轴线成半锥角 α，这样车刀做纵向进给运动就形成了锥角为 2α 的圆锥面，如图 9-40 所示。

尾座的偏移量 $s = L\sin\alpha$，当 α 很小时，$s = L\tan\alpha = L(D-d)/(2l)$。

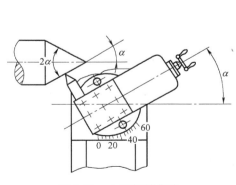

图 9-39　小刀架转位法

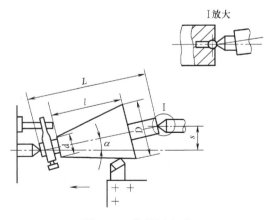

图 9-40　偏移尾座法

偏移尾座法能车削较长的圆锥面，并能自动进给，表面粗糙度值 Ra 较小。由于受到尾部偏移量的限制，此方法一般只能加工小锥度圆锥，不能加工内圆锥。

（3）靠模法　在大批量生产中，还经常用靠模法车削圆锥面，如图 9-41 所示。

靠模装置的底座固定在床身的后面，底座上装有锥度靠模板。松开紧定螺钉，靠模板可以绕定位销旋转，与工件的轴线成一定的斜角。靠模上的滑块可以沿靠模滑动，而滑块通过连接板与中滑板连接在一起。中滑板上的丝杠与螺母脱开，其手柄不再调节刀架的横向位置，而是将小滑板转过 90°，用小滑板上的丝杠调节刀具横向位置以调整所需的背吃刀量。

如图 9-41 所示，如果工件的锥角为 α，则应将靠模调节成 $\alpha/2$ 的斜角。当床鞍做纵向自动进给运动时，滑块就沿着靠模滑动，从而使车刀的运动平行于靠模板，车出所需的圆锥面。

靠模法加工进给平稳，工件的表面质量好，生产效率高，可以加工 $\alpha<12°$ 的长圆锥面，主要用于成批和大量生产中加工较长的内、外锥面。

（4）宽刀法　宽刀法就是利用主切削刃的横向进给运动直接车出圆锥面的方法，如图 9-42 所示。此时，切削刃的长度要大于圆锥母线长度，切削刃与工件回转中心线成半锥角 α，这种加工方法方便、迅速，能加工任意角度的内、外圆锥面。在车床上倒角实际就是用宽刀法车圆锥。此种方法加工的圆锥面很短（≤20mm），要求切削加工系统有较高的刚性，适用于批量生产。

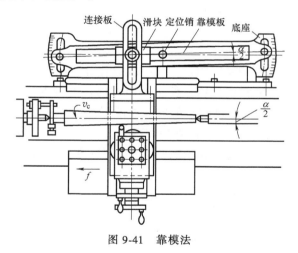

图 9-41　靠模法

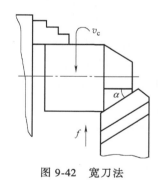

图 9-42　宽刀法

9.5.10　车削成形面

当某些回转体零件表面轮廓的母线不是直线，而是圆弧或曲线时，这类零件的表面就称为成形面。

在车床上加工成形面一般有下列三种方法。

1. 用普通车刀车削成形面

如图 9-43 所示，此种方法是利用双手同时操纵中滑板和小滑板的手柄，使刀尖的运动轨迹与回转成形面的母线相符，加工出所需零件。加工成形面需要较高的操作技能，生产率低，适用于加工数量较少、精度要求不高的零件。

2. 用成形车刀车削成形面

如图 9-44 所示，这种方法是利用切削刃形状与成形面轮廓相符的成形车刀来加工成形面，加工精度取决于刀具。由于车刀和工件接触线较长，容易引起振动，因此，要采用较小的切削力，只做横向进给运动，而且要有良好的润滑条件。此种方法的特点是操作方便、生产率高、能获得准确的表面形状，但刀具制造、刃磨困难，因此，只能在成批生产中加工较短的成形面。

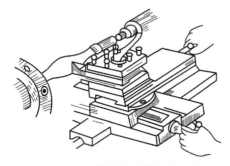

图 9-43　用普通车刀车削成形面

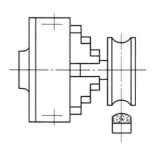

图 9-44　用成形车刀车削成形面

3. 用靠模车削成形面

如图 9-45 所示，用靠模车削成形面的原理和靠模法车削圆锥面相同。在加工时，只要将滑板换成滚柱，将直线轮廓的锥度模板换成曲线轮廓的靠模即可。这种方法生产率高，加工精度较高，广泛应用批量生产中。

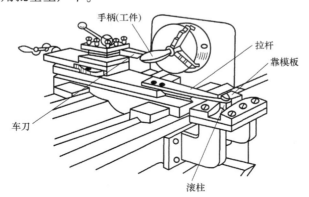

图 9-45　用靠模车削成形面

9.5.11　滚花

为了增加摩擦和美观，某些工具和零件会在手握持部分滚出各种不同的花纹。滚花是用特制的滚花刀挤压工件表面，使其产生塑性变形而形成凸凹不平但均匀一致的花纹，如图 9-46 所示。

花纹有直纹和网纹两种，滚花刀如图 9-47 所示。在滚花刀接触工件开始吃刀时，必须用较大的压力，等滚花刀吃刀到一定深度后，再进行自动进给，这样来回滚压 1~2 次，直到花纹滚好为止。滚花时工件所受的径向力大，滚花部分应靠近卡盘样来回滚压装夹，工件转速要低，并且还要充分润滑，防止产生乱纹。

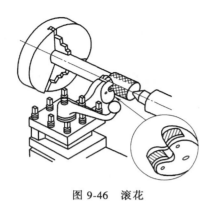

图 9-46　滚花

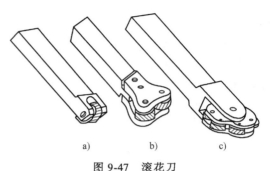

图 9-47　滚花刀

a）单轮滚花刀　b）双轮滚花刀　c）三轮滚花刀

9.5.12　车螺纹

将工件表面车削成螺纹的方法称为车螺纹。螺纹种类很多，按用途分有连接螺纹和传动螺纹；按牙型分有三角形螺纹、矩形螺纹和梯形螺纹等，如图 9-48 所示；按标准分为米制螺纹和寸制螺纹两种。米制三角形螺纹牙型角为 60°，用螺距或导程表示其主要规格；寸制三角形螺纹的牙型角为 55°，用每英寸牙数作为主要规格。各种螺纹都有左旋、右旋、单线、多线之分，其中以米制三角形螺纹应用最广，称为普通螺纹。

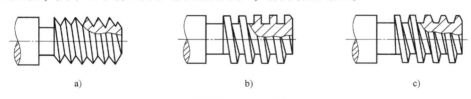

a)　　　　　　　　　　b)　　　　　　　　　　c)

图 9-48　螺纹的种类

a）三角形螺纹　b）矩形螺纹　c）梯形螺纹

1. 螺纹的车削

（1）螺纹车刀及其安装　螺纹牙型角 α 要靠螺纹车刀切削部分的正确形状来保证，因此三角形螺纹车刀的刀尖角应等于牙型角 α，精车时螺纹车刀的前角 $\gamma_0 = 0°$，以保证牙型角正确，否则将产生形状误差。粗车螺纹或螺纹要求不高时，其前角 γ_0 取 5°~20°。车削普通螺纹的螺纹车刀角度如图 9-49 所示。刀具安装时，要保证刀尖与工件轴线等高，刀尖中的分角线与工件轴线垂直，以保证车出的螺纹牙形两边对称。可用角度样板对刀，螺纹车刀的对刀方法如图 9-50 所示。

（2）车螺纹时车床的调整　螺纹的直径可以通过调整横向进给量来获得，螺距则需要由严格的纵向进给量来保证。车螺纹时，工件每转一转，刀具准确地纵向移动一个工件螺纹的螺距或导程（单线螺纹为螺距，多线螺纹为导程）。为了获得这种关系，车螺纹时应使用丝杠传动。这是因为丝杠的传动精度较高，且传动链比较简单，可减少进给传动误差和传动积累误差。图 9-51 所示为车螺纹的进给传动系统。

标准螺纹的螺距可根据车床进给箱的标牌调整进给箱手柄获得。对于特殊螺距的螺纹，有时需更换配换齿轮才能获得。与车外圆相比，车螺纹时的进给量特别大，主轴的转速应选

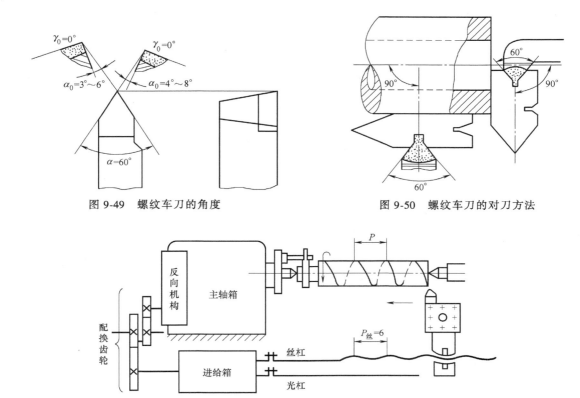

图 9-49　螺纹车刀的角度

图 9-50　螺纹车刀的对刀方法

图 9-51　车螺纹的进给传动系统

择得低些，以保证进给终了时有充分的时间退刀停车，否则可能会造成刀架或溜板与主轴箱相撞。刀架各移动部分的间隙应尽量小，以减少由于间隙窜动所引起的螺距误差，提高螺纹的表面质量。

（3）车削螺纹的操作方法　车削螺纹的操作方法如图 9-52 所示，车内、外螺纹基本相

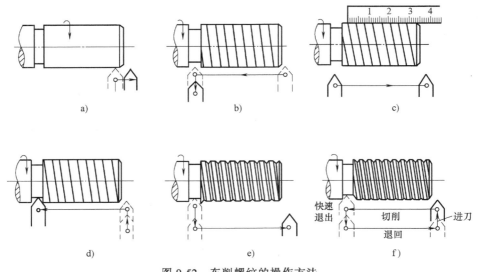

图 9-52　车削螺纹的操作方法

同，只是装刀与退刀方向相反。图 9-52a 所示为对刀，记下刻度盘读数，车刀向右退离工件；图 9-52b 所示为开车试切，合上开合螺母，进刀车螺纹至退刀槽，退刀、停机；图 9-52c 所示为退刀检查，使车刀退至起点后停机，检查螺距是否正确；图 9-52d 所示为调整背吃刀量，开始车削至退刀槽停机；图 9-52e 所示为退刀，使车刀退至起点；图 9-52f 所示为再次调整背吃刀量，继续切削，直至螺纹车削完成。

车削螺纹时，每次背吃刀量要小，总的背吃刀量可根据计算的螺纹工作牙高（工作牙高 $= 0.51P$，P 为螺距），由刻度盘来控制，并用螺纹量规进行检验。

2. 普通螺纹的测量

普通螺纹用螺纹量规测量。螺纹量规分环规（测外螺纹）和塞规（测内螺纹）两种，量规过端能拧进、止端拧不进为合格螺纹。

9.6 车削实习安全操作规程

车削实习应严格遵守以下安全操作规程。

1. 开机前

1）穿好工作服，袖口、衣角要扎紧，长发的同学要戴工作帽，将长发置入帽内，不准戴手套操作机床。

2）工件和刀具应装夹牢固，车刀安装不宜伸出过长。

3）在装卸工件后，卡盘扳手要立即拿下，以免飞出伤人。

4）检查各手柄是否处于正确位置，确认正确无误后方可开机。

5）在刃磨车刀时，不要站在砂轮的正面，用力要均匀适当，不可用力过大、过猛，防止砂轮破碎，击伤操作者。

2. 开机时（主轴旋转时）

1）站位要适当，头不可离工件太近，防止切屑飞入衣服中。

2）不允许用手和身体靠近或触摸旋转的工件。

3）不允许测量旋转的工件。

4）在机床主轴旋转时，严禁变换主轴转速，要先停机再变速，防止打坏变速箱内的齿轮。

5）在操作机床时精神要集中，如发现异常现象要立即停机，并报告指导人员。

6）应使用毛刷和钩子等工具清理铁屑，不允许用手直接清理，以免划伤。

7）操作者离开机床时，必须停机。

8）在多人共用一台车床的情况下，只能一人操作（或轮换），并且要注意他人的安全。

第10章

铣 削 加 工

10.1 概述

铣削是在铣床上以铣刀作为刀具对工件表面进行切削加工的一种机械加工方法。铣削加工使用旋转的多刃刀具切削工件，是一种高效率的加工方式。

10.1.1 铣削运动及加工范围

1）铣削加工时，铣刀做旋转运动，是主运动；工件相对铣刀做连续移动或转动，是进给运动。

2）铣削加工范围广泛，可以加工各类平面、沟槽和成形面，还可以进行切断，如图10-1所示。另外，铣床也可以进行钻、镗孔的加工。

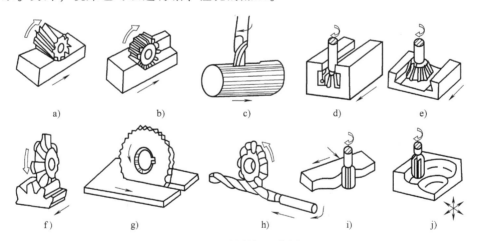

图 10-1 铣削加工范围

a）铣削平面 b）铣削台阶面 c）铣削键槽 d）铣削T形槽
e）铣削燕尾槽 f）铣削齿面 g）切断 h）铣削螺旋槽 i）铣削曲面 j）铣削凹曲面

10.1.2 工艺特性

铣削加工的工艺特性如下。

1）铣刀各刀齿周期性间断切削，因此刀具散热快，可以高速切削，生产率较高。

2）在切削过程中切削厚度不断变化，切削力随之改变，因此易产生冲击和振动。

3）铣削加工的工件尺寸公差等级一般为 IT9~IT7 级，表面粗糙度值 Ra 为 6.3~1.6μm。

10.1.3　铣削用量

铣削的切削用量是指铣削速度 v_c、进给量、铣削深度 a_p（背吃刀量）和铣削宽度 a_e（侧吃刀量），如图 10-2 所示。

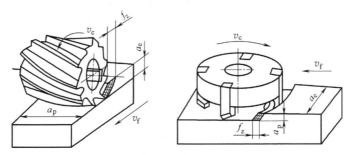

图 10-2　铣削用量

1）铣削速度是指切削刃最大直径处相对于工件的线速度，单位为 m/min。计算公式为

$$v_c = \frac{\pi D n}{1000}　　　　　（10-1）$$

式中，D 为铣刀直径，单位为 mm；n 为铣床主轴转速，也称为铣刀转速，单位为 r/min。用硬质合金铣刀铣削钢料时，v 取 1~3m/s。

2）进给量是指工件在进给方向上相对刀具的位移量。可用每齿进给量 f_z（mm/z）、每转进给量 f_r（mm/r）、每分钟进给量 f_m（mm/min）表示，它们之间的关系为

$$f_m = f_r n = f_z z n　　　　　（10-2）$$

式中，n 为铣刀每分钟转数，单位为 r/min；z 为铣刀齿数。

在选取进给量时，一般先根据工件材料、刀具材料确定 f_z，再确定铣削速度 v，最后以每分钟进给量 f_m 调整机床进给量的大小。用硬质合金铣刀铣钢料时，f_z 取 0.05~0.4mm/z。

3）铣削深度是指平行于铣刀轴线方向测量的被切削金属层尺寸。用硬质合金铣刀铣钢材时，铣削深度 a_p 取 1~5mm。

4）铣削宽度是指垂直于铣刀轴线方向测量的被切削金属层尺寸。用圆柱铣刀铣削钢材时，铣削宽度 a_e 取 0.5~4mm。

10.1.4　铣床及其附件

铣床种类繁多，最常见的是卧式铣床和立式铣床，此外还有龙门铣床、工具铣床等。其他铣床还有键槽铣床、凸轮铣床、曲轴铣床、轧辊轴颈铣床和方钢锭铣床等，它们都是为加工相应的工件而制造的专用铣床。

1. 卧式万能升降台铣床

卧式万能升降台铣床简称万能铣床，它的主轴与工作台是水平的。图 10-3 所示为 X6132 型卧式万能升降台铣床。型号中各符号含义如下。

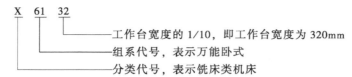

X　61　32

工作台宽度的 1/10，即工作台宽度为 320mm

组系代号，表示万能卧式

分类代号，表示铣床类机床

该铣床的主要组成部分为床身、横梁、主轴、升降台、纵向工作台、回转工作台、横向工作台。

（1）床身　用于安装和固定铣床的各个部件。床身内部装有电动机、主轴、传动机构和变速机构。

（2）横梁　横梁安装在铣床上侧的燕尾导轨中，可按照需要沿导轨方向调整伸出长度；横梁上可安装用来支撑刀杆悬臂端的吊架，以提高刀杆刚性。

（3）主轴　主轴上安装铣刀，带动铣刀旋转切削工件。主轴前端有一个 7：24 的锥孔，用来安装刀杆或直接安装带柄铣刀。

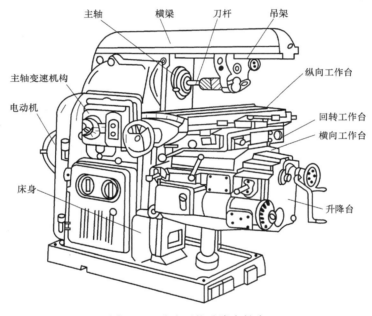

图 10-3　卧式万能升降台铣床

（4）升降台　升降台安装在床身前侧面的竖直导轨上，根据工作要求做竖直进给运动或调整工作台面至铣刀的距离。内部装有进给运动和快速移动装置及操纵机构，还有进给运动电动机。

（5）纵向工作台　纵向工作台用于安装工件或铣床附件，可沿回转工作台导轨做纵向进给运动。

（6）回转工作台　回转工作台可使纵向工作台在水平面内进行 −45°～+45° 转动，可随横向工作台移动。回转工作台是万能卧式铣床与普通卧式铣床的区别之处。

（7）横向工作台　横向工作台沿升降台水平导轨做横向进给运动。

2. 立式铣床

立式铣床与卧式铣床的主要区别在于其主轴与工作台台面互相垂直。其铣头还可在竖直面内旋转一定角度，以便铣削斜面。因为立式铣床检查和调整铣刀的安装位置方便，且便于安装可进行高速铣削的硬质合金铣刀，所以生产效率高，应用范围广。图 10-4 所示为 X5025A 立式铣床。立式铣床可加工平面、斜面、键槽、T 形槽、燕尾槽等。

3. 龙门铣床

龙门铣床如图 10-5 所示。龙门铣床的床身水平布置，其两侧的立柱和横梁构成龙门架，两侧立柱各有竖直导轨，其上安装有两个侧铣头；横梁上又安装有两个铣头。龙门铣床共有四个独立的主轴，各主轴均可安装刀具，可对同一工件的若干表面或几个工件同时进行加工，生产效率较高。

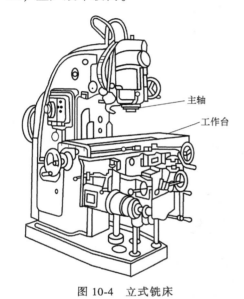

图 10-4　立式铣床

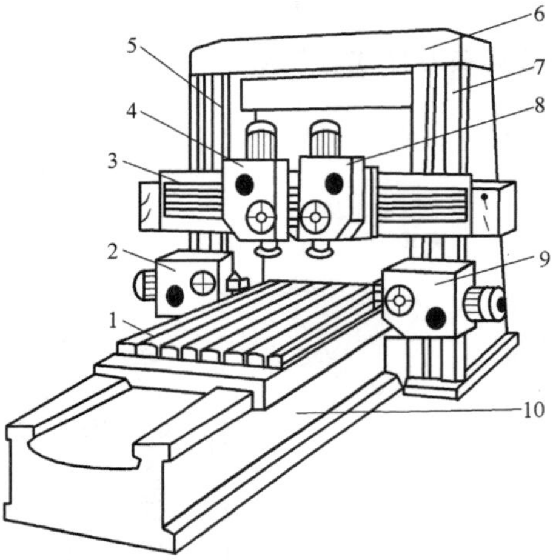

图 10-5　龙门铣床

1—工作台　2、9—水平铣头　3、6—横梁
4、8—竖直铣头　5、7—立柱　10—床身

4. 铣床附件

铣床常用附件有机用平口钳、回转工作台、万能分度头和万能铣头等。前三种附件用于安装工件，万能铣头用于安装刀具。

（1）机用平口钳　机用平口钳结构如图 10-6 所示，多用于小型规则工件的装夹。安装时，先将平口钳底座下的定位键放入工作台的 T 形槽内，校正其位置，以保证固定钳口部分与工作台台面的垂直度和平行度，然后再安装工件。

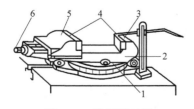

图 10-6　机用平口钳

1—底座　2—钳身　3—固定钳口
4—钳口铁　5—活动钳口　6—螺杆

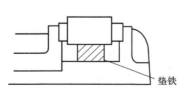

图 10-7　用垫铁垫高工件

在机用平口钳上装夹工件时应注意如下事项。

1）待加工面必须高于机用平口钳的钳口，以免铣刀铣削机用平口钳。若工件尺寸较小，可采用平行垫铁将其垫高，以便于加工，如图 10-7 所示。为避免损伤已加工表面，可在其与垫铁或钳口间垫上铜皮。

2）应将相对平整的平面作为定位面，贴紧放置在垫铁和钳口上。在机用平口钳夹紧后，用锤子轻轻敲打工件，使工件贴实垫铁，确保其安装牢固。敲击已加工表面时，应使用质地较软的铜锤或木锤。

3）安装刚性较差的工件时，应支撑其薄弱部位以避免变形。

（2）回转工作台　回转工作台又称为圆形工作台，如图 10-8 所示。转动手轮可以带动其内部的蜗杆转动，随即带动蜗轮旋转，使工作台随之运动。转台周围有 0°~360° 刻度，与手轮上的刻度对应，可以确定工作台的位置。回转工作台一般用于加工非整圆弧面和较大工件的分度。图 10-9 所示为在回转工作台上铣圆弧槽的情况。

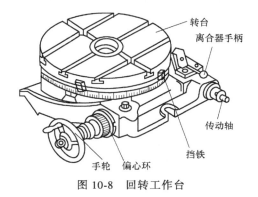

图 10-8　回转工作台

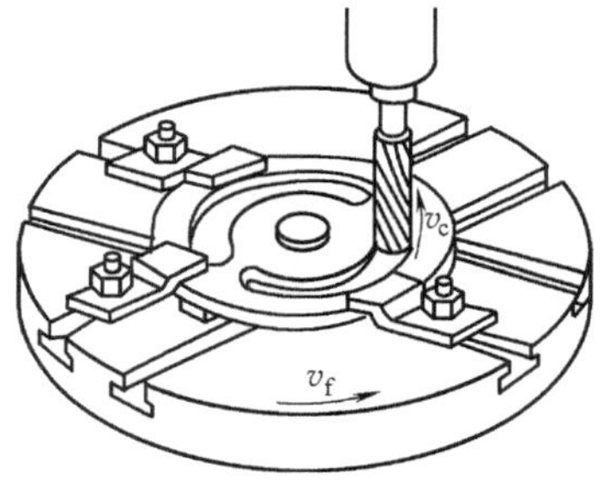

图 10-9　在回转工作台上铣圆弧槽

（3）万能铣头　将卧式铣床的横梁和刀杆卸下，可装上万能铣头。铣床主轴的运动通过万能铣头内部的两对锥齿轮传递给安装在万能铣头主轴上的铣刀，带动铣刀旋转。万能铣头的主轴可以在水平和竖直两个平面内回转，从而带动铣刀实现各种空间角度的加工，扩大了机床的加工能力，可以完成任意角度斜面的铣削、钻孔、攻螺纹等，如图 10-10 所示。

（4）万能分度头　万能分度头结构如图 10-11 所示，主轴前部的锥孔内可以安放支持工件的顶尖，外部的螺纹可以安装卡盘等装夹工件。分度头可用于在铣削时等分花键、多边

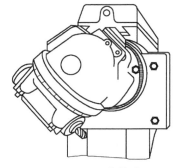

图 10-10　万能铣头

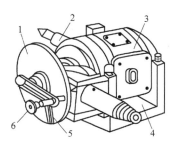

图 10-11　万能分度头

1—分度盘　2—主轴　3—壳体
4—底座　5—扇形夹　6—手柄

形、齿轮等零件，也可用于在铣斜面时安装特定角度的工件。分度时摇动手柄，通过蜗杆、蜗轮带动分度头主轴，再通过主轴带动安装在卡盘上的工件旋转。

1）分度方法。分度前应先固定分度盘，调整定位销使之对准分度盘的孔圈。分度时拔出定位销，转动手柄带动分度头主轴旋转至需要分度的位置，然后将定位销再次插入分度盘孔圈中，此时工件被等分。当分度头的手柄转过需要分度的位置时，应将其退回半圈，以消除分度头传动系统间的间隙影响。

2）分度原理。图 10-12 所示为万能分度头的传动系统。分度头主轴上固定有蜗轮，与之啮合的蜗杆与手柄相连。蜗轮蜗杆传动比为 40：1，因此转动手柄一周可带动单头蜗杆转动一周，蜗轮转动一个齿即转过 1/40 周，也就带动安装在主轴上的工件转过 1/40 周。若工件被 z 等分，则每次分度工件应转过 $1/z$ 周，手柄转过的周数为 $n = 40/z$，其中，n 为手柄转过的周数，z 为工件等分数。

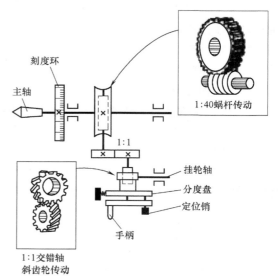

图 10-12　万能分度头的传动系统

例如，铣削正六边形时，工件被六等分，即 $z = 6$，则每次分度时手柄转过的周数为 $n = \frac{40}{6} = 6\frac{2}{3}$。

10.2　铣刀

在铣削加工中，铣刀需承受较大的切削力、冲击力、振动和较高的切削温度，因此要求铣刀具有较高的硬度和耐磨性、高热硬性、必要的强度和韧性、较好的导热性和抗黏结性，以及较好的工艺性。

10.2.1　铣刀种类

铣刀的种类很多，按材料不同，可分为高速工具钢铣刀和硬质合金铣刀两类；按安装方法不同，可分为带孔铣刀和带柄铣刀两类，如图 10-13 所示；按铣削方法不同，可分为圆柱铣刀、面铣刀等，如图 10-14 所示，限于篇幅，本书对圆柱铣刀、面铣刀、立铣刀和键槽铣刀。

（1）圆柱铣刀　圆柱铣刀如图 10-14a 所示，用于在卧式铣床上加工平面。其刀齿分布在刀具的圆柱面上。根据齿形不同，可分为直齿和螺旋齿圆柱铣刀；根据齿数不同，可分为粗齿和细齿圆柱铣刀。铣削时，直齿圆柱铣刀各刀齿同时进入或退出切削加工，引起振动较大，易造成切削不平稳，加之排屑不畅，加工质量一般较低；螺旋齿圆柱铣刀的刀齿逐步切入或切离工件，同时参与切削的刀齿多，排屑顺利，因此切削平稳，加工精度好，但会产生较大的轴向力。

（2）面铣刀　面铣刀如图 10-14b 所示，其刀齿布置在刀体的端面上，主要用于铣平面。

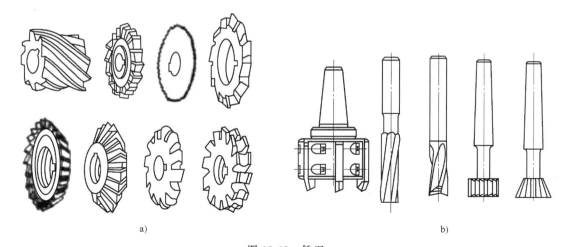

图 10-13　铣刀

a）带孔铣刀　b）带柄铣刀

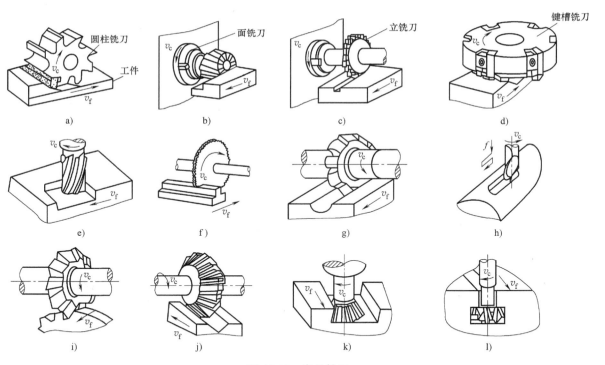

图 10-14　常见铣刀

其特点是生产效率高、刚性好、能采用较大的进给量；面铣刀有多个刀齿同时参与切削，工作平稳性好；采用镶齿结构，刀齿的刃磨、更换方便，刀具寿命长。

（3）立铣刀　立铣刀如图 10-14c 所示，用于加工沟槽和台阶面，刀齿分布在刀体的圆柱面和端面上，圆柱面上的切削刃起主要切削作用，在柱面上螺旋分布；端面上的刀刃起修光作用，主要用于在立式铣床上加工台阶面、小平面和沟槽。立铣刀工作时一般不能沿轴向进给，当立铣刀上有通过中心的端齿时，可轴向进给。

高速钢立铣刀的使用范围较为宽泛，使用要求较为宽松；硬质合金立铣刀在高速切削时具有很好的耐磨性，但使用范围不如高速钢立铣刀广泛，且切削条件较为严格，必须符合刀具的使用要求。

立铣刀多是带柄铣刀，小直径立铣刀一般是直柄结构，大直径立铣刀多采用莫氏锥柄。按刀齿不同，可分为粗齿和细齿立铣刀。细齿立铣刀的螺旋角较小，加工精度高；粗齿立铣刀的螺旋角较大，多用于粗铣。

（4）键槽铣刀　键槽铣刀如图 10-14d 所示，主要用于在立式铣床上加工轴上键槽，其外形与立铣刀相似，只是其端面切削刃直至中心，因此键槽铣刀的端面切削刃也可以起主要切削作用，做轴向进给运动，直接切入工件。键槽铣刀刀齿比立铣刀少，这是为了保证刀齿有足够的强度和较大的容屑空间。

10.2.2　铣刀的安装

1. 带孔铣刀的安装

带孔铣刀常用刀杆安装在卧式铣床上，以孔定位。刀杆的锥体端插入铣床主轴的锥孔中，用拉杆拉紧。主轴旋转时通过前端的端面键带动刀杆运动，刀具套在刀杆上，并由刀杆上的键带动刀具旋转，刀具的轴向位置由套筒定位。为了提高刀杆的刚度，刀杆另一端由机床横梁上的吊架支撑，如图 10-15 所示。

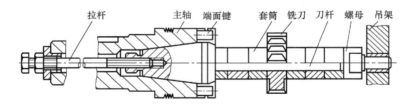

图 10-15　带孔铣刀的安装

刀具安装前，必须擦拭干净所有的定位面，以减少刀具的轴向圆跳动。同时，应尽量将刀具靠近支撑端（主轴或吊架），以提高刀具的刚度。

2. 带柄铣刀的安装

带柄铣刀多用于立式铣床，按刀柄的形状不同，可分为直柄和锥柄铣刀。直柄铣刀直径一般较小（不大于 20mm），多用弹簧夹头进行安装，如图 10-16 所示。可根据铣刀直径选择相应孔径的弹性夹头。安装锥柄铣刀时，应首先根据铣刀锥柄尺寸选用合适的过渡锥套，再用拉杆将铣刀及过渡锥套一起拉紧在主轴端部的锥孔内，如图 10-17 所示。

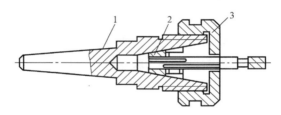

图 10-16　直柄立铣刀的安装

1—夹头体　2—弹簧夹头　3—螺母

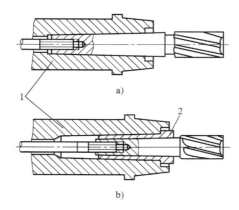

图 10-17　锥柄立铣刀的安装

a）锥柄尺寸与主轴孔内锥尺寸相同　b）锥柄尺寸与主轴孔内锥尺寸不同

1—主轴　2—过渡锥套

10.3　铣削方法

10.3.1　铣平面

铣平面的方法如图 10-18 所示。根据所使用的铣刀类型，可将铣削平面的方法分为周铣

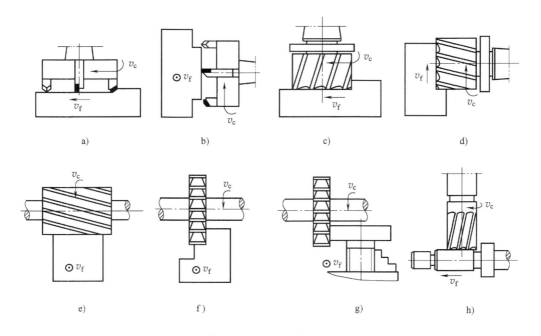

图 10-18　铣平面的方法

a）面铣刀铣水平面　b）面铣刀铣竖直面　c）套式立铣刀铣水平面　d）套式立铣刀铣竖直面

e）圆柱铣刀铣水平面　f）三面刃铣刀铣台阶面　g）三面刃铣刀铣小平面　h）立铣刀铣扁平面

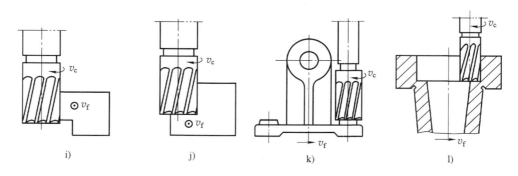

图 10-18　铣平面的方法（续）

i）立铣刀铣竖直面　j）立铣刀铣台阶面　k）立铣刀铣小凸台　l）立铣刀铣凹平面

法和端铣法。周铣法通常采用圆柱铣刀，端铣法通常采用面铣刀。

1. 周铣法

周铣法即圆周铣法，指用铣刀圆周上的刀刃进行切削加工。一般在卧式铣床上用圆柱铣刀，在立式铣床上用立铣刀。周铣法有两种不同的铣削方式，即顺铣和逆铣。顺铣时，铣刀的旋转方向与工件进给方向一致；逆铣时，铣刀的旋转方向与工件进给方向相反，如图 10-19 所示。

顺铣和逆铣的比较见表 10-1。

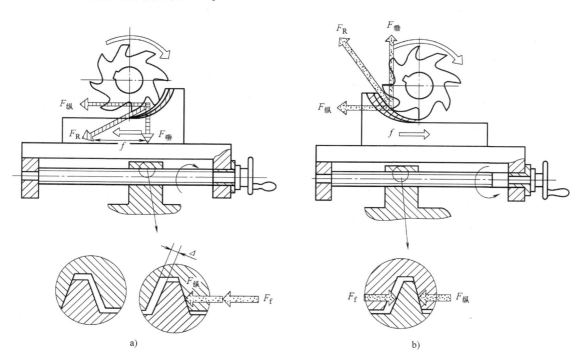

图 10-19　顺铣和逆铣

a）顺铣　b）逆铣

表 10-1　顺铣和逆铣的比较

内容	顺　铣	逆　铣
刀具寿命	切屑由厚变薄,易切入工件;初始切削时刀齿不会滑动,易切削金属,刀具寿命较长	切屑由薄变厚,初始切削时刀齿会滑动一段距离再切入工件,摩擦剧烈,加速刀具磨损
动力消耗	消耗较小	消耗较大
加工表面粗糙度	铣刀对工件有垂直向下的压力,会压紧工件,振动较小;刀齿和工件没有滑动摩擦。加工精度较高	刀齿切入工件时有滑动摩擦,致使加工表面硬化;工件受到向上的切削分力,振动较大。加工精度较低
对机床要求	切削时,工件受到的水平切削分力与工作台进给方向相同,致使工作台产生窜动,出现加工表面啃刀、打刀现象,甚至损害机床,对机床要求较高	不会导致工作台产生窜动,铣削平稳

综上所述,在铣削过程中顺铣法优势较大,但必须在具有丝杠和螺母间隙调整装置的铣床上才可进行顺铣。

2. 端铣法

端铣法是利用面铣刀的端面刀齿来铣削平面的加工方法,多用于立式铣床。与周铣法相比,端铣法采用的刀具刚性大且多个刀齿同时参与切削,可选择较大的切削量,生产效率较高。同时由于切削厚度变化较小,产生振动小,切削比较平稳,而且面铣刀的副切削刃还有修光作用,因此加工表面的精度高。

端铣法有对称铣削、不对称逆铣和不对称顺铣三种切削方式,如图 10-20 所示。

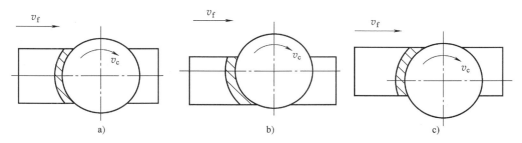

图 10-20　端铣法铣削方式
a) 对称铣削　b) 不对称逆铣　c) 不对称顺铣

采用不同的端铣方式时,由于切削层形状和切削力不同,其对刀具耐用度、加工表面质量和生产效率的影响也就不同。在生产中,应根据加工条件合理地选择铣削方式,以获得良好的铣削质量和经济效益。

10.3.2　铣沟槽

铣床可以加工各种沟槽,如直角槽、键槽、V 形槽、燕尾槽、T 形槽、圆弧槽和螺旋槽等,如图 10-21 所示。

1. 铣键槽

常见的键槽有开口键槽和封闭键槽两种。

开口键槽一般在卧式铣床上用三面刃盘铣刀进行铣削,如图 10-22 所示。可采用平口钳或分度头装夹工件,以保证键槽的对称度。

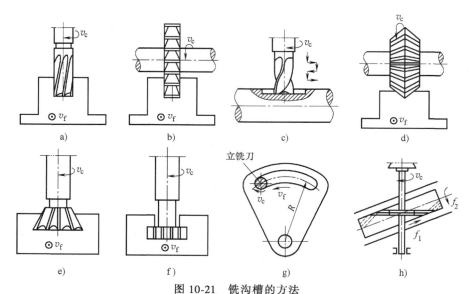

图 10-21　铣沟槽的方法

a）立铣刀铣直角槽　b）三面刃铣刀铣直角槽　c）键槽铣刀铣键槽　d）角度铣刀铣 V 形槽
e）燕尾槽铣刀铣燕尾槽　f）T 形槽铣刀铣 T 形槽　g）立铣刀铣圆弧槽　h）盘形铣刀铣螺旋槽

封闭键槽一般在立式铣床上用键槽铣刀进行铣削，如图 10-23 所示。

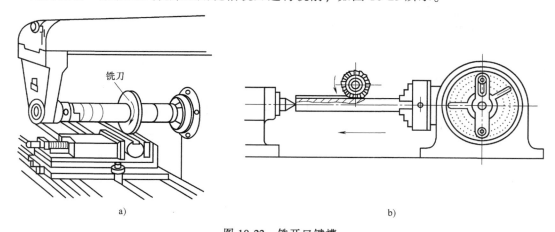

图 10-22　铣开口键槽

a）平口钳安装　b）分度头安装

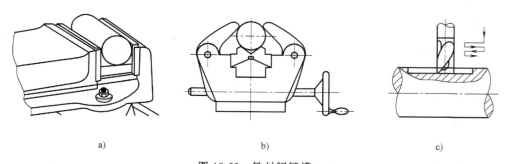

图 10-23　铣封闭键槽

a）平口钳装夹　b）轴用台虎钳装夹　c）铣削路径

2. 铣 T 形槽、燕尾槽

铣 T 形槽或燕尾槽时，应先用立铣刀或三面刃铣刀铣出直槽，然后在立式铣床上用 T 形槽或燕尾槽铣刀加工成形，最后用角度铣刀铣出倒角，如图 10-24 所示。

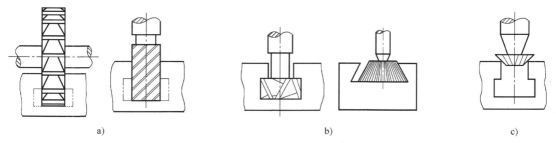

图 10-24　铣 T 形槽、燕尾槽

a）铣直槽　b）铣底槽　c）槽口倒角

10.3.3　铣斜面

铣斜面的方法如图 10-25 所示，可根据实际情况选用。

（1）用倾斜垫铁铣斜面　如图 10-25a 所示，根据加工斜面的角度选择一块相应角度的倾斜垫铁支撑在加工件的定位面下方，即可铣出所需要的斜面。

（2）用偏转铣刀铣斜面　在立式铣床上，可通过调整主轴的角度实现铣刀的偏转；在卧式铣床上，可通过安装万能铣头实现铣刀的偏转，如图 10-25b 所示。

（3）用角度铣刀铣斜面　如图 10-25c 所示，可以用相应角度的铣刀铣削较小角度的斜面。

（4）用分度头铣斜面　如图 10-25d 所示，对于圆柱体等适合用卡盘安装的工件，可以用分度头安装，并扳转主轴至合适的角度铣削斜面。

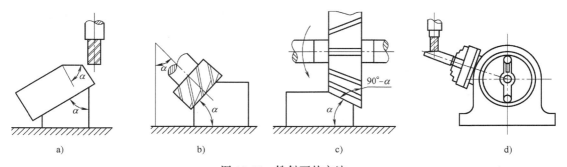

图 10-25　铣斜面的方法

a）用倾斜垫铁铣斜面　b）用偏转铣刀铣斜面　c）用角度铣刀铣斜面　d）用分度头铣斜面

10.3.4　铣齿轮

按照加工原理，齿轮齿形的加工方法可分为成形法和展成法，下面简要介绍成形法。

成形法是用与被切齿轮的齿槽法向截面形状相符的成形刀具切出齿形的方法，每铣完一个齿槽，纵向进刀后进行分度，再铣下一个齿槽，如图 10-26 所示。该方法的特点是不需要专用设备，可以在普通铣床上加工，刀具成本低，但加工齿轮的精度低，生产效率低，常用于单件生产。

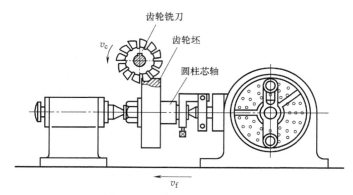

图 10-26　铣削直齿圆柱齿轮

10.4　铣削实习安全操作规程

1）进入实训场地时应按要求穿戴齐全防护用品，长发者须戴工作帽并将发髻挽入帽内；严禁戴围巾、手套等。

2）在学生使用设备前，指导教师要检查设备；学生必须在掌握设备和工具的正确使用方法，并得到指导教师的允许后才能操作设备。

3）开动机床前要检查机床各操作手柄位置是否正确、工件及刀具是否夹持牢固，切削用量选择应适当。

4）测量和装夹工件、改变铣削速度及清理切屑时必须停机。

5）加工过程中，不允许用手触摸运动的工件和刀具；不要站在切屑飞出的方向上；不允许用手直接去清理切屑，也不要用嘴吹，要用毛刷或其他工具进行清理；不得擅自离开工作岗位。

6）两人及以上人员同时操作一台机床时，必须分工明确，配合协调。

7）铣削工件时，应注意铣刀方向及工作台运动方向。

8）铣削过程中不得随意更改切削用量。

9）装卸工件时，应将工作台退到安全位置；使用扳手时，用力方向应避开铣刀，以防止扳手打滑和造成伤害。

10）设备上不允许存放夹具、量具、工件和刀具等物品。

11）未经指导老师许可，严禁乱动设备，工作中如出现意外，必须迅速切断电源。

第11章

磨 削 加 工

11.1 概述

在磨床上用磨具对工件进行切削加工的方法称为磨削。磨削加工是零件精加工的主要方法。磨削时可采用砂轮、砂带、油石等作为磨具，最常用的磨具是用磨料和黏结剂做成的砂轮。磨削所能达到的尺寸精度为 IT6~IT5，表面粗糙度值 Ra 一般为 $0.8~0.2\mu m$，根据加工零件的表面不同，可以分为外圆、内圆和平面磨削等。磨削加工范围很广，不仅能加工内、外圆柱面，锥面和平面，还能加工螺纹、花键、曲轴等特殊的成形面，常见的磨削加工方法如图 11-1 所示。与车、铣、刨等常见的切削方法相比，磨削具有以下特点。

（1）磨削属于多刃、微刃切削　砂轮上的每一颗磨粒都相当于一个切削刃，且刃口半径都很小，因此磨削属于多刃、微刃切削。

（2）加工精度高　磨削属于微刃切削，切削的厚度极小，故可以获得很高的加工精度和低的表面粗糙度。

（3）磨削速度快　一般砂轮的磨削速度大约为 2000~3000m/min，目前的高速磨削砂轮线

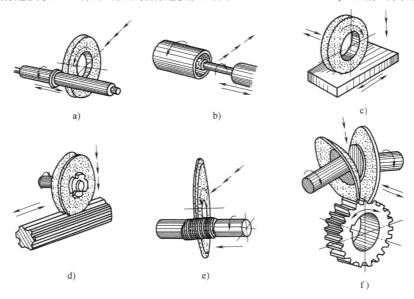

图 11-1　常见的磨削加工方法

a）外圆磨削　b）内圆磨削　c）平面磨削　d）花键磨削　e）螺纹磨削　f）齿形磨削

速度可达 60~250m/s。磨削速度快致磨削时的温度也很高，因此磨削时一般都使用切削液。

（4）加工范围广　磨削可以加工碳钢、铸铁等常用材料，还能加工一般刀具难以加工的高硬度材料，如淬火钢、硬质合金等。

11.2　磨床

磨床按用途不同可分为外圆磨床、内圆磨床、平面磨床、无心磨床、工具磨床、螺纹磨床、齿轮磨床及其他专用磨床等。最常用的是外圆磨床与平面磨床。

11.2.1　外圆磨床

图 11-2 所示为 M1432A 型万能外圆磨床，可用来磨削内、外圆柱面，圆锥面和轴，以及孔的台阶端面。M1432A 型号中字母与数字的含义如下：

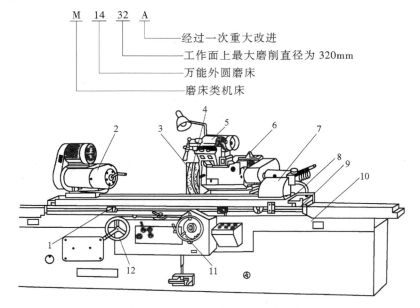

图 11-2　M1432A 型万能外圆磨床

1—换向挡块　2—头架　3—砂轮　4—内圆磨头　5—磨架　6—砂轮架　7—尾座　8—上工作台
9—下工作台　10—床身　11—横向进给手轮　12—纵向进给手轮

1. 万能外圆磨床组成

万能外圆磨床由以下几部分组成。

（1）床身　用来安装磨床的各个主要部件，上部装有上、下工作台和砂轮架，内部装有液压传动装置及传动操纵机构。

（2）上、下工作台　磨削时，上、下工作台由液压传动装置带动沿床身上面的纵向导轨做往复直线运动。万能外圆磨床的工作台面还能扳转一个很小的角度，以便磨削圆锥面。

（3）砂轮架　砂轮架主轴端部装砂轮，由单独电动机驱动，砂轮架可沿床身上部的横向导轨移动，以完成横向进给。

（4）头架、尾座　头架和尾座安装在工作台的 T 形槽上。头架主轴由单独电动机驱动，通过带传动及变速机构，使工件获得不同转速。尾座上装有顶尖，用以支撑长工件。

（5）内圆磨头　内圆磨头的主轴可安装内圆磨削砂轮，并由单独的电动机驱动，完成内圆面的磨削。

2. 磨床液压传动原理

液压传动与机械传动相比，具有工作平稳、无冲击、无振动、调速和换向方便，以及易于实现自动化等优点，主要用来对零件进行精加工，特别是对淬火钢件和高硬度特殊材料制件的精加工。图 11-3 所示为 M1432A 型万能外圆磨床液压传动原理示意图。工作时，液压泵经滤油器将油从油箱中吸出，转变为高压油，经过转阀、溢流阀、换向阀输入液压缸的右腔，推动活塞、活塞杆及工作台向左移动。液压缸左腔的油则经换向阀流回油箱。当工作台移至行程终点时，固定在工作台前侧面的右挡块自右向左推动换向杠杆，并连同换向阀的活塞杆和活塞一起向左移至虚线位置。于是高压油流入液压缸的左腔，使工作台返回。液压缸右腔的油也经换向阀流回油箱。如此反复循环，从而实现了工作台的纵向往复运动。

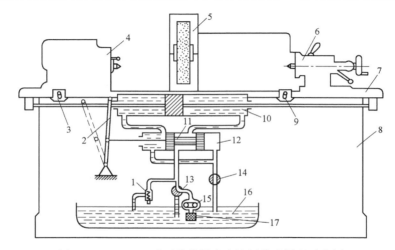

图 11-3　M1432A 型万能外圆磨床液压传动原理示意图

1—溢流阀　2—换向杠杆　3—左挡块　4—头架　5—砂轮架　6—尾座　7—工作台　8—床身　9—右挡块
10—液压缸　11—活塞　12—换向阀　13—转阀　14—节流阀　15—液压泵　16—油箱　17—滤油器

工作台的行程长度和位置，可通过改变挡块之间的距离和位置来调节。当转阀转过 90°时，液压泵中输出的高压油全部流回油箱，工作台停止不动。溢流阀的作用是使系统中维持一定的油压，并把多余的高压油排入油箱。

11.2.2　内圆磨床

M2120 型内圆磨床的结构如图 11-4 所示。型号 M2120 中，21 表示内圆磨床；20 表示最大磨削内孔直径的 1/10，即最大磨削直径为 200mm。内圆磨床的磨削运动与外圆磨床相同，主要用于磨削圆柱孔、圆锥孔和端面等。

11.2.3　平面磨床

M7120A 型平面磨床的主要结构如图 11-5 所示。型号 M7120A 中，71 表示卧轴平面磨床；20 表示工作台最大宽度的 1/10，即工作台最大工作宽度为 200mm，A 表示经过第一次重大改进。工作台有圆形和矩形之分。主轴有水平位置和竖直位置两种，常用的是卧轴矩形台平面磨床。平面磨床的工作台上装有电磁吸盘或其他夹具用以装夹工件。

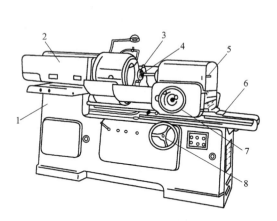 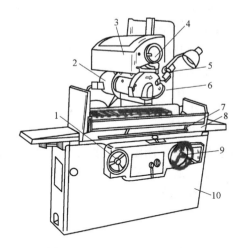

图 11-4　M2120 型内圆磨床

1—床身　2—头架　3—砂轮修整器　4—砂轮
5—砂轮架　6—工作台　7—操纵砂轮架手轮
8—操纵工作台手轮

图 11-5　M7120A 型平面磨床

1—驱动工作台手轮　2—磨头　3—滑板
4—轴向进给手轮　5—砂轮修整器　6—立柱
7—行程挡块　8—工作台　9—径向进给手轮　10—床身

11.2.4　无心磨床

无心磨床的结构完全不同于一般的外圆磨床，其工作原理如图 11-6 所示。磨削时工件不需要夹持，而是放在砂轮与导轮之间，由托板支持；工件轴线略高于导轮轴线，以避免工件在磨削时产生圆度误差；工件由橡胶结合剂制成的导轮带着做低速旋转（$v_\omega = 0.2 \sim 0.5\text{m/s}$），并由高速旋转砂轮进行磨削。

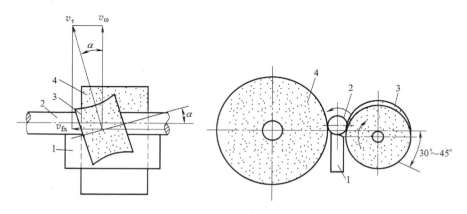

图 11-6　无心磨床工作原理

1—托板　2—工件　3—导轮　4—砂轮

由于导轮轴线与工件轴线不平行，而是倾斜一个角度 α（$\alpha = 1° \sim 40°$），因此导轮旋转时所产生的线速度 $v_\omega = v_\tau \cos\alpha$ 垂直于工件轴线，使工件产生旋转运动，而 $v_{fx} = v_\tau \sin\alpha$ 则平行于工件轴线，使工件做轴向进给运动。

无心外圆磨削的生产率高，主要用于成批及大量生产中磨削细长轴和无中心孔的短轴等，一般无心外圆磨削的精度为 IT6~IT5 级，表面粗糙度值为 0.8~0.2μm。

11.3　砂轮

砂轮是磨削的主要工具，它是由许多细小而且极硬的磨粒用结合剂粘结而成的疏松多孔物体，如图 11-7 所示。这些锋利的磨粒就像铣刀的刀刃一样，在砂轮的高速旋转下切入工件表面，切下粉末状切屑，所以磨削实质上是一种多刀多刃的超高速切削过程。

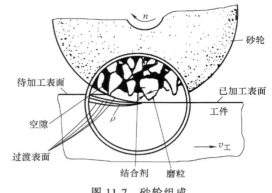

图 11-7　砂轮组成

11.3.1　砂轮的特性及代号

砂轮的特性主要由下列因素决定：磨料、粒度、结合剂、硬度、组织、形状及尺寸。

（1）磨料　磨料是制造砂轮的主要原料，直接担负切削工作。磨料必须具有高的硬度以及良好的耐热性，并具有一定的韧性。常用磨料的代号、性能及应用见表 11-1。

表 11-1　常用磨料的代号、性能及应用

系列	磨料名称	代号	特性	适用范围
氧化物系 Al_2O_3	棕色刚玉	A	硬度较高、韧性较好	磨削碳钢、合金钢、可锻铸铁、硬青铜
	白色刚玉	WA		磨削淬硬钢、高速钢、成形磨
碳化物系 SiC	黑色碳化硅	C	硬度高、韧性差、导热较好	磨削铸铁、黄铜、铝及非金属
	绿色碳化硅	GC		磨削硬质合金、玻璃、玉石、陶瓷等
高硬磨料系	人造金刚石	SD	硬度很高	磨削硬质合金、玻璃、玉石、硅片等
	立方氮化硼	CBN		磨削高温合金、不锈钢、高速钢等

（2）粒度　粒度表示磨料颗粒的大小，粒度用筛分法分级，以每英寸长度上的筛孔数目表示，即粒度越大，颗粒越小。粗颗粒用于粗加工，细颗粒用于精加工。磨软材料时，为防止砂轮堵塞，且粗颗粒、磨削硬、脆材料时，用细颗粒。常用磨料的粒度、尺寸及应用范围见表 11-2。

表 11-2　常用磨料的粒度、尺寸及应用范围（摘自 GB/T 2481.1—1998）

粒度标记	公称尺寸/μm	应用范围	粒度标记	公称尺寸/μm	应用范围
F20	1180~1000	打磨钢锭，打磨铸件毛刺，切断钢坯等	F40	500~425	磨内圆、外圆和平面，无心磨、刀具刃磨等
F24	850~710		F46	425~355	
F30	710~600		F60	300~250	

（续）

粒度标记	公称尺寸/μm	应用范围	粒度标记	公称尺寸/μm	应用范围
F70	250~212	半精磨、精磨内外圆和平面，无心磨和工具磨等	W40	40~28	精磨、超精磨、珩磨、螺纹磨、镜面磨等
F80	212~180		W28	28~20	
F90	180~150		W20	20~14	
F100	150~125	半精磨、精磨、珩磨、成形磨、工具磨等	W14~W05	14~10	精磨、超精磨、镜面磨、研磨、抛光等
F150	106~75			10~05	
F240	75~53			05~更细	

（3）结合剂　结合剂的作用是将磨粒粘结在一起，使之成为具有一定形状和强度的砂轮。砂轮结合剂的种类、性能及应用见表11-3。

表11-3　砂轮结合剂的种类、性能及应用

系列	代号	性能	应用范围
陶瓷结合剂	V	耐热，耐水，耐油，耐酸碱，但气孔率大，强度高，韧度、弹性差	应用范围广，除切断砂轮外，大多数砂轮都采用
树脂结合剂	B	强度高，弹性好，耐冲击，有抛光作用，耐热性、耐蚀性差	制造高速砂轮、薄砂轮
橡胶结合剂	R	强度更高，弹性更好，有极好的抛光作用，但耐热性更差，不耐酸	制造无心磨床导轮、薄砂轮、抛光砂轮

（4）硬度　砂轮的硬度是指砂轮上的磨粒在磨削力的作用下，从砂轮表面脱落的难易程度。磨粒难脱落，表明砂轮的硬度高，反之，砂轮的硬度低。砂轮的硬度主要取决于结合剂的粘结能力及含量，与磨粒本身的硬度无关。

砂轮硬度用字母A、B、C、D、E、F、G、H、J、K、L、M、N、P、Q、R、S、T、Y表示，共分19级，其硬度按顺序递增，常用的砂轮硬度在K~R之间。砂轮的硬度等级与代号见表11-4。

表11-4　砂轮的硬度等级与代号

硬度等级	超软	很软			软			中			硬				很硬	超硬
		很软$_1$	很软$_2$	很软$_3$	软$_1$	软$_2$	软$_3$	中$_1$	中$_2$	中$_3$	硬$_1$	硬$_2$	硬$_3$	硬$_4$		
代号	A~D	E	F	G	H	J	K	L	M	N	P	Q	R	S	T	Y

砂轮的硬度主要根据工件材料特性和磨削条件来确定。磨削软材料时应选用硬砂轮，磨削硬材料时应选用软砂轮，成形磨削和精密磨削也应选用硬砂轮。

（5）组织　砂轮的组织表示砂轮结构的松紧程度。它是指磨粒、结合剂和气孔三者所占体积的比例。砂轮组织分为紧密、中等和疏松三大类，砂轮的组织代号是以磨料在磨具中所占的百分比来确定，共15级（0~14）。常用的是5级、6级，级数越大，砂轮越疏松。砂轮的组织与代号见表11-5。

表11-5　砂轮的组织与代号

组织代号	0	1	2	3	4	5	6	7	8	9	10	11	12	13	14
磨粒率(%)	62	60	58	56	54	52	50	48	46	44	42	40	38	36	34
疏密程度	紧密					中等						疏松			

　　砂轮的组织对磨削生产率和工件表面质量有直接影响。磨削加工广泛使用中等组织的砂轮；成形磨削和精密磨削则采用紧密组织的砂轮；平面端磨、内圆磨削等接触面积较大的磨削以及磨削薄壁零件、有色金属、树脂等软材料时应选用组织疏松的砂轮。

　　（6）形状和尺寸　为了适应磨削各种形状和尺寸的工件的需求，砂轮可做成各种不同的形状和尺寸。常用砂轮的形状如图 11-8 所示，常用砂轮的代号及用途见表 11-6。

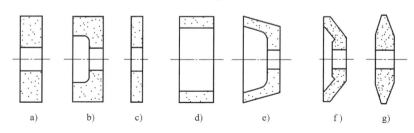

图 11-8　常用砂轮形状

a）平形　b）单面凹形　c）薄片形　d）筒形　e）碗形　f）碟形　g）双斜边

表 11-6　常用砂轮的代号及用途

砂轮名称	形状代号	主要用途
平形砂轮	1	用于磨外圆、内圆、平面、螺纹及无心磨等
双斜边砂轮	4	用于磨削齿轮和螺纹
双面凹一号砂轮	7	主要用于外圆磨削和刃磨刀具、无心磨砂轮和导轮
筒形砂轮	2	用于立轴端面磨
杯形砂轮	6	用于磨平面、内圆及刃磨刀具
碗形砂轮	11	用于导轨磨及刃磨刀具
碟形砂轮	12	用于磨铣刀、铰刀、拉刀等，大尺寸的用于磨齿轮端面

　　砂轮的非工作面上的特性代号，如图 11-9 所示。砂轮特性代号示例：

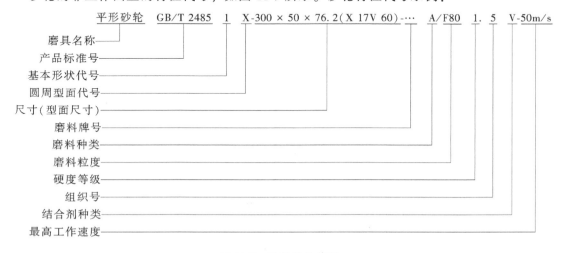

图 11-9　砂轮特性代号

11.3.2　砂轮的平衡、安装及修整

　　砂轮在高速下工作，安装前必须进行外观检查，或者通过敲击响声来判断是否有裂纹，

以防止砂轮在高速旋转时破裂。

为使砂轮平稳地工作，一般应对直径大于 125mm 的砂轮进行动平衡试验（图 11-10），以使砂轮的重心与其旋转轴线重合，砂轮的安装方法如图 11-11 所示。

砂轮工作一段时间后，磨粒会逐渐变钝，砂轮工作表面的空隙就会被堵塞，砂轮的正确几何形状会被破坏。这时必须对砂轮进行修整，砂轮修整的工作原理如图 11-12 所示。

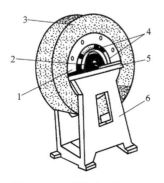 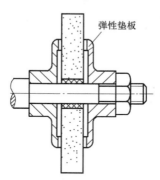 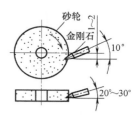

图 11-10　砂轮动平衡试验　　　图 11-11　砂轮安装方法　　图 11-12　砂轮修整的工作原理

1—砂轮套筒　2—心轴　3—砂轮
4—平衡块　5—平衡轨道　6—平衡架

11.4　磨削加工

11.4.1　外圆磨削

1. 工件的安装

磨削外圆时，最常见的安装方法是用两顶尖将工件支撑起来，或者将工件装夹在卡盘上。磨床上使用的顶尖都不随工件转动，这样可以减少安装误差，提高加工精度。顶尖安装适用于有中心孔的轴类零件，无中心孔的圆柱形零件多采用自定心卡盘装夹，不对称或形状不规则的工件则采用单动卡盘或花盘装夹。另外，空心工件常安装在心轴上磨削外圆，带中心孔零件的顶尖安装方式如图 11-13 所示。

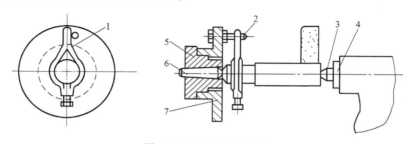

图 11-13　顶尖安装方式

1—鸡心夹头　2—拨杆　3—后顶尖　4—尾架套筒　5—头架主轴　6—前顶尖　7—拨盘

2. 磨削运动和磨削用量

在外圆磨床上磨削外圆时，有下列几种磨削运动，如图 11-14 所示。

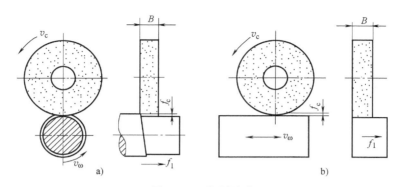

图 11-14　磨削运动

a）外圆磨削　b）平面磨削

（1）主运动　主运动即砂轮的高速旋转运动。砂轮圆周速度 v_c 按下式计算

$$v_c = \pi d n / (1000 \times 60)$$

式中，v_c 为砂轮圆周速度，单位为 m/s；d 为砂轮直径，单位为 mm；n 为砂轮旋转速度，单位为 r/min。一般外圆磨削时，$v_c = 30 \sim 35\text{m/s}$。

（2）圆周进给运动　圆周进给运动即工件绕自身轴线的旋转运动。工件圆周速度 v_ω 一般为 13～26m/min。粗磨时 v_ω 取大值，精磨时 v_ω 取小值。

（3）纵向进给运动　纵向进给运动即工件沿着自身轴线的往复运动。工件每转一转，其相对于砂轮的轴向移动距离就是纵向进给量 f_1，单位为 mm/r。一般有 $f_1 = (0.2 \sim 0.8)B$，B 为砂轮宽度（单位为 mm），粗磨时取大值，精磨时取小值。

（4）横向进给运动　横向进给运动即砂轮径向切入工件的运动。砂轮在行程中一般是不在径向上进给的，而是在行程终了时周期性地进给。横向进给量 f_c 也就是通常所谓的磨削深度，指工作台每单行程或每双行程工件相对砂轮横向移动的距离，$f_c = 0.05 \sim 0.5\text{mm}$。

3. 外圆磨削方法

在外圆磨床上磨外圆的方法有纵磨法和横磨法两种，其中以纵磨法用得最多。

（1）纵磨法　如图 11-15 所示，磨削时，工件转动（圆周进给），并与工作台一起做直线往复运动（纵向进给），当每一个纵向行程或往复行程终了时，砂轮做横向进给运动，每次磨削深度很小，当工件加工到接近最终尺寸时（留有 0.005～0.01mm 的待加工部分），无横向进给地纵向磨削几次至火花消失。纵磨法的特点是具有万能性、可用同一砂轮磨削长度不同的各种工件、加工质量好，但纵磨法磨削效率低，目前在生产中应用较广，特别是在单件、小批量生产中及精磨时均采用这种方法。

（2）横磨法　如图 11-16 所示，横磨法又称为径向磨削法或切入磨削法。磨削时，工件

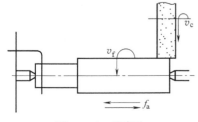

图 11-15　纵磨法

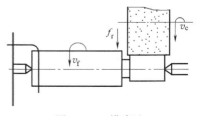

图 11-16　横磨法

无纵向进给运动，而砂轮以很慢的速度连续地或断续地向工件做横向进给运动，直至把磨削余量全部磨掉为止。横磨法的特点是生产率高，但精度较低，表面粗糙度值较大。在大批量生产中，特别是对于一些短外圆表面及两侧有台阶的轴颈，多采用横磨法。

11.4.2 内圆磨削

磨削内圆时，通常以工件外圆或端面作为定位基准，将工件装夹在卡盘上进行磨削，如图 11-17 所示。磨内圆锥面时，只需将卡盘主轴（床头）偏转一个圆锥角即可。

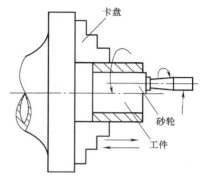

图 11-17 内圆磨削

与外圆磨削不同，内圆磨削所采用砂轮的直径受到工件孔径的限制，一般较小。故砂轮磨损较快，需经常修整和更换。内圆磨削使用的砂轮要比外圆磨削使用的砂轮软些，这是因为内圆磨削时砂轮和工件接触的面积较大；另外，砂轮轴直径比较细，悬伸长度较大，刚性很差，故磨削深度不能太大，这就降低了生产率。

内圆磨削的方法和外圆磨削基本相同，有纵磨法和横磨法，前者应用得较广泛。

11.4.3 平面磨削

各种零件上位置不同的平面，如互相平行、垂直及倾斜一定角度的平面，都可以用磨削的方式进行精加工。磨削平面一般使用平面磨床。

1. 磨削方式

根据磨削时砂轮的工作表面不同，磨削方式有如下两种。

（1）周磨法 周磨法即用砂轮圆周面磨削工件，如图 11-18a 所示。

（2）端磨法 端磨法即用砂轮端面磨削工件，如图 11-18b 所示。

周磨时，砂轮与工件接触面积小，排屑及冷却较好，工件发热量少。因此磨削易翘曲变形的薄片零件，能获得较好的加工精度及表面质量，但磨削效率较低。

端磨时，由于砂轮轴伸出较短，而且其主要是受轴向力，因此刚性较好，能采用较大的磨削用量。此外，砂轮与工件接触面积大，因而磨削效率高。但端磨法的发热量大，不易排屑和冷却，故加工质量比周磨法低。

2. 工件装夹方法

平面磨床上工件的装夹方法需要根据工件的形状、尺寸和材料等因素来决定。凡是由钢、铸铁等磁性材料制成的，且具有两个平行平面的工件，一般都用电磁吸盘直接装夹。电磁吸盘内装有线圈，通入直流电后吸盘产生磁力，进而吸牢工件。对于非磁性材料（铜、铝、不锈钢等）或形状复杂的工件，应在电磁吸盘上安装精密虎钳或简易夹具来装夹工件；也可以直接在普通工作台上采用台虎钳或简易夹具来装夹工件。

11.4.4 磨外圆锥面

磨外圆锥面与磨外圆面的主要区别是工件和砂轮的相对位置不同。磨外圆锥面时，工件

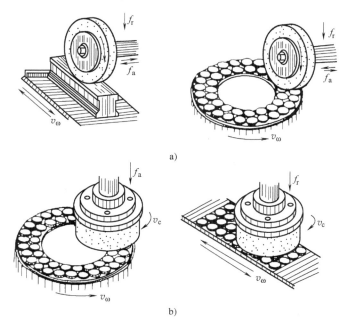

图 11-18　平面磨削示意图

a）周磨法　b）端磨法

轴线相对于砂轮轴线偏斜一圆锥斜角。常用转动上工作台或转动头架的方法磨外圆锥面，如图 11-19 所示。

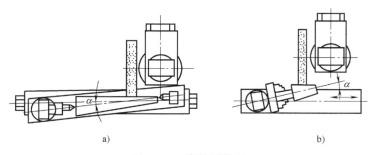

图 11-19　磨外圆锥面

a）转动上工作台磨外圆锥面　b）转动头架磨外圆锥面

在磨削加工中，切削液的选择对磨削质量有较大影响。磨削区域内的温度常达 1000 ~ 1500℃，这样高的温度可使该处材料变软，产生烧伤等现象，因此应该对磨削区进行充分冷却。切削液的另一个作用是将磨屑和脱落的磨粒冲走，以免它们划伤工件表面或堵塞砂轮。此外，切削液还具有润滑作用。

磨削常用的切削液主要有两种。一种是苏打水，其主要成分为质量分数为 1% 的无水碳酸钠（Na_2CO_3）和质量分数为 0.15% 的亚硝酸钠（$NaNO_2$），其余为水。它具有良好的冷却性、防腐性及洗涤性，而且对人体无害，成本低廉，是磨削中应用最广的切削液。另一种是乳化液，其主要成分为 0.5% 的油酸、1.5% 的硫化蓖麻油、8% 的锭子油，其余为含 1% 碳酸钠的水溶液。乳化液具有良好的润滑性能。切削液应以一定的压力喷射到砂轮与工件接触的地方。

11.5 磨削实习安全操作规程

磨削加工实习应严格遵守以下安全操作规程。

1. 开机前

1）检查砂轮是否有裂缝。

2）检查砂轮罩及砂轮本身是否安装牢固。

3）确保磨床各操作手柄处于非工作位置。

4）把磨床工作台挡块的位置调整好，拧紧固定，并把护板挡好。

5）装卸附件或工件时，都要防止其与砂轮碰撞和振动。

2. 开机时

1）若用电磁吸盘，则工件一定要放在磁力线上。

2）正确掌握切削用量，吃刀量不能过大，以免挤坏砂轮，导致事故发生。

3）必要时先退刀，使砂轮与工件分开，然后停车。

3. 使用砂轮机时

1）砂轮不得有裂缝，必须有安全罩。

2）砂轮开动时：①先空转到工作转速，并检查砂轮是否平衡，若不平衡，则禁止使用；②操作者要站在砂轮机侧面；③工件要拿稳，不得使之在砂轮上跳动。

第12章

钳 工

12.1 概述

12.1.1 钳工的工作内容

钳工工种就是利用台虎钳、各种手用工具及机械工具完成某种零件的加工，部件、机器的装配与调试，以及各类机械设备的维护与修理等工作。其基本操作内容有：零件测量、划线、錾削、锯削、锉削、钻孔、扩孔、锪孔、铰孔、攻螺纹、套螺纹、刮削、研磨、校直、弯曲、去除飞边、铆接、粘接等。

12.1.2 钳工的分类

随着机械工业的发展，钳工的工作范围日益扩大，专业分工更细，因此钳工分成了普通钳工（装配钳工）、修理钳工、模具钳工（工具制造钳工）、钣金钳工等。

（1）普通钳工（装配钳工）　主要从事机器或部件的装配和调整工作，以及一些零件的加工工作的钳工称为普通钳工（装配钳工）。

（2）修理钳工　主要从事各种机器设备的维修工作的钳工称为修理钳工。

（3）模具钳工（工具制造钳工）　主要从事模具、工具、量具及样板制作的。钳工称为模具钳工（工具制造钳工）。

12.1.3 钳工的特点

钳工具有加工灵活、可加工形状复杂和高精度的零件、投资小的三大优点，以及生产效率低和劳动强度大、加工质量不稳定的两大缺点。

1）加工灵活。在不适于机械加工的场合，尤其是在机械设备的维修工作中，钳工加工可获得满意的效果。

2）可加工形状复杂和高精度的零件。技术熟练的钳工可加工出比现代化机床加工的零件还要精密和光洁的零件，可以加工连现代化机床也无法加工的复杂零件，如高精度量具、样板、复杂的模具等。

3）投资小。钳工加工所用工具和设备价格低廉，携带方便。

4）生产效率低，劳动强度大。

5）加工质量不稳定。加工精度的高低易受工人技术熟练程度的影响。

12.1.4　钳工常用设备

1. 钳工工作台

钳工工作台简称钳台，如图 12-1 所示，钳台一般使用硬质木材或低碳钢材加工制作而成，其高度约为 800~900mm，长度和宽度可随工作需要而定。钳台用来安装台虎钳和放置工具、量具、工件和图样等。

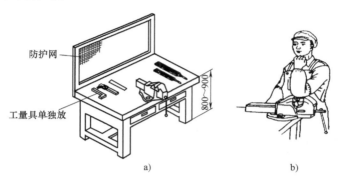

防护网

工量具单独放

800~900

a)　　　　　　　　　　　　b)

图 12-1　钳工工作台

a）工作台　b）台虎钳的合适位置高度

2. 台虎钳

台虎钳如图 12-2 所示，是钳工最常用的一种夹持工具。錾削、锯削、锉削及许多其他钳工操作都要利用台虎钳来完成。台虎钳一般可分为固定式和回转式两种。其规格以钳口的宽度表示，有 100mm、125mm、150mm 等规格。

12.1.5　钳工常用工具和量具

1. 钳工常用工具

钳工常用工具有划线用的划针、划针盘、划规（圆规）、中心冲（样冲）和平板，錾削用的手锤和各种錾子，锉削用的各种锉刀，锯削用的

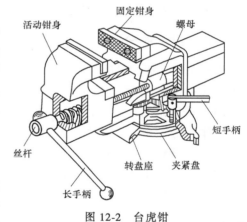

活动钳身　　　固定钳身　　螺母

丝杆

长手柄

短手柄

转盘座　　夹紧盘

图 12-2　台虎钳

锯弓和锯条，孔加工用的麻花钻、各种锪钻和铰刀，攻螺纹、套螺纹用的各种丝锥、板牙和铰杠，刮削用的平面刮刀和曲面刮刀，各种扳手和起子等。

2. 钳工常用量具

钳工常用量具有钢尺、刀口直尺、内（外）卡钳、游标卡尺、高度尺、千分尺、直角尺、万能角度尺、塞尺、百分表等。

12.2　划线

12.2.1　划线的目的和分类

划线是根据图样的尺寸要求，在毛坯或半成品工件上，用划线工具划出待加工部位的轮

廓线或作为基准的点、线的一种操作方法。其作用为便于确定工件或毛坯的加工位置界线，同时为工件装夹及加工提供依据；检查毛坯或工件形状和尺寸，以合理分配各个加工表面的加工余量；便于及早剔除不合格品，避免不合格毛坯投入机械加工而造成浪费，使材料得到充分合理的利用。

划线的精度一般为 0.25~0.5mm。划线一般分为两种方式：一种为平面划线，即在工件或毛坯的一个平面上划线，它与平面作图法类似；另一种为立体划线，即在工件或毛坯的几个相互成不同角度的表面（通常是相互垂直的表面）上都划线，即在长、宽、高三个方向上划线。划线是一项复杂、细致的重要工作，如果划线错误，就会造成加工工件报废。因此划线直接关系到产品的质量。对划线的要求是：尺寸准确、位置正确、线条清晰、冲眼均匀。

12.2.2　划线工具

划线工具按照其用途，一般分为以下几种。

1. 基准工具

划线平台或平板是划线的主要基准工具，一般由铸铁制成，并经时效处理，如图 12-3 所示。划线平台的上平面应达到一定的平面度要求（一般应高于待加工零件的平面度要求），安放时应平稳牢固，不允许敲击或碰撞其表面，日常使用过程中应保持其表面的清洁，为了保持其精度，用后或长期不用时应涂抹机油防止锈蚀。

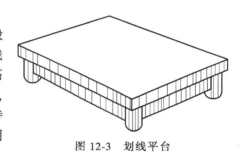

图 12-3　划线平台

2. 划线量具

划线的常用量具有钢直尺、90°角尺及游标高度卡尺。90°角尺两直角边之间成精确的直角，不仅可划垂直线，还可找正垂直面。游标高度卡尺是附有划线量爪的精密高度划线工具，也可测量高度，但不可对毛坯划线，以防止损坏硬质合金划线脚。

3. 直接划线工具

直接划线工具有划针、划规、划针盘、划卡和样冲。

（1）划针　划针是在工件表面上划线用的工具，其种类及用法如图 12-4 所示。常用的

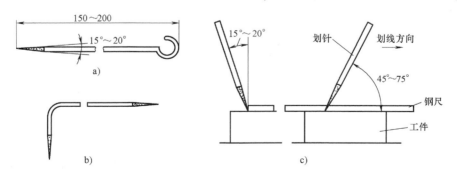

图 12-4　划针的种类及用法

a) 直划针　b) 弯头划针　c) 用划针划线的方法

划针一般用 φ3~6mm 的工具钢或弹簧钢丝制成,尖端磨成 15°~20°。划线时应向划线方向倾斜 45°~75°,以便使划针的尖端尽量贴近工件与导向工具的贴合面。

(2)划规 划规是用来划圆或弧线、等分线段或求线段交点及量取尺寸的工具,如图 12-5 所示。划线时,要先在钢直尺上量取尺寸,再在工件上划线。

(3)划针盘 划针盘主要用于立体划线和校正工件位置。使用时应注意划针装夹要牢固,底座要与平板紧贴,滑动时要平稳,如图 12-6 所示。

(4)划卡 划卡是用来确定轴和孔的中心位置的工具,使用方法如图 12-7 所示。

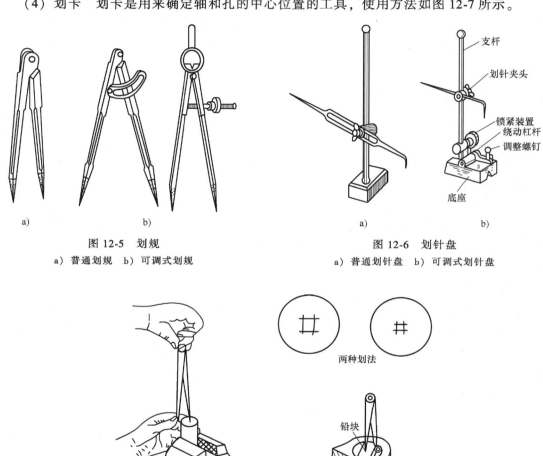

图 12-5 划规
a)普通划规 b)可调式划规

图 12-6 划针盘
a)普通划针盘 b)可调式划针盘

图 12-7 用划卡定中心
a)定轴心 b)定孔中心

(5)样冲 样冲是在划好的线或点上冲眼用的工具,样冲及冲眼方法如图 12-8 所示。冲眼是为了进一步强化显示用划针划出的加工界限,也就是使划出的线条具有永久性的位置标记,此外也是为划圆弧和钻孔定出圆心,样冲一般用工具钢制成,尖端处磨成 45°~60°,并且要经过淬火硬化。

冲眼时要注意以下事项。

1）冲眼位置要准确，中心不能偏离线条。

2）冲眼之间距离要以划线的形状和长短而定，直线上的冲点一般可以稀疏一些，曲线上的冲点可以稍微密一些，转折和交叉点处必须要冲点。

3）冲眼的大小要根据工件的材料及材料表面类型而定，在工件的精加工表面上一般禁止冲点。

4）圆中心的冲眼，最好要打得大一些、正一些，以便钻孔时，钻头可以对准钻孔的圆心。

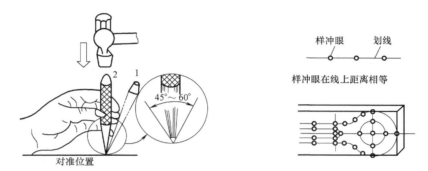

图 12-8　样冲及冲眼方法

4. 划线夹持工具

划线夹持工具主要有方箱、千斤顶、V 形铁等。

（1）方箱　方箱是用铸铁制成的空心立方体，它的六个面都经过精加工，相邻各面互相垂直。方箱用于夹持和支撑尺寸较小、重量较轻且加工面较多的工件。工件固定在方箱上，通过翻转方箱，一次装夹便可以在工件表面上划出互相垂直的全部线条，如图 12-9 所示。

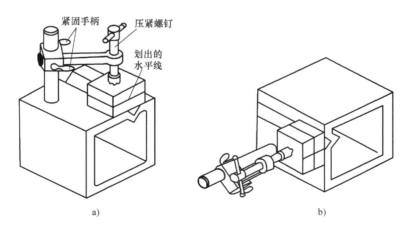

图 12-9　用方箱夹持工件

a）将工件压紧在方箱上划出水平线　b）将方箱翻转 90°划出竖直线

（2）千斤顶　千斤顶是放在平板上用于支撑工件的工具，一般用于支撑较大或不规则的工件，其结构如图 12-10 所示。其高度可以调整，同时可以对工件划线进行找正。

（3）V形铁　V形铁用于支撑圆柱形工件，使工件轴心与平台平面平行，如图 12-11 所示。

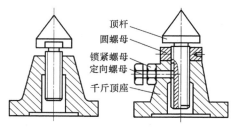

顶杆
圆螺母
锁紧螺母
定向螺母
千斤顶座

图 12-10　千斤顶结构

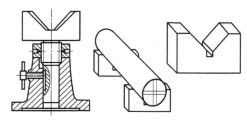

图 12-11　V形铁

12.2.3　划线基准及其选择

划线时，选定工件上的某些点、线、面作为工件上其他点、线、面的度量起点，被选定的点、线、面称为划线基准。在选择划线基准时，应先分析图样，找出设计基准，使划线基准与设计基准尽量一致，这样能够直接量取划线尺寸，简化换算过程和减少划线误差。通常选择工件的平面、对称中心面或线、重要工作面作为划线基准。其类型主要有以下几种。

（1）以平面为基准　一般选择零件上的较大平面、端面、底面作为划线基准。

（2）以对称中心为基准　对于对称的(或接近于对称的)零件，一般选择其对称中心面或对称中心线作为划线基准。

（3）以重要工作面为基准　零件的结合面、工作面往往比较光滑、重要，常常作为划线基准。

（4）划线基准应与设计基准相一致　由于划线时，零件每一个方向的尺寸都需要一个基准，因此，平面划线时一般选择两个划线基准，而立体划线时一般要选择三个划线基准。

12.2.4　划线方法

划线时按照下面三个步骤进行。

1. 划线前的准备

1）工作准备。检查工件外形是否与图纸相符，在需要划线的工件表面上涂色。

2）工具准备。按照工件图纸要求选择所需划线工具。

3）零件图纸准备。分析零件图纸，查明要划哪些线，然后选择划线基准，选择基准时要尽量选择重要孔的轴线作为基准。

2. 操作时应注意的事项

1）分析零件的加工程序和加工方法。

2）工件夹持或支撑要稳当，以防止滑倒和移动。

3）在毛坯工件上划线时要做好找正工作。

4）在一次支撑中要将全部需要划出的平行线全部划出，以避免再次支撑补划而造成尺寸误差。

3. 划线后的复核

划完线后要反复核对尺寸，全部确认无误后才能转入机械加工。

12.3 锯削

锯削是使用手锯对工件或材料进行分割成形的一种切削加工方法，它具有方便、简单和灵活的特点，不需要任何辅助设备、不消耗动力，但精度比较低，常常需要进一步加工。锯削可以分割各种材料或半成品，锯掉工件上的多余部分，也可在工件上开槽。

12.3.1 锯削工具

锯削采用的工具就是手锯，由锯弓和锯条两部分组成。

1. 锯弓

锯弓是用来夹持和拉紧锯条的，一般分为固定式和可调式两种。固定式锯弓的弓架是整体的，只能安装一种规格的锯条，如图 12-12a 所示；可调式锯弓的弓架分成前、后两段，由于前段在后套内可以伸缩，因此可以安装几种长度规格的锯条，如图 12-12b 所示。

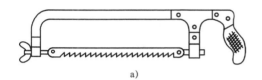

a)　　　　　　　　　　　　b)

图 12-12　锯弓的结构
a) 固定式　b) 可调式

2. 锯条

锯条一般用碳素工具钢或合金工具钢制成，并且经过热处理淬硬。其规格以锯条两端安装孔间的距离表示，常用的手工锯条一般长 300mm，宽 12mm，厚 0.8mm。锯条的切削部分由许多锯齿组成，锯齿起切削作用。常用的锯条后角 $\alpha = 40° \sim 45°$，楔角 $\beta = 45° \sim 50°$，前角 γ 约为 0°，如图 12-13 所示。

3. 锯条形状及选用

（1）锯路　锯条上的锯齿按照一定形状左右错开形成交叉式或波浪式排列称为锯路，如图 12-14 所示。锯路的作用是使锯缝宽度大于锯条背部厚度，以防止锯条卡在锯缝里，减少锯

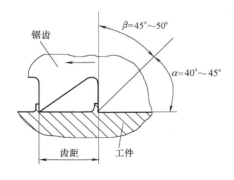

图 12-13　锯齿形状

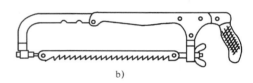

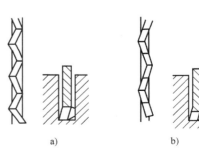

a)　　　　　　　b)

图 12-14　锯路
a) 交叉式排列　b) 波浪式排列

条在锯缝中的摩擦阻力并使之排削顺利，锯削省力，同时提高锯条的使用寿命和工作效率。

（2）锯条的选用　锯齿的粗细是用锯条上每 25mm 长度内的齿数表示的。14~18 齿的为粗齿，24 齿的为中齿，32 齿的为细齿。一般根据所要加工材料的硬度、厚薄来选择锯齿的粗细。锯削软材料或厚材料时选用粗齿锯条，因为齿距较大，锯屑不容易堵塞锯缝；锯削硬材料或薄材料时选用细齿锯条，这样可以使同时参加锯削的锯齿增加（一般增加 2~3 齿），避免锯齿被薄工件勾住而崩裂；中等硬度材料一般选用中齿锯条。

12.3.2　锯削方法

1. 工件的夹持

工件一般应尽可能地夹持在台虎钳的左侧，工件伸出钳口要短，锯削线离钳口要近，以防止锯削时产生振动，同时也便于进行锯削操作；工件夹持应稳当、牢固，锯削时工件不可以发生松动或抖动，以防止锯削时工件移动而使锯条折断。同时也要防止夹坏已经加工过的工件表面或使工件产生变形。

2. 锯条的安装

因为手锯是在向前推进时进行切削的，在向后返回时不起切削作用，所以安装锯条时应使锯齿的尖端朝前。锯条的松紧要适当，太紧了锯条会失去弹性，容易崩断；太松了锯条就会扭曲，锯缝发生歪斜，锯条也容易折断。

3. 起锯

起锯是锯削工作的开始，它的好坏直接影响锯削的质量。起锯有近边起锯和远边起锯两种方式，如图 12-15 所示。一般情况下采用远边起锯，因为锯齿逐步进入材料，不易被卡住。近边起锯时锯齿突然锯入且较深，因此容易被卡住。无论采用哪一种方法起锯，一般都以 15° 为最佳起锯角度。起锯角度太大，锯齿容易被工件棱边卡住和崩齿；起锯角度太小，锯齿不易切入材料，还可能打滑，锯坏工件表面。为了使起锯的位置准确平衡，可以用左手拇指靠住锯条，右手握住锯柄，锯条倾斜于工件表面形成起锯角度。起锯时锯弓往复行程要短，压力要小，速度要慢，待锯齿深入工件 2mm 后，再将锯弓逐渐调至水平位置进行正常锯削。

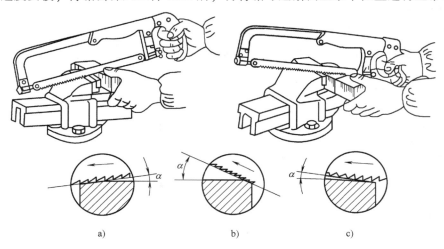

a)　　　　　　　　　　b)　　　　　　　　　　c)

图 12-15　起锯的方法

a）远边起锯　b）起锯角太大　c）近边起锯

4. 锯削姿势

锯削时采用站立姿势，人体的重量应均匀地作用在两腿上，右手握稳锯柄，左手扶在锯弓前端，锯削时推力和压力主要由右手来控制，如图 12-16 所示。

5. 锯削方法

（1）圆管锯削　锯削薄管时，应将管子夹在木制的 V 形槽垫之间，以免夹扁管子。锯削时不能从一个方向一直锯到底，应多次变换方向并向锯条推进方向转动，不反转。这是因为当锯条切入圆管内壁后，锯齿在薄壁上的锯削应力集中，极易被管壁勾住，容易发生崩齿或折断锯条，如图 12-17 所示。

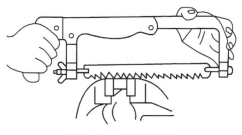

图 12-16　手锯的握法

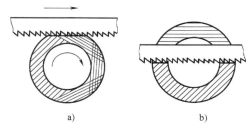

图 12-17　锯削管材的方法
a）正确方法　b）错误方法

（2）薄板锯削　锯削薄板时，应尽可能从板的宽面锯下去，如果只能从其窄面锯下去时，可以将薄板夹在两块木板之间进行锯削，以免锯齿被勾住，同时还可以增加板的刚性，减少振动和变形，并避免锯齿被卡住而崩断，当板料太宽不便装夹时，可以采用横向斜推锯削，如图 12-18 所示。

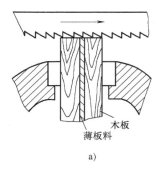

木板

薄板料

a）

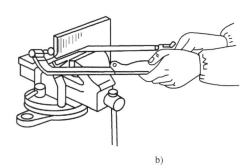

b）

图 12-18　薄板锯削
a）用两块木板夹住锯削　b）横向斜推锯削

（3）深缝锯削　如图 12-19a 所示，当锯缝的深度超过锯弓的高度时，应将锯弓翻转 90°重新安装，把锯弓转到工件旁边，如图 12-19b 所示；当锯弓横下来后锯弓高度仍然不够时，可以把锯条翻转 180°，将锯条锯齿朝向锯弓内安装进行锯削，如图 12-19c 所示。

12.3.3　锯削实习的安全注意事项

1）锯条装夹要松紧适当，锯削时不要用力过猛，以防止锯条折断伤人和造成不必要的浪费。

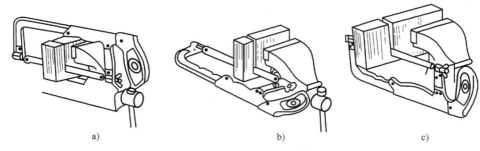

a)   b)   c)

图 12-19　深缝锯削

a）锯缝深度超过锯弓高度　b）将锯弓翻转 90°安装　c）将锯条翻转 180°安装

2）工件要夹持牢固，而且要经常注意锯缝的平直状况。

3）工件将要锯断时，施加压力要小，一般要用手扶住工件断开部分，以免造成事故。

4）在锯削时，可以加些机油来减小摩擦。

12.4　锉削

锉削是利用锉刀对工件表面进行切削加工的操作，是钳工加工中最基本的方法之一，通过锉削使工件达到零件图所要求的形状、尺寸和表面粗糙度。锉削的加工特点是加工简便，工作范围广，可对工件上的平面、曲面、内（外）圆弧、沟槽及其他复杂工件表面进行加工，主要适用于成形样板、模具形腔及部件。机器装配时的零部件修整也是钳工锉削的主要操作内容之一。

12.4.1　锉刀及其选用

1. 锉刀的材料

锉刀一般采用碳素工具钢 T12、T13 制成，经过热处理淬硬至 62~67HRC。

2. 锉刀的组成

锉刀由锉刀面、锉刀边、锉刀柄组成，如图 12-20 所示。

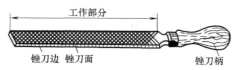

图 12-20　锉刀的组成

3. 锉刀的分类

按刀齿的加工方法，锉刀可分为剁齿锉刀与铣齿锉刀两种；按齿纹的排列，锉刀可分为单齿纹锉刀与双齿纹锉刀两种；按其加工对象，锉刀可分为钳工锉、特种锉和整形锉三种。

（1）钳工锉　钳工锉主要用于一般工件的加工。按其断面形状不同，又分为平锉（扁锉）、方锉、三角锉、半圆锉和圆锉五种，以适用于不同表面的加工，如图 12-21 所示。

钳工锉可按照每 10mm 长度上齿纹的数量，分为粗齿（4~12 齿）、细齿（13~24 齿）和油光齿（30~40 齿）三种。

（2）特种锉　特种锉是用来加工零件的特殊表面的。有刀口锉、菱形锉、扁三角锉、椭圆锉、圆肚锉等，如图 12-22 所示。

（3）整形锉（组锉或什锦锉）　整形锉主要用于细小零件、窄小表面的加工及冲模、样

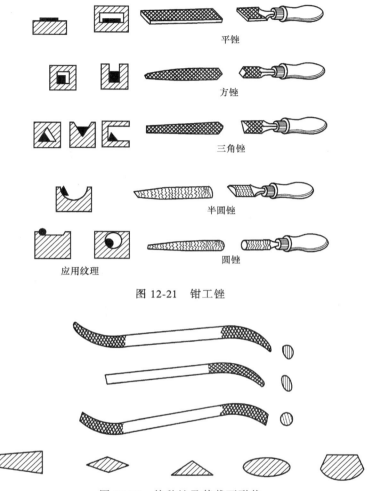

平锉

方锉

三角锉

半圆锉

圆锉

应用纹理

图 12-21　钳工锉

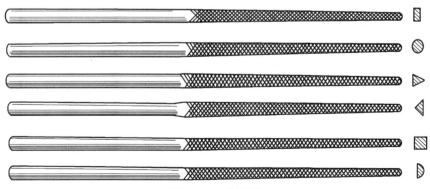

图 12-22　特种锉及其截面形状

板的精细加工和修整工件上的细小部分。整形锉的长度和截面尺寸均很小，截面形状有圆形、不等边三角形、矩形、半圆形等。整形锉因分级配备各种断面形状的小锉而得名为组锉或什锦锉，通常以每组 5 把、6 把、8 把、10 把或 12 把为一套，如图 12-23 所示。

图 12-23　整形锉

4. 锉刀的选择

合理选用锉刀对提高锉削效率、保证锉削质量、延长锉刀使用寿命有很大影响。每种锉刀都有它一定的用途，锉削前必须认真选择合适的锉刀。如果选择不当，就不能充分发挥锉刀的效能，或者使锉刀过早地丧失切削能力，不能保证锉削质量。

要根据加工对象的具体情况，而正确地选择锉刀主要从如下几个方面考虑。

1）锉刀的截面形状要和工件形状相适应。

2）粗加工选用粗锉刀，精加工选用细锉刀。

粗锉刀适用于锉削加工余量大、加工精度低和表面粗糙度值大的工件；细锉刀适用于锉削加工余量小、加工精度高和表面粗糙度值小的工件；单齿纹锉刀适用于加工软材料。

锉刀粗细的选择取决于工件材料的性质、加工余量的大小、加工精度和表面粗糙度要求的高低、工件材料的软硬等。粗锉刀（或单齿纹锉刀）由于齿距较大，容屑空间大，不易堵塞，因此适用于锉削加工余量大、加工精度低和表面粗糙度值大的工件，以及锉削铜、铝等软金属材料；细锉刀适用于锉削加工余量小、加工精度高和表面粗糙度值小的工件，以及锉削钢、铸铁等；油光锉用于最后的精加工，修光工件表面，以提高尺寸精度、减小表面粗糙度值。

3）锉刀长度的选择。锉刀尺寸规格的大小取决于工件加工面尺寸的大小和加工余量的大小。加工面尺寸较大，加工余量也较大时，宜选用较长锉刀；反之，则选用较短的锉刀。锉刀的长度一般应比锉削面长 100~150mm。

12.4.2 锉削方法

1. 锉刀的基本握法

根据锉刀的大小及形状的不同，应采用相应的正确握法，锉刀的握法有以下几种。

（1）大锉刀的握法 右手心抵着锉刀木柄的端头，大拇指放在锉刀木柄的上面，其余四指弯曲放在手柄的下面，与大拇指配合握紧锉刀木柄。左手则要根据锉刀的大小和用力的轻重有多种姿势，如图 12-24 所示。

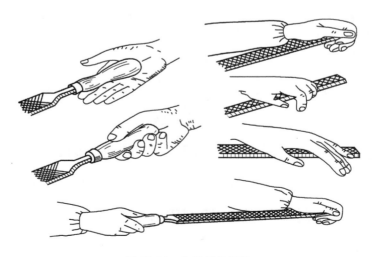

图 12-24　大锉刀的握法

（2）中锉刀的握法　右手握法与大锉刀握法相同，左手要用大拇指和食指捏住锉刀前端，如图 12-25a 所示。

（3）小锉刀的握法　右手食指伸直，拇指放在锉刀木柄上面，食指靠在锉刀的刀边，左手几个手指压在锉刀的中部，如图 12-25b 所示。

（4）整形锉刀的握法　只用右手拿着锉刀，食指放在锉刀上面，拇指放在锉刀的左侧，如图 12-25c 所示。

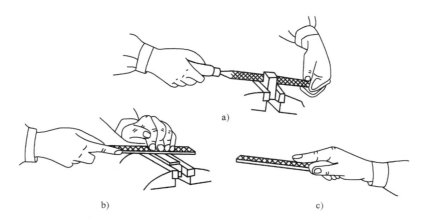

图 12-25　中、小、整形锉刀的握法

a）中锉刀的握法　b）小锉刀的握法　c）整形锉刀的握法

2. 站立姿势

如图 12-26 所示，双腿自然站立，身体重心稍微偏于后脚。身体与台虎钳中心线大致成 45°角，且略向前倾；左脚跨前半步（左、右两脚后跟之间的距离约为 250～300mm），脚掌与台虎钳成 30°角，膝盖处稍有弯曲，保持自然；右脚要站稳伸直，不要过于用力，脚掌与台虎钳成 75°角；视线要落在工件的切削部位上。

3. 锉削的姿势及锉削的施力变化

锉削时的站立位置及身体运动要自然，操作者的步位和姿势应便于锉削用力，以能适应不同

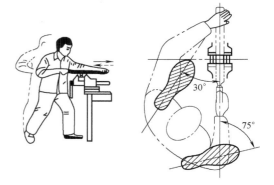

图 12-26　锉削时的站立姿势

的加工要求为准。一般状态下，左腿弯曲，右腿要伸直，身体向前方倾斜，身体重心要落在左腿上。锉削时，保持锉刀的平直运动是锉削的关键，否则工件就会两边低、中间高，形成中凸。两手的压力也要逐渐变化，使其对工件的中心力矩相等，这也是保持锉刀平直运动的关键。锉削基本动作如图 12-27 所示。

4. 平面锉削方法

平面锉削是最基本的锉削加工，常用的方法有如下三种。

（1）顺向锉法　锉刀沿着工件表面横向或纵向移动，锉削平面可得到平直、光洁的锉痕，看上去比较整齐美观。顺向锉法一般用于工件的精锉、锉平或锉顺向锉纹，如图 12-28a 所示。

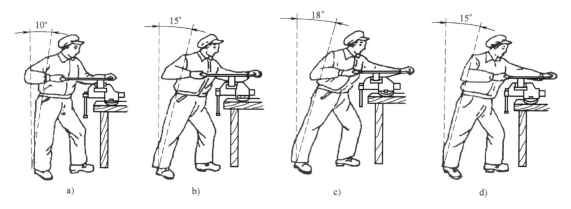

图 12-27 锉削基本动作

a）锉削开始起势 b）锉刀推出 1/3 行程时 c）锉刀推出 2/3 行程时 d）锉刀行程收势

（2）交叉锉法 交叉锉是以交叉的两个方向有顺序地对工件进行锉削的方法。交叉锉法锉削速度比较快，工作效率比较高，适用于平面的粗锉。因为锉痕是交叉的，容易判断锉削平面的不平程度，所以也就容易把工件表面锉平，如图 12-28b 所示。

（3）推锉法 推锉法是垂直于锉刀轴线方向的锉削。锉削时，两手对称握住锉刀，用两个大拇指推动锉刀进行锉削。推锉法一般适用于较窄面且已经锉平、加工余量比较小的情况，来修正尺寸和减小表面粗糙度值，如图 12-28c 所示。

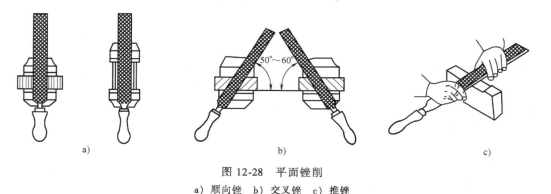

图 12-28 平面锉削

a）顺向锉 b）交叉锉 c）推锉

5. 圆弧面的锉削

（1）外圆弧面锉削 锉刀要同时完成前推运动和绕圆弧面中心的转动。前推运动主要是完成锉削，后者是保证锉出圆弧形状。常用的外圆弧面锉削方法有两种：一种是使锉刀顺着圆弧面锉削的滚锉法，一般用于精锉外圆弧面；另一种是使锉刀横在圆弧面锉削的横锉法，一般用于粗锉或不能用滚锉法的情况，如图 12-29 所示。

（2）内圆弧面锉削 锉刀要同时完成锉刀前推运动、锉刀的左右移动和锉刀的自身转动三个运动。三者如果缺一，也就锉不好内圆弧面，如图 12-30 所示。

12.4.3 锉削实习的安全注意事项

进行锉削操作时应注意以下事项。

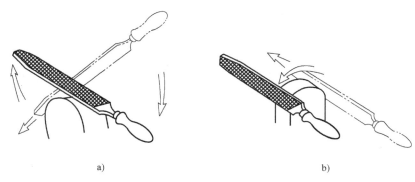

图 12-29 外圆弧面锉削
a）滚锉法　b）横锉法

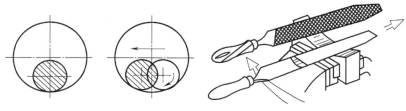

图 12-30 内圆弧面锉削

1）不允许使用无柄锉刀锉削，以免被锉舌戳伤手。

2）不允许用嘴吹锉屑，以防止锉屑飞入眼中。

3）锉削时，锉刀柄不要碰撞工件，以免锉刀柄脱落伤人。

4）放置锉刀时不要把锉刀露出钳台外面，以防锉刀掉落砸伤操作者。

5）锉削时不可以用手摸被锉工件表面，因为手上的油污和汗水会使锉刀打滑而造成事故。

6）锉刀齿面塞积锉屑后，要使用钢丝刷或毛刷顺着锉纹方向刷去锉屑。

12.5　钻孔、扩孔、铰孔与锪孔

各种零件上的孔加工，除了一部分是由车、铣等机床完成外，很大一部分是由钳工利用钻床和钻孔工具完成的。钳工加工孔的常用方法有钻孔、扩孔、铰孔与锪孔，如图 12-31 所示。

12.5.1　钻孔

钻孔是用钻头在实心工件上加工孔的一种方法，其加工精度较差，一般在 IT10 级以下，表面粗糙度值 Ra 约为 6.3 ~ 12.5μm。在钻床上钻孔时，工件不动，钻头的高速旋转运动为主运动，钻头沿钻床主轴轴线方向的移动为进给运动。

1. 钻孔机床及工具

钳工常用钻孔机床有台式钻床、立式钻床、摇臂钻床等。另外，现在市场上有许多先进的钻孔设备，例如，数控钻床减少了钻孔划线及钻孔偏移的问题等。

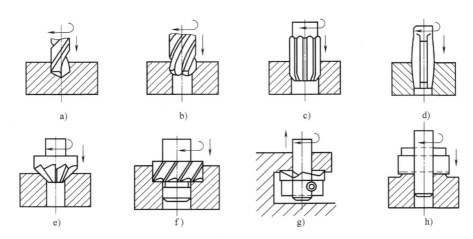

图 12-31　加工孔的方法

a) 钻孔　b) 扩孔　c) 铰孔　d) 攻螺纹孔　e) 锪锥孔　f) 锪柱孔　g) 反锪沉坑　h) 锪凸台

（1）台式钻床（简称台钻）　台式钻床由机座、工作台、立柱、主轴等组成，如图 12-32 所示。它是一种放在钳工工作台上使用的钻床（也可放置到台架上），其主轴轴向进给运动由手动完成，主轴转速通过变换 V 带在宝塔带轮上的位置来调节。台钻重量轻、转速高，适用于加工小型工件上直径 13mm 以下的孔。

（2）立式钻床（简称立钻）　立钻由机座、工作台、立柱、主轴变速箱和进给箱等组成，如图 12-33 所示。其规格是以能够加工的最大孔径来表示，常用的立钻规格有 25mm、35mm、40mm 和 50mm 等几种。主轴变速箱和进给箱分别用于控制主轴的转速和进给速度，

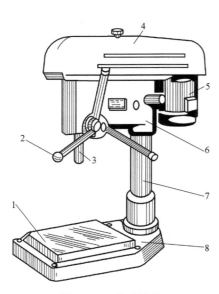

图 12-32　台式钻床

1—工作台　2—进给手柄　3—主轴　4—带罩
5—电动机　6—立柱　7—进给手柄　8—机座

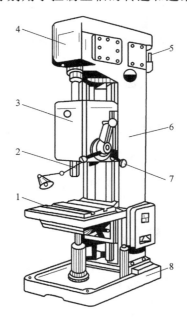

图 12-33　立式钻床

1—工作台　2—主轴　3—进给箱　4—主轴变速箱
5—电动机　6—主轴架　7—立柱　8—机座

主轴的轴向进给既可自动，也可手动。立钻刚性好，功率大，加工精度也较高。当加工多孔工件时，必须移动工件，因此适用于在单件、小批量生产中，对中、小型工件进行钻孔、扩孔、铰孔、锪孔和攻螺纹等多种加工。

（3）摇臂钻床　摇臂钻床有一个能沿立柱上下移动同时可绕立柱旋转 360°的摇臂，摇臂可带着主轴箱沿立柱竖直移动，同时主轴箱还能在摇臂上做横向移动，如图 12-34 所示。由于摇臂钻床结构上的这些特点，操作时能很方便地调整刀具的位置，以对准被加工孔的中心，而不需移动工件来进行加工。因此，适用于在一些笨重的大工件及多孔的工件上加工，比起在立钻上加工要方便得多。它广泛地应用于单件和成批生产中。

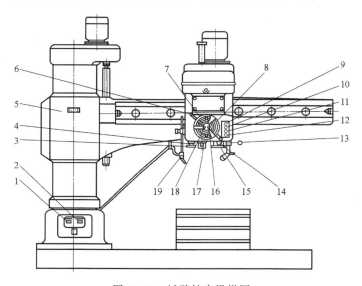

图 12-34　摇臂钻床操纵图

1、2—电源开关　3、4—预选旋钮　5—摇臂　6~8、13、14—手柄
9~12、16、18—按钮　15—手轮　17—主轴　19—冷却液管

（4）其他钻削设备　其他钻削设备中，使用较多的有手电钻、深孔钻床和数控钻床。

1）手电钻。手电钻体积小、重量轻，携带方便、操作简单、使用灵活、应用面广。适用于不便使用钻床的场合，可钻直径为 10mm 以下的孔。

2）深孔钻床。深孔钻床用于钻削深度与直径之比大于 5 的深孔。常用于加工枪管孔和炮筒孔。

3）数控钻床　数控钻床是将人工操作钻床的运动编制成加工程序，通过数控系统自动控制加工过程的钻床。相较于人工钻削，其加工精度和效率大大提高，常用于工件上复杂孔系的加工，如加工印制电路板孔。

2. 钻头

钻头是钻孔的主要刀具，主要有麻花钻、中心钻、深孔钻及扁钻等，其中麻花钻的使用最为广泛。钻头用高速钢制造，工作部分经热处理淬硬至 62~65HRC。它由柄部、颈部及工作部分组成，如图 12-35 所示。

（1）柄部　柄部是钻头的夹持部分，用于传递转矩和轴向力的动力作用，一般有直柄和锥柄两种。直柄传递的力矩较小，一般用于 12mm 以下的钻头；锥柄用于 12mm 以上的钻头。锥柄扁尾部分可防止钻头在锥孔内的滑动。

（2）颈部　颈部连接工作部分和柄部，是为了在制造钻头时砂轮磨削便于退刀，钻头的直径、材料、厂标一般也刻在颈部。

（3）工作部分　工作部分包括导向部分和切削部分。导向部分有两条对称的螺旋槽及韧带，其直径由切削部分向柄部方向逐渐减小，形成倒锥，以减小与孔壁的摩擦；切削部分由前面、后面、副后面、主切削刃、副切削刃及横刃等组成。两条主切削刃的夹角为顶角，通常为 116°~118°。

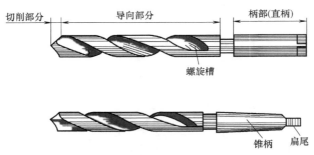

图 12-35　麻花钻头的结构

3. 钻孔使用的夹具

（1）钻头夹具　常用的有钻夹头和钻套，如图 12-36 所示。钻床主轴通常配有多种规格的钻套，钻套的装拆方法如图 12-37 所示。

1）钻夹头适用于装夹直柄钻头。

2）钻套又称为过渡套筒，用于装夹锥柄钻头。

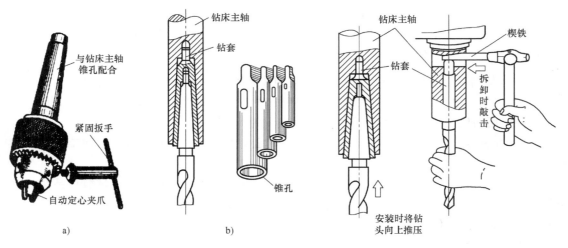

图 12-36　钻夹头与钻套
a）钻夹头　b）钻套

图 12-37　钻套装拆方法

（2）工件夹具　钻孔时，根据钻孔直径和工件形状来合理使用工件夹具。装夹时，应使孔中心线与钻床工作台垂直并且要牢固可靠，但又不能损伤工件。常用的工件夹具有手虎钳、平口钳、V 形铁、压板螺栓等，如图 12-38 所示。

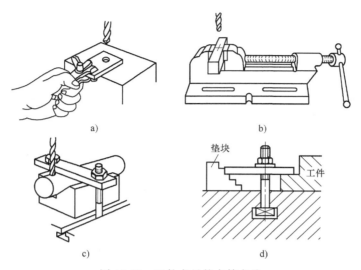

图 12-38　工件夹具的夹持方法

a）手虎钳夹持　b）平口钳夹持　c）V 形铁夹持　d）压板螺栓夹持

4. 钻孔方法

（1）按照划线位置钻孔　工件上的孔径圆和检查圆均需要打上样冲眼作为加工界限，中心眼应打得大一些，先用钻头在孔的中心锪一个小窝，然后检查小窝与所划的圆是否同心，如果偏离，则需要校正。

（2）钻通孔　在孔将要钻透时，进给量要减小，变自动进给为手动进给，以免钻穿的瞬间发生抖动，出现啃刀现象或折断钻头。

（3）钻不通孔　钻不通孔要注意钻孔深度，以免出现质量问题。控制钻孔深度的方法有：调整钻床上的深度标尺挡块；安置控制长度量具，或者用粉笔做标记。

（4）钻深孔　当孔深超过孔径的 3 倍时，要经常退出钻头、及时排屑和冷却钻头。

（5）钻大孔　直径超过 30mm 的孔应分两次钻削。第一次用 0.6~0.8 倍孔径的钻头钻削，第二次再用所需直径的钻头将孔扩大到所要求的直径，这样可以减小钻削时的轴向力，并有利于提高所钻孔的质量。

12.5.2　扩孔、铰孔与锪孔

精度高、表面粗糙度值小的中、小直径孔（$D<50$mm），在钻削之后，经常需要扩孔和铰孔来进行半精加工和精加工。

1. 扩孔

扩孔是用扩孔钻对工件上已有的孔进行扩大加工。扩孔钻切削较平稳，可以校正孔的轴线偏差，获得较正确的几何形状和较小的表面粗糙度值，精度等级一般为 IT9~IT10，表面粗糙度值 Ra 为 3.2~6.3μm。可作为精度要求不高孔的最后加工工序，也可作为精加工（铰孔）前的预加工工序。扩孔加工余量为 0.5~4mm。在精度要求不高的单件、小批量生产中，扩孔一般可用麻花钻代替。扩孔及扩孔钻如图 12-39 所示。

2. 铰孔

铰孔是用铰刀对已有孔的进一步精加工，可以从工件壁上切除微量金属层，也是目前应

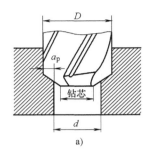 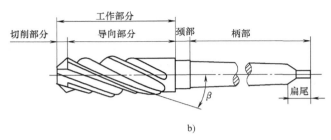

图 12-39　扩孔及扩孔钻

a）扩孔　b）扩孔钻

用较为普遍的孔加工方法之一，加工精度等级一般为 IT9 ~ IT7，表面粗糙度值 Ra 为 0.4 ~ 1.6μm。

铰刀是铰削加工的多刃切削工具，按其使用形式可分为手用铰刀和机用铰刀；按可加工孔的形状可分为圆柱形和圆锥形两种铰刀；按加工范围可分为固定铰刀和可调铰刀，可调铰刀可用于修复孔或加工非系列直径孔。铰刀一般有 6 ~ 12 个切削刃，多为偶数齿，且成对位于通过直径的平面内，其容屑槽较浅，因而刚性好，铰孔时导向性也好。铰刀与铰孔如图 12-40 所示。

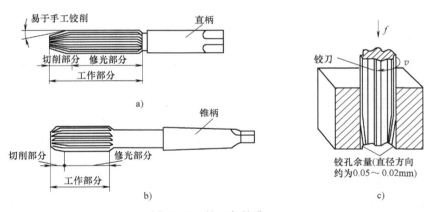

图 12-40　铰刀与铰孔

a）圆柱形手铰刀　b）圆柱形机铰刀　c）铰孔

由于铰孔的加工余量很小，而且切削刃的前角 $\gamma_0 = 0°$，因此铰孔实际上是修正过程。铰孔时一般切削速度较低（$v = 1.5 ~ 10\text{m/min}$）。加工过程中铰刀不能倒转，否则切屑会卡在孔壁和铰刀后刀面之间，划伤孔壁或使刀刃崩裂。手工铰孔时，两手用力要均衡，当发现铰削处较紧时，应慢慢地沿顺时针方向旋转铰刀，同时向上提出铰刀，不可强行转动和倒转。当排出切屑或硬质点后继续铰削并铰完后，应沿顺时针方向旋转并退出铰刀。铰削钢件时一般可用机油润滑；铰削铸铁件时用煤油润滑；铰削铝件时用乳化液润滑，这样可提高孔壁的表面精度。

3. 锪孔

使用锪钻对工件上已有的孔口形面进行加工的方法称为锪孔。常用的锪孔钻和孔口形面有三种，如图 12-41 所示。

（1）锪圆柱形埋头孔　用圆柱形埋头锪钻加工，锪钻前端带有导柱，它与孔配合定中心；其端刃为主切削刃，周刃为副切削刃，一般用于修光。

（2）锪圆锥形埋头孔　用圆锥形锪钻加工，圆锥形锪钻有 6~12 条刀刃，其顶角一般有 60°、75°、90° 和 120° 四种。其中顶角为 90° 的使用最为广泛。

（3）锪凸台的平面　用端面锪钻加工与孔垂直的孔口凸台的平面。端面锪钻也有导柱中心。

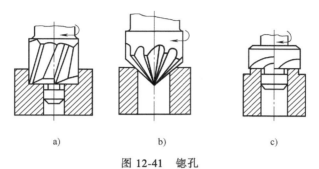

图 12-41　锪孔

a）锪圆柱形埋头孔　b）锪圆锥形埋头孔　c）锪凸台的平面

12.5.3　钻孔、扩孔、铰孔与锪孔实习的安全注意事项

进行钻孔、扩孔、铰孔与锪孔操作时，应注意如下事项。

1）操作者要戴防护眼镜，衣袖要扎紧，严禁戴手套进行操作，长发同学必须戴帽子。

2）工件夹紧必须牢固，开始钻孔与快要钻穿时尽量减小进给力。

3）不允许用手拉或用嘴吹钻屑，以防止伤手和伤眼。

4）钻通孔时，工件底面应放垫块，或者将钻头对准工作台的 T 形槽。

5）使用手电钻、角磨机等便携式电动工具时应注意用电安全。

12.6　攻螺纹与套螺纹

工件圆柱上的螺纹称为外螺纹，孔内侧面上的螺纹称为内螺纹。常用三角形螺纹工件的螺纹除了采用机械加工外，还可采用钳工加工方法的攻螺纹和套螺纹方法获得。

12.6.1　攻螺纹

攻螺纹是使用丝锥加工出孔的内螺纹的操作。

1. 丝锥和铰杠

（1）丝锥　丝锥是专门用来加工小直径螺纹的成形刀具，一般使用合金工具钢 9SiCr 制成，并经过热处理淬硬。其基本结构像一个螺钉，由工作部分和柄部组成，其中，工作部分由切削部分与校准部分组成，如图 12-42 所示。

丝锥一般分为手用丝锥和机用丝锥两种，为了

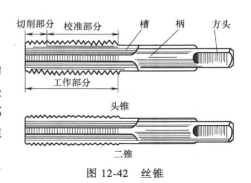

图 12-42　丝锥

减少切削力和提高丝锥的使用寿命，一般由两支或三支组成一套，它们的圆锥角不同，标准部分外径也不同，所负担的切削工作量也不同，其中头锥为60%~75%，二锥为30%~25%，三锥为10%。

（2）铰杠　铰杠是夹持手用铰刀和丝锥的工具，一般有固定式和可调式两种，常用的为可调式铰杠。旋动可调式铰杠的手柄可以调节方孔的大小，以便夹持不同尺寸的铰刀和丝锥，如图12-43所示。

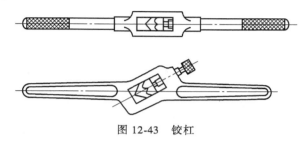

图12-43　铰杠

2. 底孔直径和深度的确定

对钢料及韧性金属：

$$d_0 \approx d - P$$

对铸铁及脆性材料：

$$d_0 \approx d - (1.05 \sim 1.1)P$$

式中，d_0 为底孔直径（等于钻头直径），单位为 mm；d 为螺纹公称直径，单位为 mm；P 为螺距，单位为 mm。

攻盲孔的螺纹时，因为丝锥不能攻到底，所以孔的深度要大于螺纹长度，盲孔深度可以按下式计算

$$孔的深度 = 所需螺纹深度 + 0.7d$$

3. 攻螺纹方法

对钻螺纹孔端面的孔口进行倒角，以利于丝锥切入。首先应用头锥攻螺纹，先旋入1~2转，然后检查丝锥是否与孔的端面垂直（用目测或90°角尺），再使铰杠轻压旋入工件孔中，当确认切削部分已经切入工件后，可以只转动铰杠而不施加压力，每转动一圈，要反转1/4转，以便切屑断落，再更换二锥、三锥。每更换一锥，先要旋入1~2转，扶正定位后，再用铰杠旋进，以防止乱扣。攻螺纹示意图如图12-44所示。

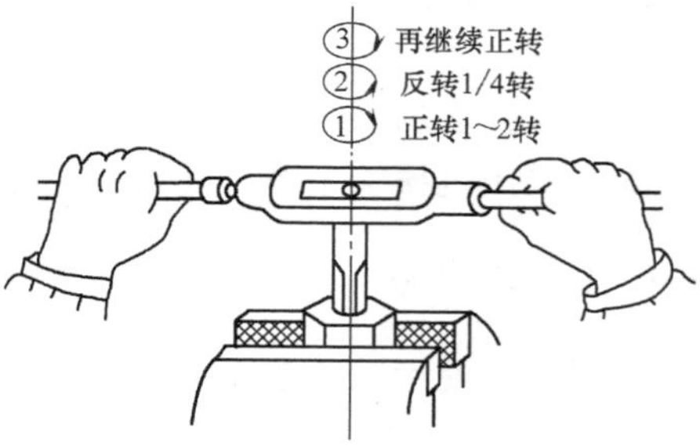

③ 再继续正转
② 反转1/4转
① 正转1~2转

12.6.2　套螺纹

图12-44　攻螺纹

1. 板牙和板牙架

（1）板牙　板牙是加工外螺纹的工具，一般有固定式和开放式两种。圆板牙由切削部分、校正部分和排屑孔组成。切削部分是圆板牙两端带有60°锥度的部分；校正部分是圆板牙的中间部分，它起着修光和导向的作用。圆板牙的外圆有一条V形深槽和四个锥坑，紧固螺钉通过锥坑将圆板牙固定在板牙架上，并传递力矩，V形深槽用于微调螺纹直径，当圆

板牙校正部分磨损，使螺纹尺寸超出公差范围时，使用锯片砂轮沿深槽锯开，再通过圆板牙架上的两个调节螺钉控制尺寸。板牙一般由合金工具钢 9SiCr 制成并经热处理淬硬，其外形像一个圆螺母，只是上面钻有几个排屑孔，并形成刀刃，如图 12-45a 所示。

（2）板牙架　板牙是装在板牙架上使用的，如图 12-45b 所示。板牙架不仅用来夹持板牙，而且也是传递转矩的工具。

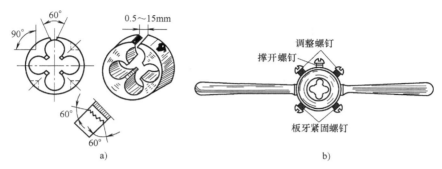

图 12-45　板牙与板牙架
a）板牙　b）板牙架

2. 圆杆直径的确定

圆杆直径应稍大于螺纹公称尺寸。计算圆杆直径的经验公式为

$$圆杆直径 \approx 螺纹外径 - 0.13P$$

3. 套螺纹方法

套螺纹的圆杆顶端应倒角，使板牙容易对准工件中心，同时也容易切入，如图 12-46a 所示。套螺纹过程与攻螺纹相似，板牙端应与圆杆垂直，用力要均匀，如图 12-46b 所示。开始时，稍用力压入，套入 3~4 扣后，可以只转动而不施加压力，并且要经常反转，以便及时排屑。

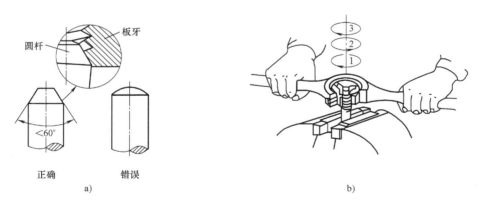

图 12-46　圆杆倒角与套螺纹
a）圆杆倒角　b）套螺纹

12.6.3　攻螺纹与套螺纹实习的安全注意事项

在进行攻螺纹和套螺纹操作时，应注意以下事项。

1）攻螺纹时要加切削液，攻钢件和塑性材料时使用机油润滑；攻铸铁和脆性材料时使用煤油润滑。当攻螺纹（套螺纹）感到很费力时，不可以强行转动，应将丝锥倒退出，清理切屑后再进行进一步攻螺纹（套螺纹）。

2）攻制不通螺孔时，要注意丝锥是否已经到底。

3）使用成组丝锥时，要按照头锥、二锥、三锥顺序依次使用。

12.7 钳工实习安全操作规程

1）钳台应放在光线适宜、便于操作的地方。

2）钻床、砂轮机应安放在场地边缘。操作钻床时，不允许戴手套；使用砂轮机时，要戴防护眼镜，以保证安全。

3）实习时要穿工作服，长发同学要戴工作帽。不允许穿拖鞋。

4）不允许擅自使用不熟悉的机器和工具。设备使用前要检查，发现损坏或其他故障时应停止使用并报告。

5）要用刷子清理铁屑，不允许用手直接清除，更不允许用嘴吹，以免割伤手指或屑末飞入眼睛。

6）使用电器设备时，必须严格遵守操作规程，防止触电。

7）工具安放应整齐，取用方便。不用时，应将工具整齐地收置于工具箱内，以防止损坏。

8）量具应单独放置，不要与工件或工具混放，以保证精确度。

9）要做到文明生产（实习），工作场地要保持整洁。

第13章

装　配

13.1　概述

按照规定的技术要求，将零件组装成机构或机器，经过调整、试验，使之成为合格产品的工艺过程称为装配。

装配过程一般可分为组件装配、部件装配和总装配。

1）组件装配是指将两个以上的零件连接组合成为组件的过程。例如由轴、齿轮等零件组成一根传动轴的装配。

2）部件装配是指将组件、零件连接组合成为独立机构（部件）的过程。例如车床床头箱、进给箱等的装配。

3）总装配是指将部件、组件连接组合成为整台机器的过程。

13.2　装配工艺、组织形式

1. 装配工艺规程、过程

（1）装配工艺规程　装配工艺规程是指规定装配部件和整个产品的工艺过程，以及该过程中所使用的设备和工、夹、量具等的技术文件。装配工艺规程是生产实践和科学实验的总结，是提高劳动生产率、保证产品质量的必要措施，是组织装配生产的重要依据。只有严格按工艺规程生产，才能保证装配工作的顺利进行，降低生产成本，增加经济效益，但在一般情况下，装配工艺规程也应随着装配实际需要不断进行改进。

（2）装配工艺过程　装配工艺过程一般有以下七个部分组成。

1）研究装配图及工艺文件、技术资料，了解产品结构，熟悉各个零件、部件的作用、关系及连接方法。

2）确定装配方法，准备所需要的工具。

3）对装配的零件进行清洗，检查零件的加工质量，对有特殊要求的零件进行平衡或压力试验。

4）调整、调节零件或机构的相对位置、配合间隙和结合面松紧等，使机构或机器工作协调。

5）检验机构或机器的几何精度和工作精度。

6）试验机构或机器运转的灵活性、振动情况、工作温度、噪声、转速、功率等性能参数是否达到要求。

7）对产品涂装、涂油及打包装箱。

2．装配的组织形式

装配的组织形式随生产类型及产品的复杂程度和技术要求而异，机器制造中的生产类型及装配的组织形式如下。

（1）单件生产时的装配形式　单件生产时，产品几乎不重复，装配工作常在固定地点完成，这种组织形式对操作者的技术要求较高，装配周期长，生产效率低。

（2）成批生产时的装配形式　成批生产时，装配工作通常分为部件装配和总装配，每个部件的装配在一个相对固定的地点完成，然后进行总装配。

（3）大批量生产时的装配形式　大批量生产时，一般把产品的装配过程划分为部件、组件装配，然后由生产流水线进行总装。通常把这种组织形式称为流水装配。流水装配由于广泛采用互换原则，使装配工作工序化，因此装配质量好，生产效率高。

13.3　装配的基本原则

为了保证装配质量，应遵守下列原则。

1）先里后外。先装内部的零件、组件和部件等，再装外部的，里、外互不干涉，以免影响装配的连续性。

2）先下后上。先装配机器的下部构件，再装配上部构件，以保证机器支撑位置的稳定。

3）先大后小。先安装机器的机身或机架等大基础件，再把其他部件安装在基础件上面。

4）先难后易。先安装难度大的零部件，以便于机器的调整和检测。

5）先精后粗。先安装精密的零部件，再安装低精度的零部件，以保证精度。

6）其他装配穿插其中。电器元件、线路及油路、气动器件的安装适当地安排在装配之中，以提高效率，避免返工。

7）装配完成后，首先检查并确认装配正确，然后再进行试验、试机及鉴定（成批产品按一定比例抽检）。

13.4　装配方法

为了保证装配后机器的工作性能和精度，达到零件、部件相互配合的要求，根据产品结构、生产条件和生产批量的不同，装配方法有以下四种。

（1）完全互换法　在同类零件中，任取一个不经加工和修配即可装入部件，或者与其他零部件装配成符合规定要求的产品，并能达到规定装配要求的装配方法称为完全互换法。完全互换法操作简单，生产效率高，适合于大批量生产，但对零件的加工精度要求较高，一般需要专用工具、夹具、模具来保证，而零件的装配精度由零件制造精度保证。

（2）调整法　装配过程中调整一个或几个零件的位置，以消除零件的累积误差、达到装配要求的装配方法称为调整法，如用不同尺寸的可换垫片、衬套，可调节螺母或螺钉、镶条等进行调整的装配。该方法适合于单件小批生产或由于磨损引起配合间隙变化的结构的装配。

（3）选配法（不完全互换法）　把零件的制造公差适当放宽，并按公差范围将零件分成若干组，然后选取其中尺寸相当的零件进行装配，以达到规定的配合要求的装配方法称为选配法。该方法降低了零件的制造成本，但增加了零件的分组时间，它适用于装配精度高、配合件组数少的成批生产。

（4）修配法　当装配精度要求较高，采用完全互换法不够经济时，常用修正某个配合零件的方法，即修配法来达到规定的装配精度。修配法降低了零件的加工精度，从而降低了生产成本，但装配的难度增加，它适合于单件或小批生产。

13.5　基本零件的装配

1. 螺纹连接的装配

在装配过程中，广泛地应用螺钉、螺母与螺栓来连接零部件。在紧固成组的螺钉、螺母时，为使紧固件的配合面上受力均匀，应按一定的顺序来拧紧，如图 13-1 所示。此外，拧螺钉或螺母时，不能一次就完全拧紧，应按顺序分 2～3 次将其全部拧紧。为使每个螺钉或螺母的拧紧程度较为均匀一致，可使用如图 13-2 所示的测力扳手。

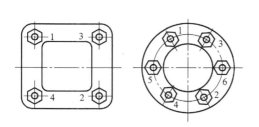

图 13-1　拧紧成组螺母的顺序

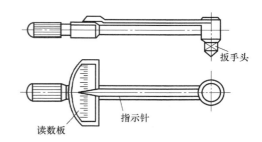

图 13-2　测力扳手

零件与螺母的贴合面应平整光洁，否则螺纹容易松动。为提高贴合面质量，可加垫圈。

在交变载荷和振动条件下工作的螺纹连接，有逐渐自动松开的可能，为防止螺纹连接的松动，可用弹簧垫圈、止退垫圈、开口销和止动螺钉等防松装置，如图 13-3 所示。

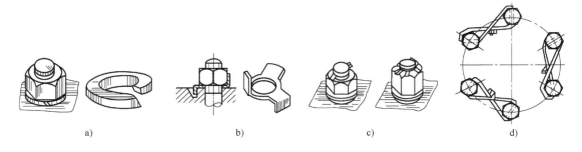

a)　　　　　　　　b)　　　　　　　　c)　　　　　　　　d)

图 13-3　各种螺母放松装置
a）弹簧垫圈　b）止退垫圈　c）开口销　d）止动螺钉

2. 滚动轴承的装配

1）测量轴承内、外径及轴和孔的尺寸，标记误差方向，按要求选配轴承，确定间隙调整量。

2）轴承与轴颈及机体之间的配合多为较小的过盈配合，常用锤子或压力机压装。为使轴承套圈均匀受力，需使用垫套，轴承压到轴上时，应通过垫套施力于内圈端面，如图13-4a所示；轴承压到机体孔中时，应施力于外圈端面，如图13-4b所示；若同时压到轴上和机体孔中，则应对内、外端面同时加压，如图13-4c所示。若轴承与轴颈是较大的过盈配合，可将轴承放在80~100℃的热油中加热，利用材料的热胀特性进行安装。高精度轴承的安装应注意误差方向，使误差相互抵消。

3）对于旋转精度要求高的轴承须进行预紧，以消除间隙，提高刚性。通常采用修磨隔套的方法改变内、外套圈的轴向相对位置，实现顶紧。

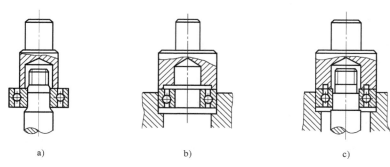

a)   b)   c)

图 13-4　滚动轴承的装配

a）施力于内圈端面　b）施力于外圈端面　c）同时施力于内、外圈端面

3. 圆柱齿轮的装配

圆柱齿轮传动装配的主要技术要求是保证齿轮传递运动的准确性、相啮合轮齿表面的良好接触及齿侧间隙符合规定等。为保证齿轮传递运动的准确性，将齿轮装到轴上后，齿圈的径向跳动和端面跳动应控制在公差范围内。在单件小批量生产时，可将装有齿轮的轴放在两顶尖之间，用百分表进行检查，如图13-5所示。互相啮合的接触斑点用涂色法检验，图13-6为齿轮啮合接触斑点的不同情况。其中，图13-6a为齿轮传动装配正确时的接触情况；图13-6b所示的接触情况为齿轮箱体上两孔的中心距过大，或者轮齿切得过薄所致，此时可将箱体的轴承套压出，换上新的轴承套重新镗孔；图13-6c所示的接触情况为装配

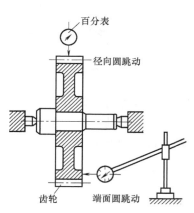

图 13-5　齿圈径向圆跳动和端面圆跳动的测量

中心距小于齿轮副的加工中心距，即轮齿切得过厚或箱体孔中心距过小，改进的方法同前；图13-6d表明齿轮的齿向误差或箱体孔中心线不平行所引起的齿面接触情况，此时必须提高箱体孔中心线的平行度或齿轮副的齿面精度。齿侧间隙的测量可用塞尺，对大模数齿轮则用铅丝，即在两齿间沿齿长方向放置3~4根铅丝，齿轮转动时，铅丝被压扁，测量压扁后的铅丝厚度即可知其间隙。

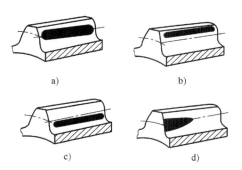

图 13-6 用涂色法检测啮合情况

13.6 典型机构的装配

现以图 13-7 所示的某减速器低速轴组件为例，说明它的装配过程。装配过程可用装配工艺系统图表示，如图 13-8 所示。装配工艺系统图的绘制方法如下。

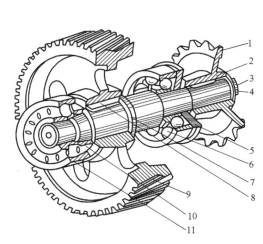

图 13-7 某减速器低速轴组件

1—链轮 2—键 3—轴端挡圈 4—螺栓
5—可通盖组件 6—滚珠轴承 1 7—低速轴
8—键 9—齿轮 10—套筒 11—滚珠轴承 2

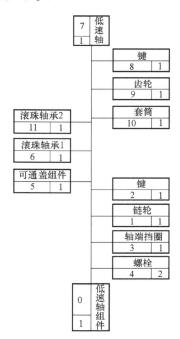

图 13-8 装配工艺系统图

1）先画一条竖线。

2）竖线上端画一个小长方格，代表基准件。在长方格中注明装配单元的名称、编号和数量。

3）竖线的下端也画一个小长方格，代表装配的成品。

4）竖线自上至下表示装配的顺序。直接进行装配的零件画在竖线右侧，组件画在竖线左侧。

由装配工艺系统图可以清楚地看出成品的装配顺序及装配所需零件的名称、编号和数量，因此其可起到指导和组织装配工艺的作用。

13.7　拆卸机器的基本要求

拆卸机器的基本要求如下。

1）拆卸机器时，应按其结构的不同预先考虑操作程序，避免前后倒置，或者贪图省事而猛拆、猛敲，造成零件的损伤或变形。

2）拆卸的顺序与装配的顺序相反，一般应先拆外部附件，然后按部件、组件进行拆卸。在拆卸部件或组件时，应按照从外到内、从上到下的顺序，依次拆卸。

3）拆卸时，使用的工具必须保证不会对合格零件造成损伤，应尽可能使用专用工具。严禁用手锤直接在零件的工作表面敲击。

4）拆卸螺纹连接时，必须辨别清楚螺纹零件的旋向。

5）拆下的部件和零件必须有次序、有规则地放好，并按原来的结构套在一起，在配合件上做上记号，以免出现混乱。

6）对丝杠、长轴类零件，必须用绳索将其吊起，以防止弯曲变形和碰伤。

第4篇　先进制造技术

第14章

数控车床编程与操作

14.1 数控车床简介

14.1.1 数控车床的分类

数控车床属于金属切削类数控机床，经过几十年的发展，其结构功能各异，型号种类繁多。按车床主轴位置不同，数控车床可分为立式数控车床和卧式数控车床；按数控系统功能不同，可分为经济型数控车床、全功能型数控车床和车削加工中心。

14.1.2 数控车床的加工范围

1. 精度要求高的回转体零件

由于数控车床刚性好，制造和对刀精度高，并且能方便和精确地进行人工补偿和自动补偿，因此能加工尺寸精度要求较高的零件。此外，因为数控车削的刀具运动是通过高精度插补运算和伺服驱动来实现的，所以它能加工对母线直线度、圆度、圆柱度等形状精度要求高的零件。

2. 表面粗糙度要求高的回转体零件

数控车床具有恒线速度切削功能，能加工出表面粗糙度值小而均匀的零件。在材质、精车余量和刀具已选定的情况下，表面粗糙度值取决于进给量和切削速度。在普通车床上车削锥面和端面时，其转速恒定不变，车削后的表面粗糙度不一致，只有某一直径处的表面粗糙度值最小。

3. 轮廓形状特别复杂或难以控制尺寸的回转体零件

由于数控车床具有直线和圆弧插补功能，因此可以借助 CAD/CAM 软件车削由任意直线和平面曲线组成的形状复杂的回转体零件。

4. 带特殊螺纹的回转体零件

数控车床不但能车削任何等导程的直、锥面螺纹和端面螺纹，而且能车削变（增或减）导程、要求等导程与变导程之间平滑过渡的螺纹，还可以车削高精度的模数螺旋零件（如圆柱、圆弧蜗杆）和端面（盘形）螺旋零件等。

14.2 FANUC 0i 系统数控车床常用编程指令

14.2.1 数控车床的编程特点

1. 直径编程

数控车床多采用直径编程方式。这是由于回转体零件在径向上标注与测量的尺寸通常为直径值，因此可以直接依据图样上标注的尺寸进行编程，节省编程时间，便于工件检测。

2. 混合坐标编程

数控车床可以使用绝对坐标编程、增量坐标编程或混合坐标编程的方式。其中，绝对坐标编程（X、Z）是利用指令轮廓终点相对于坐标原点的绝对坐标值的编程方式；增量坐标编程（U、W）是利用指令轮廓终点相对轮廓起点的坐标增量的编程方式。

如图 14-1 所示，若使刀具从 B 点移动至 A 点：使用绝对坐标编程时，以坐标原点为参照，直接输入 A 点坐标，即 X0. Z10.；使用增量坐标编程时，以轮廓起点，也就是 A 点为参照，即 U0. W-10.；使用混合坐标编程时，可写成 X0. W-10. 或 U0. Z10.。

14.2.2 数控车床坐标系的特点

数控车床为两轴机床，其坐标轴由 X 轴与 Z 轴组成，如图 14-2 所示。在数控车床中，规定沿主轴方向为 Z 轴。并且根据刀具相对于静止工件运动的原则，刀具远离工件的方向为 Z 轴的正方向。由笛卡儿定则可知 X 轴垂直于 Z 轴，其正方向可以是向上的或向下的。通常情况下，对于后刀架车床，规定 X 轴正方向向上。对于前刀架车床，规定 X 轴正方向向下。

数控车床的机床原点为主轴旋转轴线与卡盘后端面的交点。该点是车床出厂时已经设定好的一个固定点，一般不允许人为改动。

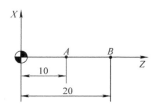

图 14-1 混合坐标编程

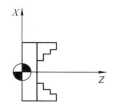

图 14-2 数控车床坐标系

14.2.3 基本编程指令

1. 快速点定位指令 G00

指令格式：G00 X（U）__ Z（W）__；

其中，X、Z 是采用绝对坐标编程方式时的快速定位点的终点坐标值；U、W 是采用增量坐标编程方式时的坐标增量。

功能：G00 运动轨迹有两种形式，具体方式由系统参数设定。快速移动的最大速度由系统预先指定，也可由操作面板上的倍率开关控制。G00 可编写成 G0，G0 与 G00 等效。

例 14-1：如图 14-3 所示，编写刀具从 A（X30, Z20）点快速移动到 B（X20, Z2）点的程序段。

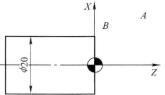

图 14-3 例 14-1 快速点定位

绝对编程：G00 X20. Z2.；

增量编程：G00 U-10. W-18.；

2. 直线插补指令 G01

指令格式：G01 X（U）__ Z（W）__ F __；

其中，X、Z是采用绝对坐标编程方式时的直线运动的终点坐标；U、W是采用增量坐标编程方式时的坐标增量；F是各方向合成进给速度。

功能：该指令可使刀具在两坐标点间按规定进给速度做直线运动。如果在G01程序段之前未出现F指令，则本程序段必须加入F指令，否则机床不运动。通常，在进行车削端面、沟槽等与X轴平行的加工时，只需单独指定X（或U）坐标；在进行车削外圆、内孔等与Z轴平行的加工时，只需单独指定Z（或W）坐标。

3. 圆弧插补指令 G02、G03

指令格式：G02 X（U）__ Z（W）__ R __ F __；

G03 X（U）__ Z（W）__ R __ F __；

其中，X、Z是采用绝对坐标编程方式时的圆弧终点坐标，U、W是采用增量坐标编程方式时的坐标增量；F是各方向合成进给速度；R为圆弧半径。

功能：G02为顺时针圆弧插补指令，G03为逆时针圆弧插补指令。圆弧的顺、逆时针判断：沿不在坐标平面的坐标轴（Y轴）、由正方向向负方向看，顺时针方向为G02，逆时针方向为G03。

例 14-2：如图 14-4 所示，编写工件轮廓上外圆柱面精加工程序段。

指令程序段：

O3002；

M03 S800；

T0101；

G00 X20. Z2. ；

G01 Z-5. F0. 15；

G02 X20. W-15. R13. F0. 1；

G01 Z-30. F0. 15 ；

G00 X100. Z100. ；

M05；

M30；

例 14-3：如图 14-5 所示，编写工件轮廓上外圆柱面精加工程序段。

指令程序段：

O3003；

M03 S800；

T0101；

G00 X20. Z2. ；

G01 Z-5. F0. 15；

G03 X20. W-15. R13. F0. 1；

G01 Z-30. F0. 15；

G00 X100. Z100. ；

M05；

M30；

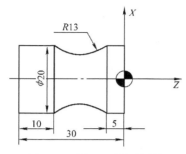

图 14-4　例 14-2 圆弧插补

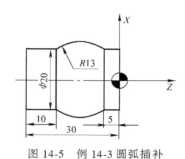

图 14-5　例 14-3 圆弧插补

4. 螺纹车削指令 G32

指令格式：G32 X（U）＿ Z（W）＿ F ＿；

其中，X（U）、Z（W）为螺纹终点坐标；F 为螺纹导程。

功能：该指令为螺纹车削指令，要配合退刀指令使用。对于单头螺纹，导程等于螺距；对于多头螺纹，导程等于 n 倍螺距。

例 14-4：如图 14-6 所示，编写工件轮廓上螺纹部分加工程序段。螺纹车削的进给次数与背吃刀量参数见表 14-1，螺距为 1mm。

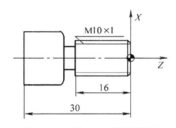

图 14-6　例 14-4 螺纹车削

表 14-1　螺纹车削的进给次数与背吃刀量参数

进给次数	背吃刀量/mm
1 次	0.6
2 次	0.4
3 次	0.3

指令程序段：

O3004；

M03 S400；

T0101；

G00 X12. Z2. ；

G32 X9.4　Z-15. F1. ；

G00 X11. ；

　　Z2. ；

G32 X9. Z-15. F1. ；

G00 X11. ；

　　Z2. ；

G32 X8.7　Z-15. F1. ；

　　X8.7；

G00 X100. ；

　　Z100. ；

M05；

M30；

5．主轴速度控制指令 G96、G50、G97

（1）恒线速度控制指令 G96

指令格式：G96 S___；

其中，S 后面的数字表示切削速度，单位为 m/min。

功能：该指令设置主轴以恒线速度运动。

（2）主轴最高转速控制指令 G50

指令格式：G50 S___；

其中，S 后面的数字表示限定的主轴最高转速，单位为 r/min。

功能：在车削端面、锥面和圆弧时使用恒线速度控制指令，可确保工件各轮廓表面粗糙度值一致。由公式 $n = 1000v_c/(\pi D)$ 可知，当工件直径减小时，主轴转速逐渐增大。当工件半径趋近于零时，主轴转速趋近于无穷大。因此，为防止车床发生飞车现象，在利用 G96 指令设置恒线速度后，必须用 G50 指令限制允许的主轴最高转速，以免发生危险。

（3）主轴转速控制指令 G97

指令格式：G97 S___；

其中，S 后面的数字表示主轴转速，单位为 r/min。即主轴按 S 指令的速度运转。

功能：该指令用于取消 G96 指令。

例 14-5：如图 14-7 所示，编写工件轮廓上端面精加工程序段。

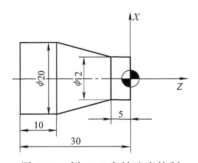

图 14-7　例 14-5 主轴速度控制

指令程序段：

O3005；

M03 S800；

G96 S180；　　（恒线速度车削 v_c = 180m/min）

G50 S2000；　　（限制主轴最高转速为 2000r/min）

T0101；

G00 X12. Z2. ；

G01 Z-5. F0. 15；

G01 X20. Z-20. F0. 15；

G01 Z-30. F0. 15；

G0 X100. Z100. ；

G97 S800；　　（取消恒线速度车削）

M05；

M30；

14.2.4　固定循环指令

当工件加工余量较大时，常需对其进行多次车削。使用基本编程指令手工编程时，工件轮廓各异，容易造成程序段过于冗长，对于形状复杂的工件而言，每次的刀具路径点坐标难于计算，更是容易出错。若采用数控系统内置的循环指令编写加工程序，则可大大减少程序段的数量、缩短编程时间和提高数控机床工作效率。

根据刀具切削加工的循环路径不同，循环指令可分为单一固定循环指令和复合循环指令。

1. 单一固定循环指令

（1）圆柱面车削循环指令 G90

指令格式：G90 X（U）＿ Z（W）＿ F＿；

其中，X、Z 是采用绝对坐标编程方式时的每次车削的终点坐标；U、W 是采用增量坐标编程方式时的增量坐标；F 是进给速度。

功能：该指令适用于工件内、外圆柱面的轴向车削。

说明：其循环路径如图 14-8 所示，由 4 个步骤组成。图中 A 点为循环起点，B 点为车削起点，C 点为车削终点，D 点为退刀点。其中，AB、DA 段为快速移动方式，BC、CD 段为按进给速度 F 车削。当车削如图 14-9 所示类零件而沿轴向走刀时，其指令格式为 G90 X（U）＿ Z（W）＿ R＿ F＿；其中，R 为车削起点与车削终点的半径差。

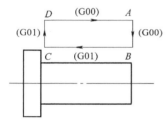

图 14-8　圆柱面车削循环示例 1

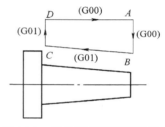

图 14-9　圆柱面车削循环示例 2

（2）端面车削循环指令 G94

指令格式：G94 X（U）＿ Z（W）＿ F＿；

其中，X、Z 是采用绝对坐标编程方式时每次车削的终点坐标，U、W 是采用增量坐标编程方式时的增量坐标；F 是进给速度。

功能：该指令适用于工件端面的径向车削。

说明：其循环路径如图 14-10 所示，由 4 个步骤组成。图中 A 点为循环起点，B 点为车削起点，C 点为车削终点，D 点为退刀点。其中，AB、DA 段为快速移动，BC、CD 段按进给速度 F 车削。当车削如图 14-11 所示零件而沿径向走刀时，其指令格式为 G94 X（U）＿ Z（W）＿ R＿ F＿；其中，R 为车削起点与车削终点的 Z 坐标差。

（3）螺纹车削循环指令 G92

指令格式：G92 X（U）＿ Z（W）＿ F＿；

其中，X（U）、Z（W）为螺纹终点坐标；F 为螺纹导程。

功能：该指令为螺纹车削循环指令。

说明：其循环路径如图 14-12 所示，由 4 个步骤组成。图中 A 点为循环起点，B 点为车削起点，C 点为车削终点，E 点为退刀点。其中，AB、DE、EA 段为快速移动；BC 段按导程 F 车削螺纹，CD 段为螺纹退尾量，由系统参数决定。当车削如图 14-13 所示锥螺纹时，其指令格式为 G92 X（U）＿ Z（W）＿ R＿ F＿；其中，R 为螺纹车削起点与终点的半径差。

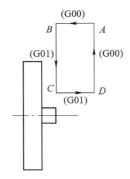

图 14-10　端面车削循环示例 1

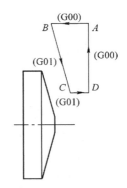

图 14-11　端面车削循环示例 2

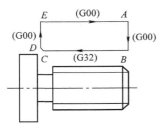

图 14-12　螺纹车削循环示例 1

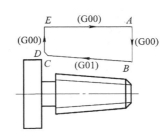

图 14-13　螺纹车削循环示例 2

2．复合循环指令

（1）外（内）径粗车复合循环指令 G71

指令格式：G71 U（Δd）R（e）；

G71 P（ns）Q（nf）U（Δu）W（Δw）F＿＿ S＿＿；

其中，Δd 为粗车加工每次的背吃刀量；e 为每次车削的退刀量；ns 为循环加工路径的起始程序号；nf 为循环加工路径的结束程序号；Δu 为 X 轴方向预留的精车余量（直径值）；Δw 为 Z 轴方向预留的精车余量；F 为进给量；S 为主轴转速。

功能：G71 复合循环指令适用于工件内、外圆柱面的轴向粗车加工。

说明：

1）在 G71 指令中指定的 F、S 功能，在粗车循环过程中有效。在 ns 到 nf 程序段之间的任何 F、S 功能，在粗车循环过程中被忽略，在精加工中有效。

2）零件轮廓在 X 轴和 Z 轴方向上的坐标值必须是单调增加或减小的。

3）当粗车外圆时，Δu 取正值；粗车内孔时，Δu 取负值。

4）ns 程序段必须包含 G00 或 G01 指令，且图 14-18 中 AA′的动作不能有 Z 轴方向上的移动。

例 14-6：如图 14-14 所示，已知毛坯为 φ32×70 的棒料，编写工件外轮廓粗加工程序段。

指令程序段：

O3006；

M03 S800；　　　　　　　　　　（主轴正转，800r/min）

T0101；　　　　　　　　　　　　（调用 1 号车刀）

G00 X32. Z2. ;　　　　　　　　　（快移至工件近端，该点也是循环起刀点）

G71 U2. R0. 5 ;　　　　　　　　　（粗车循环）

G71 P10 Q20 U0. 5 W0. 25 F0. 2 ;

N10 G00 X0. ;　　　　　　　　　　（程序段调用开始）

G01 Z0. F0. 1 ;

　　　X10. Z-8. ;

　　　X12. W-1. ;

　　　Z-23. ;

　　　X14. ;

G02 X24. W-8. R8. F0. 08 ;

G01 X28. W-7. F0. 1 ;

N20 Z-43. ;　　　　　　　　　　　（程序段调用结束）

G00 X100. Z100. ;　　　　　　　　（退刀）

M05 ;　　　　　　　　　　　　　　（主轴停止）

M30 ;　　　　　　　　　　　　　　（程序结束）

刀具路径如图 14-15 所示。

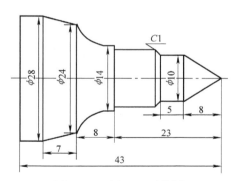

图 14-14　例 14-6 零件图

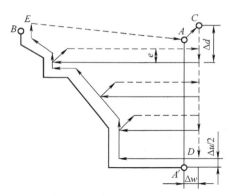

图 14-15　例 14-6 刀具路径

（2）端面粗车复合循环指令 G72

指令格式：G72 W（Δd）R（e）；

G72 P（ns）Q（nf）U（Δu）W（Δw）F ＿ S ＿ ；

其中，Δd、e、ns、nf、Δu、Δw 的含义与 G71 指令中的相同。

功能：G72 复合循环指令适用于工件轮廓的径向粗车加工。

说明：G72 指令与 G71 指令的区别在于调用循环时，ns 程序段后不能有 X 值。即图 14-18 中 AA' 的动作不能有 X 轴方向上的移动。

例 14-7：如图 14-16 所示，已知毛坯为 $\phi36 \times 50$ 的棒料，编写工件外轮廓粗加工程序段。

指令程序段：

O3006 ;

M03 S800 ;　　　　　　　　　　　（主轴正转，800r/min）

T0101 ;　　　　　　　　　　　　　（调用 1 号车刀）

```
      G00 X38. Z2. ;              （粗车循环起刀点）
      G72 U2. R0. 5；            （粗车循环）
      G72 P10 Q20 U0. 2 W0. 1 F0. 2；
N10 G00 Z-27. ;                  （程序段调用开始）
      G01 X34. F0. 1；
           Z-21. ；
           X23. 5 Z-14. ；
           X14. ；
           X6. Z-6. ；
           Z-1. ；
           X5. Z0. ；
N20     X-1. ；                   （程序段调用结束）
      G00 X100. Z100. ；         （退刀）
      M05；                      （主轴停止）
      M30；                      （程序结束）
```

刀具路径如图 14-17 所示。

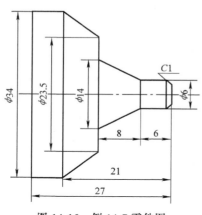

图 14-16　例 14-7 零件图

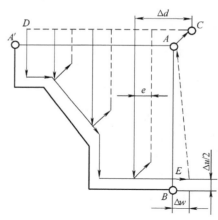

图 14-17　例 14-7 刀具路径

（3）闭环车削复合循环指令 G73

指令格式：G73 U（Δi）W（Δk）R（d）；

G73 P（ns）Q（nf）U（Δu）W（Δw）F＿＿ S＿＿；

其中，Δi 为 X 轴方向上的粗车总退刀量；Δk 为 Z 轴方向上的粗车总退刀量；d 为粗车次数；ns、nf、Δu、Δw 的含义与 G71 指令中的相同。

功能：G73 复合循环指令适用于工件轮廓的仿形粗加工，如图 14-18 所示。

说明：

1）X 轴方向上的粗车总退刀量等于毛坯直径与图样上工件最小直径差值的一半。

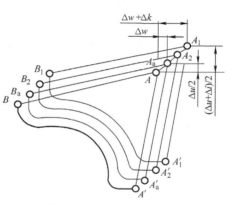

图 14-18　G73 刀具路径

2）粗车次数根据 Δi 的大小合理确定。

14.2.5　数控车削加工综合训练

例 14-8： 已知工件毛坯为 $\phi45\times32$ 的铝棒，并预钻 $\phi24$ 内孔，编写如图 14-19 所示零件的加工程序段。

1. 零件工艺分析

图 14-19 所示零件为套类零件，零件壁厚为 2mm，其右侧外圆处有 M30×1 的螺纹。零件毛坯材料为铝合金，属于易切削材料，适合高速切削加工（$v_c = 140 \sim 240\text{m/min}$），切削时应选用正前角车刀并加切削液。

根据零件几何特点，需要二次装夹完成车削加工。对于薄壁零件，为避免装夹造成零件变形，不能直接用自定心卡盘进行定位与夹紧，而是要使用专用夹具。所用夹具如图 14-20 所示，为内螺纹夹具，其内螺纹有效长度要大于工件外螺纹长度。

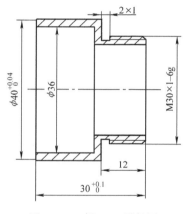

图 14-19　例 14-8 零件图

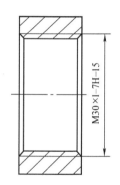

图 14-20　内螺纹夹具

2. 确定加工工艺路线

第一道工序使用自定心卡盘对毛坯进行定位与夹紧，车削零件上的外螺纹部分。第二道工序使用专用夹具装夹工件。先加工 $\phi40$ 处外圆，后车削内孔部分。车削工艺参数见表 14-2。

表 14-2　车削工艺参数

工步号	工步内容	刀具规格	主轴转速	进给量	备注
1	端面、槽、外螺纹	93°外圆车刀	1500r/min	0.25mm/r	粗车
			2000r/min	0.12mm/r	精车
		2mm 切槽车刀	800r/min	0.06mm/r	
		外螺纹车刀	800r/min	1mm/r	
2	端面、外圆、内孔	93°外圆车刀	1500r/min	0.25mm/r	粗车
			2000r/min	0.12mm/r	精车
		93°内孔车刀	1500r/min	0.25mm/r	粗车
			2000r/min	0.12mm/r	精车

3. 数值计算及编程

1）编程原点取在工件右端面，基点坐标通过直接计算即可获得。

2）编写程序清单。

第一道工序指令程序段：

O3211；	
M03 S1500；	（主轴正转，1500r/min）
T0101；	（调用外圆车刀）
G00 X43. Z2. ；	
G94 X22. Z0. F0. 12；	（精车端面）
M03 S1500；	（降低转速）
G90 X38. Z-11. 9 F0. 25；	（粗车外圆）
X34. ；	
X30. ；	
G00 X28. ；	
M03 S2000	（提高转数）
G01 Z0. F0. 12；	（精车外圆）
X29. 8 Z-1. ；	
Z-12. ；	
X40. ；	
G00 X100. Z100. ；	
M03 S800；	（降低转速）
T0202；	（调用切槽车刀）
G00 X41. Z-12. ；	
G01 X28. F0. 06；	
X32. F0. 2；	
G00 X100. Z100. ；	
T0303；	（调用螺纹车刀）
G00 X32. Z2. ；	
G92 X29. 4 Z-11. F1；	（车外螺纹）
X29. ；	
X28. 8；	
X28. 7；	
G00 X100. Z100. ；	
M05；	（主轴停止）
M30；	（程序结束）

第二道工序指令程序段：

O3212；	
M03 S2000；	（主轴正转，2000r/min）
T0101；	（调用外圆车刀）

G00 X43. Z2. ；

G94 X22. Z0. F0. 12；　　　（精车端面）

G90 X40. Z-18. F0. 12；　　（精车外圆）

G00 X100. Z100. ；

T0404；　　　　　　　　　（调用内孔车刀）

M03 S1500；　　　　　　　（降低转速）

G00 X24. Z2. ；

G90 X25. 9 Z-34. F0. 25；　　（粗车内孔）

X30. Z-15. 9；

X34. ；

X35. 9；

G00 X36. ；

M03 S2000　　　　　　　　（提高转数）

G01 Z-16. F0. 12；　　　　　（精车内孔）

X26. ；

Z-34. ；

X25. ；

G00 Z100. ；

X100.

M05；　　　　　　　　　　（主轴停止）

M30；　　　　　　　　　　（程序结束）

14.3　FANUC 0i 系统数控车床操作

数控车床种类繁多，其型号、操作系统各异，现以 HTC2050 型数控车床为例介绍 FANUC 0i 系统数控车床操作。

14.3.1　FANUC 0i 系统基本操作

1. 数控车床基本结构

数控车床基本结构可分为液压系统、冷却系统、CNC 系统、电气控制系统、机械传动系统、润滑系统、整体防护系统这七大系统。

1）液压系统主要控制夹具的装夹及尾台的进退动作。

2）冷却系统通过冷却水泵，为车削过程实现冷却功能。冷却水槽上方安装有排屑器，可将车削产生的废屑排至废屑箱。

3）CNC 系统是数控车床的核心控制部分。

4）电气控制系统包括各类接触器、伺服放大器、通信接口等。

5）润滑系统对车床导轨、丝杠等进行润滑，其润滑方式为自动润滑。

6）机械传动系统包括各个坐标轴的运动部件及装夹机构等。

7）整体防护系统即车床的外防护罩。本机床为封闭式车床，可通过外防护罩直接观察车床的工作情况。

2. 数控车床功能特点及型号

（1）HTC2050 型数控车床的功能特点　HTC2050 型数控车床为全功能型数控车床，采用斜床身、后刀架结构（刀盘可携带 8 把刀具），并配有冷却与自动排屑装置。

（2）车床型号　型号中各字母和数字代表的含义如下：

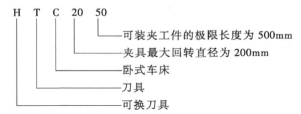

3. 数控车床基本操作

（1）车床通电操作步骤

1）检查车床各部分初始状态是否正常，确认正确无误后再继续操作。

2）接通控制柜上的总电源开关。

3）按下车床面板上的"启动"按钮，系统启动。

4）启动车床后，检查屏幕是否正常显示。如果出现报警，要查明报警原因。

5）检查风扇电动机是否旋转。

（2）车床断电操作步骤

1）手动调整 X、Z 轴，使它们都大致回到车床坐标系的中间位置。

2）将主轴倍率开关和进给倍率开关分别旋至"0"刻度处。

3）按下红色急停按钮。

4）按下车床面板上的"系统电源关"按钮。

5）关闭控制柜上的总电源开关。

（3）手动操作

1）手动返回参考点（零点）。

正常启动车床后，首先要进行回零操作，以便建立车床坐标系。操作步骤如下。①按下"回零"按钮。②选择刀具移动速度（一般 X 轴速度设置为 25%，Z 轴速度设置为 50%）。③按"↑"按钮直到 X 轴回零指示灯亮；按"→"直到 Z 轴回零指示灯亮。

2）手动连续进给操作步骤如下。①按下"手动"按钮。②选择移动轴为"X"或"Z"。③通过"↑""↓""←""→"四个按钮选择刀具移动方向。

14.3.2　操作面板

1. 操作面板简介

数控车床操作面板如图 14-21 所示，其由两部分组成，上部为数控系统操作面板，下部为机床操作面板。

（1）数控系统操作面板　数控系统操作面板上各按键所代表的含义见表 14-3。

（2）机床操作面板　机床操作面板上各按键所代表的含义见表 14-4。

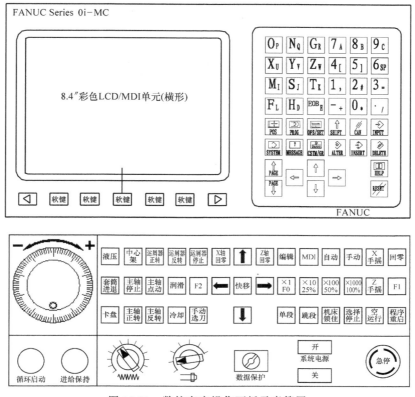

图 14-21　数控车床操作面板示意简图

表 14-3　数控系统操作面板按键含义

按键	名称	功用
RESET	复位键	车床复位、消除报警等
HELP	帮助键	提供机床操作的帮助信息
9/C	符号、数字键	可输入字母、数字及其他字符(共 24 个)
SHIFT	转换键	输入显示切换
INPUT	输入键	修改系统参数
CAN	取消键	删除缓冲器中的字符或符号
INSERT	插入键	插入字符或符号
ALTER	替换键	替换字符或符号
DELETE	删除键	删除字符或符号
POS	功能键	显示位置画面
PROG	功能键	显示程序画面
OFS/SET	功能键	显示刀偏/设定画面
SYSTEM	功能键	显示系统画面
MESSAGE	功能键	显示信息画面
CSTM/GR	功能键	显示图形画面
↑	光标移动键	移动光标(共 4 个)
PAGE	翻页键	上下翻页(共 2 个)

表 14-4 机床操作面板按键含义

名称	功用
编辑键	设定程序编辑方式
MDI 键	设定手动数据输入的程序编辑方式
回零键	机床开机后实现 X、Z 各轴返回参考点
手动键	设定手动连续进给方式
手摇键	设定手轮(手持脉冲发生器)连续进给方式
单段键	逐段执行程序
跳段键	跳过程序段开头带有"/"的程序段
机床锁住键	锁住机床各轴,不发生实际位移
空运行键	机床空载
循环启动按钮	开始机床的自动运行,常用于启动程序
进给保持按钮	暂停机床的自动运行
X、Z 键	手动进给轴选择
↑、↓、←、→键	手动进给轴方向选择
快移键	刀具快速移动
主轴正转键	使主轴按指定的速度正方向旋转
主轴反转键	使主轴按指定的速度反方向旋转
主轴点动键	使主轴旋转一定分度
主轴停止键	使主轴停止旋转
急停键	紧急情况下,终止机床运动
钥匙开关	数据保护
进给倍率开关	0~120%调整进给速率
主轴倍率开关	50%~120%调整转速倍率
手摇脉冲发生器	通过手轮控制刀具沿各轴移动
×1 键	手轮每旋转一个刻度,轴移动 $1\mu m$
×10 键	手轮每旋转一个刻度,轴移动 $10\mu m$
×100 键	手轮每旋转一个刻度,轴移动 $100\mu m$
×1000 键	手轮每旋转一个刻度,轴移动 $1000\mu m$

2. 自动运行

（1）存储器运行 机床执行已存储到存储器中的程序的运行方式称为存储器运行方式。当选择了这些程序中的一个并按下机床操作面板上的循环启动按钮后，机床就会自动运行，并且点亮循环启动灯。具体操作步骤如下。

1）按下"PROG"功能键，屏幕显示程序画面。

2）从机床存储程序中选择一个要执行的程序。

3）按下机床操作面板上的"自动"按钮。

4）按下机床操作面板上的"循环启动"按钮，机床自动运行，并且机床上的循环启动灯亮。当机床自动运行结束时，指示灯灭。

5）要中途暂停存储器运行，则按下"进给保持"按钮，机床进给减速直到停止。再次按下循环启动按钮后，机床的自动运行又重新开始。

6）要终止存储器运行，则按下操作面板上的"RESET"复位键，自动运行将被终止，机床进入复位状态。

（2）MDI（手动数据输入）运行　MDI 是 MANUAL DATA INPUT（手动数据输入）的缩写。MDI 方式中，通过系统操作面板可以编辑最多 10 行（与屏幕大小有关，屏幕一页能显示多少行，程序就可以编多少行）程序并使其被执行。程序格式与通常的程序一样。具体操作步骤如下。

1）按下 MDI 键设定手动数据输入的程序编辑方式。

2）按下系统操作面板上的"PROG"功能键，屏幕显示程序画面，O0000 号程序被自动加入。

3）用通常的程序编辑操作编辑一个要执行的程序。

4）为了执行程序，必须将光标移动到程序头。按下机床操作面板上的"循环启动"按钮，程序便会启动运行。当机床执行完程序结束语句后，程序会自动清除并结束运行。

注：MDI 运行方式编辑的程序不能被存储。

3. 程序的编辑

（1）存储到机床数控系统中的程序可以进行后续的编辑和修改　编辑操作包括插入、删除和替换等。

1）字的插入、替换和删除可以通过按下机床操作面板上的编辑键进行选择。

2）按下数控系统操作面板上的"PROG"功能键，屏幕显示程序画面。

3）选择要编辑的程序。如果已经选择了要编辑的程序，则进行下一步操作。如果还未选择将要执行的程序，则进行程序号的检索。

4）利用光标移动键上、下、左、右移动光标，检索将要修改的字。

5）利用 ALTER、INSERT、DELETE 三个编辑键进行相应的编辑操作。

（2）单程序段的删除　可以对被编辑的程序进行整个程序段的删除，删除一个程序段的操作步骤如下。

1）检索或扫描将要删除的程序段地址 N。

2）按下"EOB"键，输入"；"。

3）按下"DELETE"键，将所选的程序段删除。

（3）程序的删除　可以对存储在数控系统中的程序进行删除，删除一个程序的操作步骤如下。

1）按下编辑键。

2）按下"PROG"键，屏幕显示程序画面。

3）键入地址"O"和要删除的程序号。

4）按下"DELETE"键，输入程序号的程序就会被删除。

4. 程序的校验

首件试切之前，操作者需要检验程序的语法及图形显示的刀具路径是否有误，其操作步骤如下。

1）按下"CSTM/GR"功能键，使系统进入图形显示界面。

2) 按下机床操作面板上的"自动"键，使机床处于自动加工状态。

3) 按下机床锁住键，使机床在锁定状态下执行程序，屏幕上的坐标会按照程序指令发生变化，但刀具不产生实际位移。当程序校验无误后，需要解除锁定并进行回参考点操作，之后才可以进行加工。

4) 按下空运行键，则机床在执行程序时会默认没有负载，数控系统将以最快速度模拟图形，而与程序指令中的进给速度无关。

5) 按下单段键，使程序以单段方式执行，即每按一次循环启动按钮，程序只执行一段，便于逐段检验程序。

6) 按下循环启动按钮，校验程序。

14.3.3 数控车床对刀操作训练

1. 数控车床对刀操作的目的

1) 通过对刀操作来建立机床坐标系和编程（工件）坐标系之间的对应关系。

2) 确定刀具与工件间的相对位置关系。

2. 数控车床对刀操作方法

数控车床主要采用试切法进行对刀，其操作步骤如下。

（1）X 轴方向对刀　主轴开始旋转以后，通过手轮将刀具快速移动到工件附近，调整手摇倍率为×10 并选择 Z 轴方向，摇动手轮使刀具轻轻触碰到工件外圆或进行试切，试切后，沿原进刀方向退刀。测量车削后的工件直径，按"OFS/SET"功能键进入刀具参数设定页面，按软键形状进入刀具补偿窗口，输入工件的测得直径，按测量键完成 X 轴方向的对刀。

（2）Z 轴方向对刀　主轴开始旋转以后，通过手轮将刀具快移到工件附近，调整手摇倍率为×10 并选择 X 轴方向，摇动手轮使刀具轻轻触碰到工件端面或进行试切，试切后，沿原进刀方向退刀。按"OFS/SET"功能键进入刀具参数设定页面，按软键形状进入刀具补偿窗口，输入"Z0"，按测量键完成 Z 轴方向的对刀。

第15章
数控铣床及加工中心编程与操作

15.1 数控铣床及加工中心简介

数控铣床与加工中心在数控机床中占有较大的比重，应用也最为广泛。数控铣床与加工中心结构上的主要区别在于加工中心是带有刀库和自动换刀装置的数控铣床。因此，数控加工中心除换刀程序外，其他编程与数控铣床的编程基本相同。

15.1.1 数控铣床

数控铣床有立式、卧式和立卧两用三种结构。机床配置不同的数控系统和功能部件，可实现三轴或三轴以上的联动加工。数控铣床主要用于各类复杂的平面、曲面和型腔壳体的加工，如各种样板、模具、叶片和箱体等，并能进行各种槽和孔的粗、精加工，特别适合加工各种具有复杂曲线轮廓及截面的模具类零件。

15.1.2 加工中心

加工中心带有刀库和自动换刀装置，经过一次工件装夹后，数控系统能依据程序的工艺安排而自动选择和更换刀具，自动对刀，自动改变机床转速、进给量，对工件自动进行各种铣、钻、扩、铰、镗和攻螺纹等多种工序的加工，大大减少工件装夹、调整、周转、换刀等非加工时间，特别是对工件复杂、工序多、精度要求高的箱体、凸轮、模具等零件的加工效果良好。

按主轴与工作台的位置关系，加工中心可分为立式加工中心、卧式加工中心和复合加工中心。复合加工中心有多轴联动（三轴以上）和车铣复合等形式，可在一次装夹中实现工件的多面或车、铣等多工序加工，如叶轮、复杂轴和模具等的加工。

加工中心通常能实现三轴或三轴以上联动控制，以满足复杂曲面零件的加工需要，其系统与普通数控铣床相比，多带有加工过程图形显示、人机对话、故障智能诊断、智能数据库和离线编程等功能，加工效率得到大大提高。

数控编程分为手工编程和自动编程。自动编程就是用 Mastercam、UG 等软件进行编程，进行处理后生成加工程序。本章将介绍数控铣床及加工中心的手工编程方法。

15.2 FANUC 0i 系统数控铣床及加工中心常用编程指令

15.2.1 基本编程指令

1. 加工平面选择指令 G17、G18、G19
对于多轴联动加工的铣床和加工中心镗铣床，常用这些指令选择插补和刀具补偿运动的平面。G17 选择 *XY* 平面，G18 选择 *ZX* 平面，G19 选择 *YZ* 平面，如图 15-1 所示。一般情况下，数控铣床或加工中心开机后默认选择 *XY* 平面，故 G17 通常可省略不写。

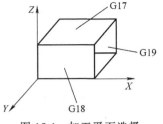

图 15-1　加工平面选择

2. 坐标系相关设定指令

（1）机床坐标定位指令 G53

格式：G53 X ___ Y ___ Z ___；

其中，X、Y、Z 为机床坐标系中的坐标值。

该指令使机床快速运动到机床坐标系的指定位置。使用该指令时应注意：该指令在绝对坐标编程方式下有效，在相对坐标编程方式下无效；此外，使用前还应消除刀具相关的刀具半径、长度等补偿信息。

（2）工件坐标系选择指令 G54～G59　在数控铣床和加工中心上，可以根据加工需要预设六个工件坐标系，分别用 G54～G59 来表示。通过确定这些工件坐标系的原点，在机床坐标系中的位置坐标值来建立工件坐标系。这些工件坐标系在机床断电重新开机时仍然存在，使用 G54～G59 指令的程序在其运行时与刀具的初始位置无关，因此安全可靠，在现代数控机床中广泛使用。G54 设定工件坐标系的原理如图 15-2 所示，G55～G59 的设置方法与 G54 相同。

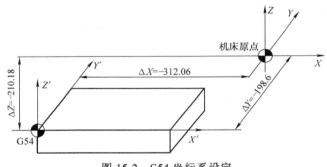

图 15-2　G54 坐标系设定

例 15-1：在图 15-2 中，工件坐标系原点距机床原点的三个偏置值已测出，则将工件坐标系原点的机床坐标输入到 G54 偏置寄存器中的画面如图 15-3 所示。

通用	X	0.000	G55	X	0.000
	Y	0.000		Y	0.000
	Z	0.000		Z	0.000
G54	X	−312.06	G56	X	0.000
	Y	−198.6		Y	0.000
	Z	−210.18		Z	0.000

图 15-3　例 15-1 G54 MDI 输入画面

（3）局部坐标系设定指令 G52

格式：G52 X ___ Y ___ Z ___；

其中，X、Y、Z 为局部坐标系原点在当前工件坐标系中的坐标值。

在工件坐标系中编程时，对某些图形采用另一个坐标系描述更加方便简捷，在不想变动原坐标系时，可用局部坐标系设定指令 G52。该指令可以在当前的工件坐标系（G54～G59）中再建立一个子坐标系，即局部坐标系。建立局部坐标系后，程序中各指令的坐标值是该局部坐标系中的坐标值，但原工件坐标系和机床坐标系仍保持不变。注意：不能在旋转和缩放功能下使用局部坐标系，也不能在其自身的基础上进行叠加，但在局部坐标系下能进行坐标的缩放和旋转。程序段 "G52 X0 Y0 Z0" 用于取消局部坐标系。

例 15-2：刀具在 A 点，用 G52 指令建立如图 15-4 所示的局部坐标系后，控制刀具从 A 点快速移动到 B 点。

程序为：G52 X60. Y48.；G00 X100. Y78.；

（4）坐标系旋转指令 G68、G69

指令格式：G68 X __ Y __ R __；

其中，X、Y 为旋转中心的绝对坐标值；R 为旋转角度（顺时针为负，逆时针为正）。

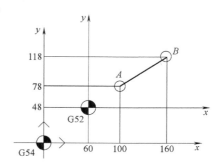

图 15-4　例 15-2 快速点定位

说明：坐标系旋转后，程序中的所有移动指令将对旋转中心做旋转，因此整个图形也将旋转一个角度。旋转中心 X、Y 坐标值只对绝对方式有效。坐标系旋转取消或关闭用 G69 指令。

3. 单位相关设定指令

（1）尺寸单位选择指令 G20、G21

功能：G20 为英制尺寸单位输入，G21 为公制尺寸单位输入。

说明：这两个 G 指令必须在程序的开头，在坐标系设定之前需用单独的程序段设定，国内使用的多数机床的默认选择为 G21；G20、G21 不能在程序执行期间切换。

（2）进给速度单位设定指令 G94、G95

格式：G94 F __；G95 F __。

功能：G94 为每分钟进给模式，该指令指定进给速度的单位为 mm/min；G95 为每转进给模式，该指令指定进给速度的单位为 mm/r。一般数控铣床和加工中心的默认选择为 G94，而数控车床的默认选择为 G95。

例 15-3：程序段 G94 G01 X20. F200. 和 G95 G01 X20. F0.2；的意义。

G94 G01 X20. F200 表示进给速度为 200mm/min；G95 G01 X20. F0.2；表示进给速度为 0.2mm/r。

4. 坐标尺寸表示方式相关指令

（1）绝对值方式 G90、增量值方式 G91 编程指令

说明：在 G90 方式下，刀具运动的终点坐标一律用该点在工作坐标系下相对于坐标原点的坐标值表示；在 G91 方式下，刀具运动的终点坐标是相对于刀具起点的增量值（相对坐标）。

例 15-4：如图 15-5 所示，分别编写在 G90 和 G91 模式下控制刀具从 A 点运动到 B 点的程序段。

绝对值指令编程：G90 G00 X5. Y25.；增量值指令编程：G91 G00 X-20 Y15；

（2）极坐标编程指令 G15、G16

格式：G16 X ___ Y ___；（极坐标建立）

      G15；（极坐标取消）

其中，X 为极坐标极径值；Y 为极坐标角度值（顺时针为负，逆时针为正）。

功能：数控编程中为了对一些类似法兰孔等的坐标表述更加方便，可以用极坐标方式描述点的信息。G16 用于开始极坐标模式，G15 用于取消极坐标模式。

例 15-5：如图 15-6 所示试用极坐标表示 A 点。

A 点用极坐标表示的程序段为：G16 X100. Y60.；

5. 运动及插补功能相关指令

（1）快速点定位指令 G00

格式：G00 X ___ Y ___ Z ___；

其中，X、Y、Z 是快速定位点的终点坐标值，G90 时在 G91 时为终点相对于起点的坐标增量。

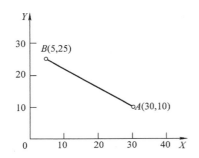

图 15-5　例 15-4 绝对值方式与增量值方式编程

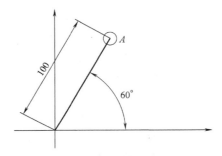

图 15-6　例 15-5 极坐标编程

功能：G00 指令使刀具从当前位置快速移动到目标点，快速移动最大速度由系统预先指定，也可由进给倍率开关控制。G00 运动轨迹有两种形式，具体方式由系统参数设定。系统在执行 G00 指令时，刀具不能与工件产生切削运动。

例 15-6：指出图 15-7 中，刀具从 A 点经 B 点快速运动到 C 点的程序。

程序段为

G90 G00 X30. Y40.；

    G00 X30. Y20.；

或 G91 G00 X-20. Y-20.；

    G00 Y-20.；

（2）直线插补指令 G01

格式：G01 X ___ Y ___ Z ___ F ___；

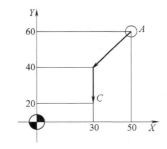

图 15-7　例 15-6、例 15-7 快速点定位

式中，X、Y、Z 是直线运动的终点坐标值，在 G90 指令中为终点在工件坐标系中的坐标，在 G91 指令中为终点相对于起点的坐标增量。F 是各方向合成进给速度。

功能：G01 指令使刀具从当前位置以插补联动方式按指定的进给速度 F 运动到目标点。

例 15-7：指出图 15-7 中，刀具由 A 点到 B 点再到 C 点的直线插补程序段

程序段为

G90 G01 X30. 0 Y40. 0 F100；

　　　G01 X30. 0 Y20. 0 ；

或 G91 G01 X-20. Y-20. F100；

　　　G01 Y-20. ；

（3）圆弧插补指令 G02、G03

格式：

$$
\left\{\begin{matrix}G17\\G18\\G19\end{matrix}\right\}\quad\left\{\begin{matrix}G02\\\\G03\end{matrix}\right\}\quad\left\{\begin{matrix}X\_\_\ Y\_\_\\Z\_\_\ X\_\_\\Y\_\_\ Z\_\_\end{matrix}\right\}\quad\left\{\begin{matrix}I\_\_\ J\_\_\ or\ R\\I\_\_\ K\_\_\ or\ R\\J\_\_\ K\_\_\ or\ R\end{matrix}\right\}\quad\left\{F\_\_\right\};
$$

　　平面选择　　顺逆方向选择　　圆弧终点坐标　　　圆弧中心或半径　　切削进给率

其中，X、Y、Z 为圆弧终点坐标，I、J、K 为圆心在 X、Y、Z 轴上对圆弧起点的增量坐标值，分别表示圆心相对于圆弧起点的相对坐标值。R 为圆弧半径。

功能：G02 为顺时针圆弧插补指令，G03 为逆时针圆弧插补指令。圆弧的顺、逆时针方向判断：沿圆弧所在平面（如 XY 平面）的另一坐标轴向负方向（即 $-Z$ 方向）看，顺时针方向为 G02，逆时针方向为 G03。

现代数控系统中，若采用 I、J、K 指令，则圆弧是唯一的；采用 R 指令时，由于圆弧的不唯一性，必须根据圆弧角的大小来指定 R 的正负，圆弧角≤180°时，R 用正值指定；圆弧角>180°时，R 用负值指定，而整圆采用 I、J、K 方式编写。

例 15-8：如图 15-8 所示，圆弧①和圆弧②的起点、终点及半径均相同，圆弧①的圆心角<180°，圆弧②的圆心角>180°，则其绝对坐标方式和相对坐标方式的圆弧程序段分别如下。

圆弧程序段分别为：

R 方式：

圆弧①：G90 G02 X45. 0 Y48. 0 R50. 0　　F300；

圆弧②：G90 G02 X45. 0 Y48. 0 R-50. 0　　F300；

I、J 方式：

圆弧①：G90 G02 X45. 0 Y48. 0 I50 J0　　F300；

圆弧②：G90 G02 X45. 0 Y48. 0 I0 J50　　F300；

例 15-9：如图 15-9 所示，完成两段圆弧的编程。

编程为

绝对坐标 R 方式：

G90 G03 X140. 0 Y100. 0 R60. 0 F200；

　　　G02 X120. 0 Y60. 0 R50. 0；

绝对坐标 I、J 方式：

G90 G03 X140. 0 Y100. 0 I-60. 0 J0 F200；

　　　G02 X120. 0 Y60. 0 I-50. 0 J0；

相对坐标 R 方式：

G91 G03 X-60. 0 Y60. 0 R60. 0 F200；

    G02 X-20. 0 Y-40. 0 R50. 0；

相对坐标 I、J 方式：

G91 G03 X-60. 0 Y60. 0 I-60. 0 J0 F200；

    G02 X-20. 0 Y-40. 0 I-50. 0 J0；

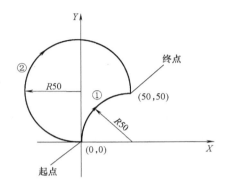

图 15-8　例 15-8 圆弧指令应用

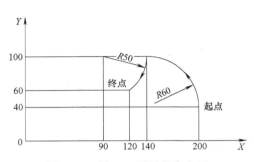

图 15-9　例 15-9 圆弧指令应用

例 15-10： 如图 15-10 所示，刀具位于 A 点，完成各段圆弧程序的编制。

圆弧程序为：

A→B 段：

G90 G02 X40. 0 Y0 R40. 0 F100；

G91 G02 X40. 0 Y-40 R40. 0 F100；

G90 G02 X40. 0 Y0 I0 J-40. 0 F100；

G91 G02 X40. 0 Y-40. 0 I0 J-40. 0 F100；

A→C 段：

G90 G02 X-40. 0 Y0 R-40. 0 F100；

G91 G02 X-40. 0 Y-40. 0 R-40. 0 F100；

G90 G02 X-40. 0 Y0 I0 J-40. 0 F100；

G91 G02 X-40. 0 Y-40. 0 I0 J-40. 0 F100；

A→A （整圆）：

G90 G02 X0 Y40. 0 I0 J-40. 0 F100；

G91 G02 X0 Y0 I0 J-40. 0 F100；

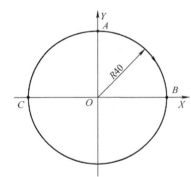

图 15-10　例 15-10 圆弧编程

15.2.2　刀具补偿指令

铢削加工中，应用不同的刀具时，其半径、长度一般是不同的。为了编程方便，使数控程序与刀具尺寸尽量无关，数控系统一般都具有刀具半径和长度补偿功能。

1. 刀具半径补偿（G41、G42、G40）

数控机床在加工过程中，它所控制的是刀具中心的轨迹，为了方便起见，用户总是按零件轮廓编制加工程序，因此为了加工所需的零件轮廓，进行内轮廓加工时，刀具中心必须向零件的内侧偏移一个刀具半径值；进行外轮廓加工时，刀具中心必须向零件的外侧偏移一个刀具半径值。这种根据零件轮廓编制程序，并在程序中只给出刀具偏置的方向指令 G41（左偏）或 G42（右偏），以及代表刀具半径值的寄存器地址号 Dxx，数控系统能实时自动生成刀具中心轨迹的功能称为刀具半径补偿功能。

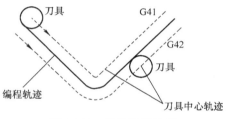

图 15-11　刀具半径补偿

根据 ISO 标准，沿刀具前进的方向观察，如图 15-11 所示，刀具中心轨迹偏在工件轮廓的左侧时，用左补偿指令 G41 表示；刀具中心轨迹偏在工件轮廓的右侧时，用右补偿指令 G42 表示，G40 用于取消刀具半径补偿功能。

（1）指令格式

$$\begin{Bmatrix} G17 \\ G18 \\ G19 \end{Bmatrix} \begin{Bmatrix} G41 \\ \\ G42 \end{Bmatrix} \begin{Bmatrix} G00 \\ \\ G01 \end{Bmatrix} \begin{Bmatrix} X\_\_Y\_\_ \\ X\_\_Z\_\_ \\ Y\_\_Z\_\_ \end{Bmatrix} \begin{Bmatrix} D\_\_ \end{Bmatrix};$$

其中，G41 为刀具半径左补偿指令；G42 为刀具半径右补偿指令；D 为刀具半径补偿值的寄存器地址代码。

用 G17、G18、G19 平面选择指令选择进行刀具半径补偿的工作平面。例如，当执行 G17 指令之后，刀具半径补偿仅影响 X、Y 轴的移动，而对 Z 轴没有作用。

（2）刀具半径补偿的注意事项

1）使用刀具半径补偿和去除刀具半径补偿时，刀具必须在所补偿的平面内移动，且移动距离应大于刀具补偿值。

2）G40、G41、G42 指令须在 G00 或 G01 模式下使用，不得在 G02 和 G03 模式下使用（个别特殊系统除外）。

3）D00～D99 为刀具半径补偿值的寄存器地址号，D00 意味着取消刀具补偿，刀具半径补偿值在加工或试运行之前须设定在补偿存储器中。

4）当指定 G41 或 G42 时，其后面的两句程序段会被预读以作判断方向之用，因此 G41 或 G42 后面不能出现连续两句非移动指令，如 M、S、G04 等指令，否则会出现过切。

5）当前面有 G41 或 G42 时，如要转换为 G42 或 G41，则一定要指定 G40，不能由 G41 直接转换到 G42。

6）加工半径小于刀具半径的内圆弧时，进行半径补偿将产生过切，如图 15-12 所示，只有在过渡圆角 $R \geqslant$ 刀具半径 r+加工余量的情况下才能正常切削。

（3）刀具半径补偿功能的主要用途　在零件加工时，采用刀具半径补偿功能可大大简

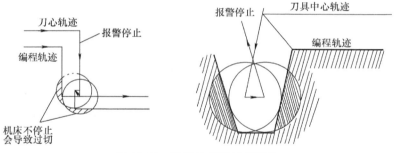

图 15-12　半径补偿的过切现象

化编程的工作量。具体体现在以下三个方面。

1）实现根据编程轨迹对刀具中心轨迹的控制，避免了烦琐的数学计算。

2）可避免在加工中由于刀具半径的变化而重新编程的麻烦，如在刀具磨损时，只需修正刀具半径补偿值，如图 15-13 所示。

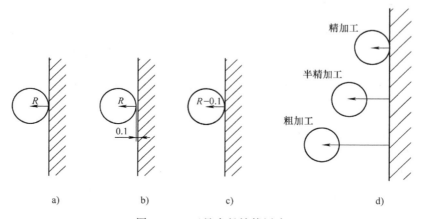

图 15-13　刀具半径补偿用途

a）刀具未磨损补偿量为 R　b）刀具磨损 0.1mm，补偿量为 R

c）修正刀具补偿量值为 $R-0.1$　d）刀具半径补偿用于粗、半精及精加工

3）减少粗、精加工程序编制的工作量。可以通过改变刀具半径补偿值大小的方法，实现利用同一程序进行粗、精加工，而不必为粗、精加工各编制一个程序，如图 15-13 所示。在图 15-14 中，设定的补偿值为：粗加工补偿值 $C=A+B$；精加工补偿值 $C=A$。

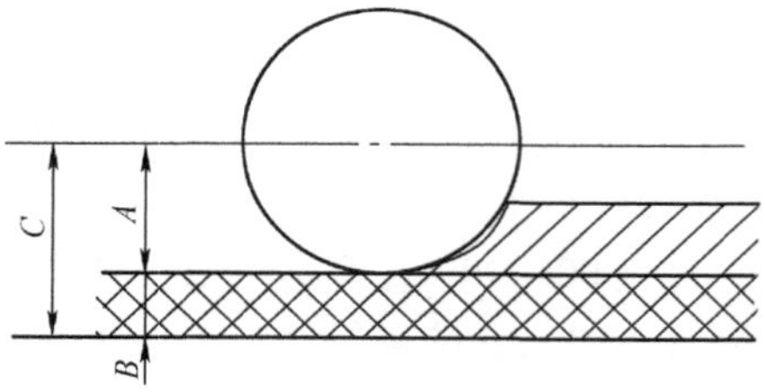

（4）刀具半径补偿过程　刀具半径补偿一般分为三个过程：启动刀补、补偿模式和取消补偿。

图 15-14　粗、精加工补偿值设定示意图

A—刀具半径　B—精加工余量　C—补偿值

1）启动刀补。当程序满足下列条件时，机床以移动坐标轴的形式开始补偿动作：①有 G41 或 G42 指令；②在补偿平面内有轴的移动；③指定一个补偿编号或已经确定了一个补偿编号，但不能是 D00；④使用 G00 或 G01 模式（若用 G02 或 G03，则机床会报警；但是目前有些机床的数控系统也可以用 G02 或 G03）。

2）补偿模式。补偿开始后，进入补偿模式，此时半径补偿在 G00、G01、G02、G03 模式下均有效。

3）取消补偿。当满足下面两个条件中的任意一个时，补偿模式会被取消，此过程称为取消刀补：①使用 G40 指令，同时要补偿平面内坐标轴的移动；②刀具补偿号为 D00。与建立刀具半径补偿类似，取消刀补也必须在 G00 或 G01 模式下进行，若使用 G02 或 G03，则机床会报警。

例 15-11：如图 15-15 所示，刀具起始点在（X0，Y0），高度为 50mm，使用刀具半径补偿时，由于接近工件和切削工件时要有 Z 轴的移动，这时容易出现过切现象，编程时应注意避免。

指令程序段

O0001；

N5 G90 G54（G17）G00 X0 Y0；

N10 S1000 M03；

N15 Z100.；

N20 G41 X20. Y10. D01；

N25 Z5.；

N30 G01 Z-10. F100；

N35 G01 Y50. F200；

N40 X50.；

N45 Y20.；

N50 X10.；

N55 G40 G00 X0 Y0（M05）；

N60 Z100.；

N65 M30；

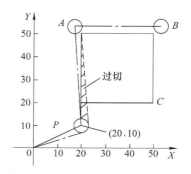

图 15-15　刀具半径补偿的过切现象

当半径补偿从 N20 开始建立的时候，数控系统只能预读下面两句程序段判断方向，而这两个程序段（N25、N30）都为 Z 轴移动，没有补偿 XY 平面内的坐标移动，系统无法判断下一步补偿的矢量方向，这时系统并不报警，补偿继续进行，只是 N20 程序段的目标点发生变化，刀具中心将移动到（20，10）点，其位置是 N20 程序段中的目标点，当程序执行到 N35 程序段时，系统能够判断补偿方向，刀具中心运行到 A 点，于是产生了图 15-15 中的阴影表示区域的过切。

2. 刀具长度补偿（G43、G44、G49）

当在加工中心上使用多把刀完成一道或几道工序的加工时，所有刀具测得的 X、Y 坐标值均不改变，但测得的 Z 坐标值是变化的，原因是每把刀的长度都不同，刀柄的长短也有区别，因此，现代数控系统引入刀具长度补偿功能来补正刀具实际长度的差异。实际编程中，通过设定轴向长度补偿，使 Z 轴移动指令的终点位置比程序给定值增加或减少一个补偿量。刀具长度补偿分为正向补偿和负向补偿，分别用 G43（正向补偿）和 G44（负向补偿）指令表示。

指令格式：

G43 Z ＿＿ H ＿＿；刀具正向补偿。

G44 Z ＿＿ H ＿＿；刀具负向补偿。

其中，Z 为指令终点坐标值，H 为刀具长度偏置寄存器的地址，该寄存器存放刀具长度的偏置值。

G49 指令用于取消刀具长度补偿。在程序段中调用 G49 时，则 G43 和 G44 均从该程序段被取消。H00 也可以作为 G43 和 G44 的取消指令。

执行 G43 指令时，系统认为刀具加长，刀具远离工件，如图 15-16 所示，$Z_{实际值}=Z_{指令值}+(H××)$；执行 G44 指令时，系统认为刀具缩短，刀具趋近工件，如图 15-16 所示，$Z_{实际值}=Z_{指令值}-(H××)$；其中，$(H××)$ 为 ×× 寄存器中的补偿量，其值可以为正或者为负，当长度补偿值为负值时，G43 和 G44 的功效将互换。

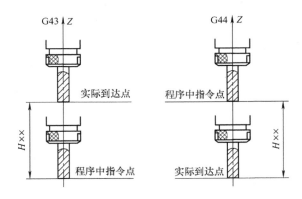

图 15-16 刀具长度补偿的应用

15.2.3 加工中心的换刀指令

加工中心是带有自动换刀装置（Automatic Tool Changer，简称 ATC）的数控机床。ATC由存放刀具的刀库和换刀机构组成。加工中心的刀具交换主要由两条指令来完成，分别是刀具功能 T 指令和换刀指令 M06。

1. 刀具功能 T 指令

格式：T××；

其中，××表示刀具号，取值范围为 00~99。

功能：T××表示将需要交换的下一把刀具移动到机床的换刀点，准备换刀。

2. 换刀指令 M06

M06 表示将换刀点的刀具和主轴上的刀具进行交换。在使用 M06 指令之前需要使用刀具功能 T 指令来指定刀具号，有的系统还需要使用 G28 指令使主轴返回机床参考点。

15.2.4 固定循环指令

数控加工中，某些加工动作已经典型化，例如钻孔、镗孔的动作顺序是孔位平面定位、快速引进、工作进给、快速退回等，这一系列动作已经由数控系统预先编好程序，并存储在内存中，可用相应的 G 指令调用，从而简化了编程工作，这种包含了典型动作循环的 G 代码称为固定循环指令。

1. 固定循环的动作组成

如图 15-17 所示，固定循环一般由下述六个基本动作组成。

1）$A \rightarrow B$ 的动作为刀具快速定位到孔位坐标（X，Y）。

2）$B \rightarrow R$ 的动作为刀具沿 Z 轴方向快进至安全平面（R 平面）。

3）$R \rightarrow E$ 的动作为孔加工过程，此时刀具为进给速度。

4）E 点为孔底动作（如暂停、主轴反转等）的点。

5）$E \rightarrow R$ 的动作为刀具快速返回 R 点平面。

6）$R \rightarrow B$ 的动作为刀具快速退至起始高度。

2. 固定循环指令格式

格式：G90 X＿ Y＿ Z＿ R＿ Q＿ P＿ F＿L＿；

其中，G90 可由 G91、G98、G99、G73~G89 替换。

1) G90、G91 分别为绝对值、增量值方式指令。

2) G98、G99 两个模态指令控制孔加工循环结束后，刀具返回的平面。G98 指令控制刀具返回起始平面（B 点平面），起始平面是为安全下刀而规定的一个平面，该平面可以任意设定在一个安全的高度上；G99 指令控制刀具返回安全平面（R 点平面），如图 15-18 所示。

3) G73~G89 为各类孔加工循环指令。

4) X、Y 值为孔位坐标数据，刀具以快进的方式到达 (X, Y) 点。

5) Z 值为孔深，G90 方式的 Z 值为孔底的绝对值坐标；G91 方式的 Z 值为 R 点平面到孔底的坐标增量。

6) R 值用于确定安全平面，该平面又称为 R 参考平面，是刀具下刀至快进转为工进的高度平面，到工件上表面的距离一般可取 2~5mm。G90 方式 R 值为绝对值；G91 方式 R 值为起始平面（B 点平面）到 R 点的坐标增量，如图 15-18 所示。

7) Q 值用于在 G73、G83 方式下控制分布切深以及在 G76、G87 方式下控制刀具退让值。

8) P 值用于控制孔底的暂停时间，单位为 ms，用整数表示。

9) F 值为进给速度，单位为 mm/min。

10) L 值为循环次数，执行一次可不写 L1；L0 代表系统存储加工数据，但不执行加工。固定循环指令是模态指令，可用 G80 取消循环。

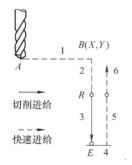

图 15-17 固定循环动作

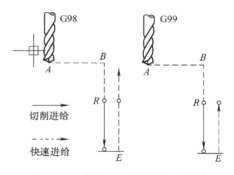

图 15-18 固定循环返回平面选择

3. 固定循环指令

固定循环指令的主要用途见表 15-1。

表 15-1 固定循环指令的主要用途

循环指令	用途	钻孔动作	返回动作
G73	高速排屑钻孔循环	间歇进给	快速移动
G74	左旋攻螺纹循环	切削进给	切削进给
G76	精镗孔循环	切削进给	快速移动
G81	钻孔及中心孔循环	切削进给	快速移动
G82	钻孔循环、逆镗循环	切削进给	快速移动

（续）

循环指令	用途	钻孔动作	返回动作
G83	排屑钻孔循环	间歇进给	快速移动
G84	攻螺纹循环	切削进给	切削进给
G85	镗孔循环（常用于铰孔）	切削进给	切削进给
G86	镗孔循环	切削进给	快速移动
G87	背镗孔循环	切削进给	快速移动
G88	镗孔循环	切削进给	手动移动
G89	镗孔循环	切削进给	切削进给
G80	取消各循环指令	—	—

4. 典型循环指令应用说明

（1）高速深孔钻削循环指令 G73

格式：G73 X＿ Y＿ Z＿ R＿ Q＿ F＿ L＿；

其中，Q 值为每次切削进给的切削深度，为正值，最后一次进给深度≤Q 值；L 值为重复次数。

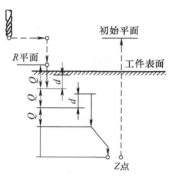

图 15-19　G73 高速深孔钻削循环

加工特点：每次向下钻一个 Q 值的深度后，快速向上退刀 d（d 值由系统参数设定，单位一般为 μm）进行孔内断屑，然后再向下钻一个 Q 值深度，如此循环直到钻至预定深度，如图 15-19 所示。如果 Z 值不能被 Q 值整除，则最后两次平分剩余切削深度。

（2）钻孔及中心孔循环 G81

格式：G81 X＿ Y＿ Z＿ R＿ F＿ L＿；

该循环用于正常钻孔，切削进给执行到孔底，然后刀具会从孔底快速移动退回。

（3）排屑钻孔循环 G83

格式：G83 X＿ Y＿ Z＿ R＿ Q＿ F＿ L＿；

该循环执行深孔钻削，执行间歇切削进给到孔底，与 G73 的区别在于每次切削进给 Q 值距离后，刀具都返回到 R 点，利于钻深孔的排屑。Q 值为每次进给深度，必须用增量值表示，且为正，若为负，则负号被忽略。

5. 固定循环加工应用举例

例 15-12：使用 G73 指令完成图 15-20 所示孔的加工编程，孔深为 20mm。

指令程序段：

O00001；

G90 G54 G40 G80；

M03 S600 G00 X0 Y0 Z50；

G99 G73 X25 Y25 Z-20 R3 Q6 F50；

G91 X40 L3；

　　Y35；

　　X-40 L3；

G90 G80 G0 Z50；
　　X0 Y0 M05；
M30；

例 15-13：完成图 15-21 所示零件四个孔加工的编程，孔深为 10mm。

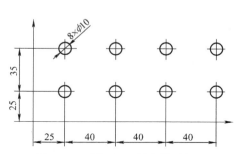

图 15-20　例 15-12 固定循环加工

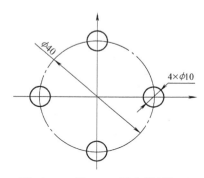

图 15-21　例 15-13 固定循环加工

指令程序段：

O00002；
G90 G54 G40 G80；
M03 S600 G00 X0 Y0 Z50；
G99 G81 X20 Y0 Z-10 R3 F50；
　　X0 Y20；
　　X-20 Y0；
G98 X0 Y-20；
G80 G0 X0 Y0 M05；
M30；

15.3　简化编程指令及其应用

1. 子程序

程序分主程序和子程序。两者的区别在于子程序以 M99 结束。子程序是相对主程序而言的，主程序可以调用子程序。当一次装夹加工多个零件或一个零件的加工有重复加工部分时，可以把这个部分编成一个子程序存储在存储器中，使用时反复调用。子程序的有效使用可以简化程序并缩短检查时间。

（1）子程序的构成

O××××；
…
…
M99；　　　子程序结束

（2）子程序的调用

M98 P×××× L＿；

其中，P后面的数字为子程序编号，L为调用次数，L1可省略，子程序最多可调用999次。子程序可以多重嵌套，当主程序调用子程序时，它被认为是一级子程序。子程序调用可以嵌套四级，如图15-22所示。

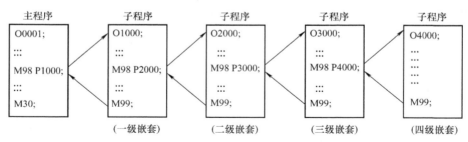

图15-22　子程序调用嵌套

（3）子程序应用举例

例15-14：如图15-23所示，Z起始高度为100mm，切削深度为5mm，轮廓外侧切削，编写程序。

指令程序段：

O00001；

G90 G54 G00 X0 Y0 S500 M03；

G00 Z100；

M98 P100 L2；

G90 X120；

M98 P100 L2；

G90 G00 X0 Y0 M05；

M30；

O0100；（子程序）

G91 G00 Z-95；

G41 X20 Y10 D01；

G01 Z-10 F50；

　　Y70；

　　X20；

　　Y-60；

　　X-30；

　　Z105；

G00 G40 X-10 Y-20；

　　X40；

　　M99；

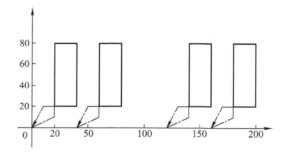

图15-23　例15-14子程序应用

例15-15：如图15-24所示，Z起始高度为100mm，切削深度为50mm，每层切削深度为5mm，共切十层，编写加工程序。（D01为粗加工刀补，D02为精加工刀补。）

指令程序段：

O0002；（主程序）

G90 G54 G00 X0 Y0 S500 M03；

G00 Z100；

　　Z5；

G01 Z0.2 F50；

D01 M98 P200 L10；

G90 Z-45；

D02 M98 P200；

G90 G00 Z100 M05；

M30；

O0200；（子程序）

G91 G00 Z-5；

G41 G01 X10 Y5；

　　Y25；

　　X10；

G03 X10 Y-10 R10；

G01 Y-10；

　　X-25；

G40 X-5 Y-10；

　　M99；

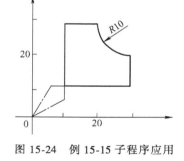

图 15-24　例 15-15 子程序应用

2. 比例缩放指令 G50、G51

应用比例缩放功能指令可实现应用同一程序而加工出形状相同、尺寸不同的工件。

（1）各轴按相同比例缩放编程

格式：G51 X ＿ Y ＿ Z ＿ P ＿；建立缩放功能

　　　　…

　　　 G50；取消缩放功能

其中，X、Y、Z 值确定比例缩放中心，以绝对值方式指定；P 值为比例因子，一些系统不能用小数指定，例如一些系统中 P2000 表示缩放比例为 2，具体使用情况参见机床系统说明书。

（2）各轴按不同比例缩放编程

格式：G51 X ＿ Y ＿ Z ＿ I ＿ J ＿ K ＿；建立缩放功能

　　　　……

　　　 G50；取消缩放功能

其中，I、J、K 值对应 X、Y、Z 轴的比例系数。

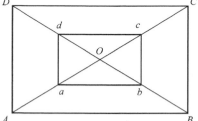

图 15-25　例 15-16 比例缩放

例 15-16：如图 15-25 所示，矩形 *ABCD* 为程序指定的图形，矩形 *abcd* 为缩放后的图形，*O* 点为缩放中心。

15.4　数控铣削加工综合训练

例 15-17：图 15-26 所示为凸模零件图，毛坯材料为铝块，上、下表面之间的厚度尺寸

12 及外轮廓尺寸 110×110 均已加工，编写其凸台轮廓程序。

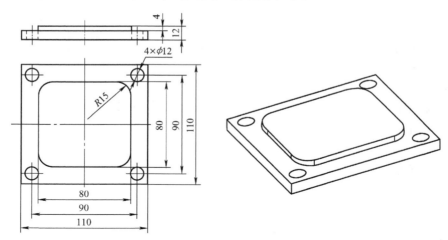

图 15-26　凸模零件图

1. 加工任务分析

根据给定的毛坯形状和零件尺寸，可在数控铣床或加工中心上完成方形凸台的粗、精铣削，为外形轮廓加工。为简化编程，采用刀具半径补偿方式完成零件程序的编制，并通过半径补偿值的修改完成零件的粗、精加工。孔加工可采用孔循环的方式完成。

2. 零件工艺分析

分析零件图可知，该毛坯可采用机用平口虎钳和等高平行垫铁装夹，虎钳应在机床上找正；根据毛坯料较薄、尺寸精度要求不高、材料好加工等特点，拟采用粗、精两道工序完成零件的轮廓加工，工序安排见表 15-2。

表 15-2　工序安排

工步号	工步内容	刀具规格	主轴转速	进给量	备注
1	去轮廓余料	ϕ12mm	800r/min	100mm/min	
2	粗铣、精铣外轮廓至尺寸	ϕ12mm	960r/min	120mm/min	余量为 0.5mm
3	孔加工	ϕ12mm	800r/min	50mm/min	采用循环指令

由于毛坯料为铝块，不宜采用硬质合金刀具（硬质合金刀具高速加工铝金属时易粘刀，使用中应控制切削速度并注意冷却），选用普通廉价的高速钢立铣刀进行加工，为避免停机换刀和减小对刀误差，考虑粗、精加工均采用同一把刀具。

3. 去除毛坯多余材料的走刀路线

去除毛坯多余材料的走刀路线如图 15-27 所示，第一次走刀去除毛坯四个角的余量，如图 15-27a 所示；第二次走刀去

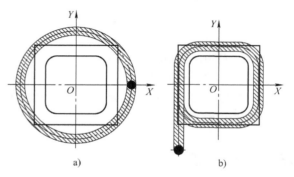

图 15-27　去除毛坯多余材料的走刀路线
a）第一次走刀　b）第二次走刀

除毛坯外层 8mm 宽的余量，如图 15-27b 所示。

4. 数值计算及编程

（1）数值计算　编程坐标系的原点取在工件中心点，由于图形相对简单，尺寸规整，因此编程时图中各基点坐标采取直接计算的方式获得。

（2）编写程序清单

去除毛坯多余材料参考程序：

```
O417;
G17 G40 G80 G90;                     取消半径及长度补偿，初始化加工环境
G54 S800 M03 G00 Z100.;              选择 G54 为工件坐标系，主轴上移正转
        X74. Y0;                      刀具定位到（74，0）点
        Z10.;                         刀到安全高度
G01 Z-4. F100 M08;                   下切进给至深度要求
G03 I-74.;                           铣圆，去除毛坯四个角的余料，如图 15-27a 所示
G00 Z10.;                            抬刀
        X-53. Y-90.;                  刀具第二次定位到（-53，-90）点
G01 Z-4.;                            在该点下切到要求深度
        Y25.;                         以下为切除 8mm 宽余料的程序，如图 15-27b 所示
G02 X-25. Y53. R28.;
G01 X25.;
G02 X53. Y25. R28.;
G01 Y-25.;
G02 X25. Y-53. R28.;
G01 X-25.;
G02 X-53. Y-25. R28.;
G00 Z100. M09;                       抬刀，停冷却液
M30;                                 程序结束
```

粗加工程序与精加工参考程序：（利用半径补偿功能通过一个程序实现粗、精加工）

```
O418;
G17 G40 G80 G90;
G54 S800 M03;                        精加工转速面板主轴倍率开关调为 120%
G00 Z100.;
    X-53. Y-90.;
G01 Z-4 F100;                        精加工进给倍率开关调为 120%
G41 G01 X-40. Y-60. D01;             执行刀补，粗加工赋值 6.5mm，精加工赋值 6mm
        Y25.;                         外轮廓加工
G02 X-25. Y40. R15.;
G01 X25.;
G02 X40. Y25. R15.;
G01 Y-25.;
```

G02 X25. Y-40. R15. ;

G01 X-25. ;

G02 X-40. Y-25. R15. ;

G03 X-50. Y-15. R10. ;

G00 Z100. M09；

G40 X0 Y0；　　　　　　　　　取消刀补

M30；

铣孔程序：

O419；

G17 G40 G80 G90；

G54 S800 M03；

G00 Z100. ；

G99 G81 X45. Y45. Z-13. R5. F50；　用 G81 钻孔循环指令铣孔，也可使用 G73 指令

　　　　　X-45. Y45. ；　　　　　用 G99 使刀具铣完孔后返回到 R 平面提高效率

　　　　　X-45. Y-45. ；

G98 X45. Y-45. ；　　　　　　　用 G98 使刀具铣完孔后返回到初始平面

G80 X0 Y0 M05；　　　　　　　　取消钻孔循环，刀具回到原点

M30；

15.5　FANUC 0i 系统数控铣床操作

数控铣床种类繁多，本节以某机床厂的 XKA714 型数控铣床为例介绍 FANUC 0i 系统数控铣床操作。

15.5.1　FANUC 0i 系统基本操作

1. 数控铣床基本结构

数控机床主要包括液压系统、冷却系统、数控（CNC）系统、电气控制系统、机械传动系统、润滑系统、整体防护系统这七大系统，其中部分结构的所在位置如图 15-28、图 15-29 所示。

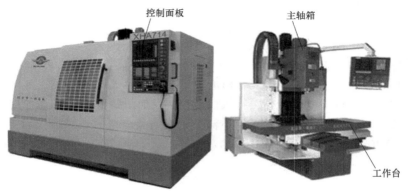

图 15-28　XKA714 型数控铣床正面外形图

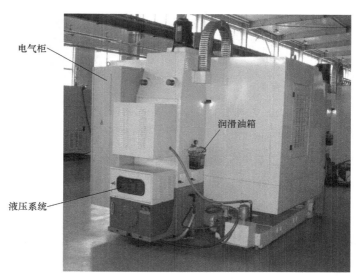

电气柜

润滑油箱

液压系统

图 15-29　XKA714 型数控铣床背面外形图

2. 数控铣床功能特点及型号

（1）XKA714 型数控铣床的功能特点　数控铣床是一种用途广泛的机床，按主轴布置方式不同可分为立式和卧式两种。卧式铣床的主轴与工作台平行，立式铣床的主轴与工作台垂直。XKA714 型数控铣床是一种数控立式床身铣床，是一种主轴（Z 轴）的竖直移动和工作台的横向、纵向移动均采用程序自动控制的现代数控加工机床。零件的加工信息被输入机床后，计算机进行处理并发出伺服需要的脉冲信号，该信号经各自的驱动单元放大后驱动其伺服电动机，实现 X、Y、Z 三坐标轴的联动加工。该机床还可以与外部计算机连接，通过计算机将数据传输给机床的数控系统，进而实现机床的在线加工。XKA714 型数控铣床是一种高精度的加工设备，适合加工凸轮、样板、叶片、弧形槽等工件，尤其适用于模具加工。

（2）机床型号　型号中各字母和数字代表的含义如下：

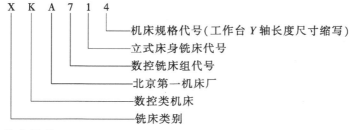

机床规格代号（工作台 Y 轴长度尺寸缩写）

立式床身铣床代号

数控铣床组代号

北京第一机床厂

数控类机床

铣床类别

3. 数控铣床基本操作

（1）机床通电　操作步骤如下。

1）检查机床各部分初始状态是否正常，确认正确无误后继续操作。

2）接通控制柜上的总电源开关（图 15-30）。

3）按下机床面板上的"启动"按钮（图 15-31），系统启动。

4）启动机床后，检查屏幕是否正常显示。如出现报警，查明报警原因。

5）检查风扇电动机是否旋转。

（2）机床断电　操作步骤如下。

图 15-30　控制柜上的总电源开关

图 15-31　面板上的"启动""停止"按钮

1）点动 X、Y、Z 轴，使其各自大约回到机床坐标系的中间位置。

2）将主轴倍率开关和进给倍率开关分别旋至"0"刻度处。

3）按下红色急停按钮。

4）按下机床面板上的"停止"按钮。

5）关闭控制柜上的总电源开关。

（3）手动操作

1）手动返回参考点。在机床启动并正常运行后，首先要使各轴返回参考点。在执行了手动返回参考点的操作后，机床会自动建立机床坐标系。具体操作步骤如下。

① 按"回零"键（图 15-32），选择参考点返回方式。

② 在没有执行参考点返回指令之前，机床的软限位开关不起作用。旋转进给倍率旋钮（0~4 档），选择较低的快速移动倍率，以保证机床安全。

③ 按进给轴（机床操作面板上的"Z"、"X"或"Y"键）和进给方向（机床面板上的"+"键）选择键，选择要返回参考点的轴和方向（按一般习惯和出于安全考虑通常先选 Z 轴），参考点返回完成后，选定轴的参考点返回指示灯亮。

④ 如有必要，则继续进行其他轴的参考点返回操作。

2）手动连续进给。按"点动"键（图 15-32），在点动方式中，按下操作面板上的进给轴及其方向选择键，会使刀具沿所选轴的所选方向连续移动。点动进给速度可以通过进给倍率旋钮进行调节，按下快速进给键会使刀具以快速移动速度移动。具体操作步骤如下。

① 按"点动"键，选择手动连续进给（JOG）方式。

② 通过进给轴和进给方向选择键，选择将要移动的轴及其方向。按下按键时，刀具沿所选轴按指定的速度（由相关参数设定）移动。释放按键，刀具沿所选轴的移动停止。

③"点动"方式的进给速度可通过手动切削进给倍率旋钮进行调节。按下进给轴和进给方向选择键的同时，按下快速进给键，刀具沿所选轴以快速进给的速度移动（G00）。

15.5.2　操作面板

图 15-32 所示为 XKA714 机床操作面板。机床操作面板位于操作站的下方，各键的名称含义及符号如下。

1）"自动"键用于设定系统自动运行方式。

2）"编辑"键用于设定程序编辑方式。

3）"手动输入"键用于设定 MDI 程序编辑方式。

4）"在线加工"键用于设定用外部计算机或 CF 卡实现机床在线加工工件。

5）"回零"键用于在机床开机后实现 X、Y、Z 各轴返回参考点操作。

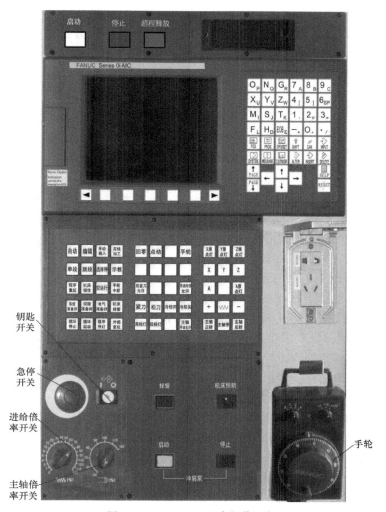

图 15-32　XKA714 机床操作面板

6）"点动"键用于设定手动连续进给方式。

7）"手轮"键用于设定手轮（手持脉冲发生器）连续进给方式。

8）"单段"键用于设定一段一段执行加工程序的方式，常用来检查程序。

9）"跳段"键用于在自动方式下跳过程序段开头带有"/"的程序段。

10）"示教""程序重起""手轮中断"各键的功能在本机床中未启用。

11）"机床锁住"键用于在自动方式下使机床各轴均不移动，只在屏幕上显示坐标值的变化。

12）"空运行"键用于在自动方式下使机床各轴不以编程速度而是以手动进给速度移动，此功能用于无工件装夹，只检查刀具的运动轨迹。

13）"循环停止"键用于在自动方式下使机床自动运行停止（暂停），也称为"进给保持"，再按下"循环启动"键后，机床继续运行。

14）"循环启动"键用于使机床自动运行开始，常用于启动程序。

15）"外部复位"用于结束运行的程序，并使 CNC 系统复位。

16）"X""Y""Z"键用于在手动进给方式下，手动选择进给轴。

17）"+""－"键用于在手动进给方式下，手动选择进给轴方向。

18）"∨∨∨"为快速进给键，按下此键和"+"或"－"键，可使机床执行相应进给轴在选定方向上的快速移动。

19）"主轴正转"键用于使主轴按指定的速度沿正方向旋转（顺时针）。

20）"主轴反转"键用于使主轴按指定的速度沿反方向旋转（逆时针）。

21）"主轴停"键用于使主轴停止转动。

22）"急停"按钮（红色蘑菇形）用于在数控机床操作过程中出现紧急情况时终止机床的所有运动。

23）钥匙开关用于控制 CNC 系统的编辑状态。钥匙拔下时不能修改、编辑 CNC 系统内的程序，起到数据保护的作用。钥匙插上并转到"O"位置时，才能对 CNC 系统内的程序进行修改、编辑等操作。

24）进给倍率旋钮用于对程序中编制的进给速度按百分比进行调节，该旋钮旋至 100% 时，机床完全按程序设定的进给速度移动。

25）主轴倍率旋钮用于对程序中编制的主轴旋转速度按百分比进行调节。该旋钮旋至 100% 时，机床主轴的旋转速度为程序设定的主轴转速。

26）"手轮"键用于设定手轮进给方式，在该方式中，可以通过旋转机床操作面板上的手摇脉冲发生器微量移动刀具。

手摇脉冲发生器的操作步骤如下。

① 按下机床操作面板上的"手轮"键。

② 在手轮脉冲发生器上选择要移动的轴（X、Y 或 Z），如图 15-33 所示。A 为扩展轴，在本机床无效。

③ 选择相应的倍率开关。"×1"表示手轮每旋转一个刻度，轴移动 1μm；"×10"表示手轮每旋转一个刻度，轴移动 10μm；"×100"表示手轮每旋转一个刻度，轴移动 100μm。

④ 摇动手摇轮手柄，正、负方向分别对应所选定移动轴的正、负方向。

注意：请按 5r/s 以下的速度旋转手轮。

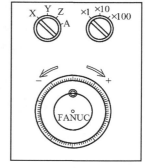

图 15-33　手轮示意图

15.5.3　数控铣床对刀操作训练

1. 数控铣床对刀操作的目的

依据所选装卡工具、毛坯大小形状、装卡人员的不同，零件在工作台上的安装位置是任意的，因此需要对刀。

1）数控加工中，通过对刀操作来建立机床坐标系和程序（工件）坐标系之间的对应关系。

2）确定几把刀具在同一个零件上的对刀位置。

2. 常用对刀方法和对刀仪简介

（1）常用对刀方法　根据现有条件和加工精度要求选择对刀方法，可采用试切法、寻边器对刀、Z 轴设定器对刀、机内对刀仪对刀、自动对刀等方法。其中试切法对刀精度较低，加工中常用寻边器和 Z 轴设定器对刀，效率高，能保证对刀精度。

（2）常用对刀仪简介　常用对刀仪有寻边器和 Z 轴设定器。

1）寻边器主要用于在数控铣床和加工中心的对刀过程中，确定某些信息（有用）点的坐标。常用的寻边器有机械式寻边器和光电式寻边器。

机械式寻边器分上、下两部分，如图 15-34 所示，中间用弹簧连接，上半部分用刀柄夹持，下半部分接触工件。用的时候必须注意主轴转速，避免转速过高而损坏寻边器。

光电式寻边器主要由两部分构成，即柄体和测量头（直径为 10mm 的圆球），如图 15-35 所示。使用时主轴不需要转动，因此这种寻边器使用简单，操作方便。使用时应避免测量头与工件碰撞，应该慢慢地接触工作。

图 15-34　机械式寻边器

图 15-35　光电式寻边器

2）Z 轴设定器用于精确对刀。刀具 Z 向对刀数据与刀具在刀柄上的装夹长度及工件坐标系的 Z 向零点位置有关，它确定了工件坐标系的原点在机床坐标系中的位置。可以采用刀具直接试切对刀，也可以利用如图 15-36、图 15-37 所示的 Z 轴设定器进行精确对刀，其工作原理与寻边器相同。对刀时将刀具的端刃与工件表面或 Z 轴设定器的测头接触，利用机床坐标的显示来确定对刀值。当使用 Z 轴设定器对刀时，要将其高度考虑进去。

图 15-36　表示 Z 轴设定器

图 15-37　光电式 Z 轴设定器

3. 对刀原理及过程

（1）对刀原理　在机床上定位装夹工件后，必须确定工件在机床上的正确位置，以便与机床原有的坐标系联系起来。

（2）分中法对刀过程 对如图 15-38 内轮廓型腔零件采用寻边器对刀（分中法对刀），其详细步骤如下。

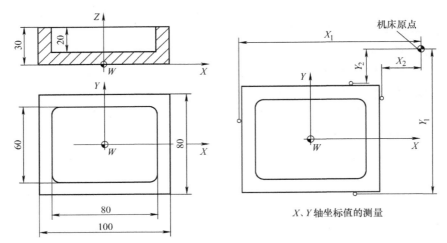

图 15-38 分中法对刀图例

1）X、Y 轴方向对刀。

① 将工件通过夹具装在机床工作台上，装夹时应注意工件的四个侧面，都应留出寻边器的测量位置。

② 移动工作台和主轴，让寻边器测量头靠近工件的左侧。

③ 在寻边器测量头快要接近工件时，改用手轮低档进行微调操作，让测量头慢慢接触到工件左侧，直到寻边器错位，记下此时机床坐标系中的 X_1 坐标值，如 -160.300。

④ 抬起寻边器至工件上表面之上，快速移动工作台和主轴，让测量头靠近工件右侧。

⑤ 在寻边器测量头快要接近工件时，改用手轮低档进行微调操作，让测量头慢慢接触到工件右侧，直到寻边器错位，记下此时机床坐标系中的 X_2 坐标值，如 -50.300。

⑥ 若测量头直径为 10mm，则工件长度为 $-50.300-(-160.300)-10=100$，据此可得工件坐标系原点 W 在机床坐标系中的 X 轴坐标值为 $-160.300+100/2+5=-105.300$，或者工件坐标系原点 W 的 X 轴坐标值为 $-160.300+(-50.300)/2$。

⑦ 同理可测得工件坐标系原点 W 在机械坐标系中的 Y 轴坐标值，设 $Y=(Y_1+Y_2)/2=-80.25$。

2）Z 轴方向对刀。

① 卸下寻边器，将加工所用刀具装在主轴上。

② 将 Z 轴设定器（或固定高度的对刀块，以下同）放置在工件上平面，如图 15-39 所示。

③ 快速移动主轴，让刀具端面靠近 Z 轴设定器上表面。

④ 改用手轮工作方式，用手轮脉冲发生器选择 Z 轴微调操作，让刀具端面慢慢接触到 Z 轴设定器上表面，直到其指针指示到零位（如用固定高度的对刀块，则在刀具沿 Z 轴慢慢下降时，用左手在刀具下方来回轻微移动对刀块，当刀尖与对刀块稍有接触时，停止 Z 轴方向的移动）。

⑤ 记下此时机床坐标系中的 Z 轴坐标值，如 -150.800。

⑥ 若 Z 轴设定器的高度为 30mm，则工件坐标系原点 W 在机床坐标系中的 Z 轴坐标值为 $-150.800-30-(30-20)=-190.800$。

3）将测得的 X、Y、Z 轴坐标值输入到机床工件坐标系存储地址中（一般使用 G54～G59 代码存储对刀参数）。具体步骤如下。

① 按 "OFF/SET" 功能键，再按 "工件系" 按钮进入参数设定画面（G54～G59）。

② 用光标移动键选择相应坐标系（如 G54）和坐标轴。

③ 按相应的数字键，输入数值到输入域（如上例中 -105.3）。

④ 按 "INPUT" 输入键，把输入域中的数值输入到指定位置。

⑤ 重复②～④步，分别输入 Y-242.325；Z-316.017 到 G54 中，如图 15-40 所示。

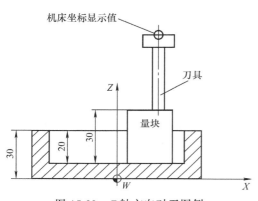

图 15-39　Z 轴方向对刀图例

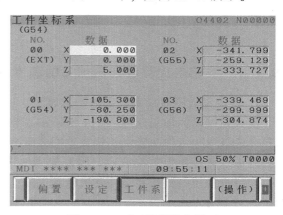

图 15-40　对刀数据输入界面

4. 注意事项

对刀操作中需注意以下事项。

1）根据加工要求选用合适的对刀工具，控制对刀误差。

2）在对刀过程中，可通过改变微调进给量来提高对刀精度。

3）对刀时需小心谨慎操作，尤其要注意移动方向，避免发生碰撞。

4）对刀数据一定要存入与程序对应的存储地址中，防止因调用错误而产生严重后果。

第16章

数控电火花线切割加工

16.1 数控电火花线切割加工的基础知识

16.1.1 数控电火花线切割加工的基本原理和必备条件

1. 数控电火花线切割加工的基本原理

电火花线切割加工（Wire cut Electrical Discharge Machining，简称 WEDM）是通过脉冲电源在电极丝和工件两极之间施加脉冲电压，通过伺服机构保持一定的间隙，使电极丝与工件在绝缘工作介质中脉冲放电。脉冲放电使工件表面被蚀出无数小坑，在数控系统的控制下，伺服机构使电极丝和工件发生相对位移，并保持脉冲放电，从而对工件进行尺寸加工，如图 16-1 所示。

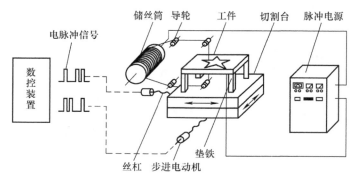

图 16-1　电火花线切割加工示意图

电火花线切割加工的基本原理如图 16-2 所示，电极丝接脉冲电源的负极，工件接脉冲电源的正极。两极由数控系统控制，在绝缘介质中相互靠近，由于两极的微观表面凹凸不平，电场分布不均匀，最近处的电场强度最高，当两极间距离达到放电条件时，极间介质被击穿，形成放电通道。在电场作用下，正离子与自由电子互相吸引，通道内的电子高速奔向正极，正离子奔向负极，形成火花放电。在高频脉冲电源的控制下，自由电子溢出并高速运动与正离子碰撞，正极表面受到电子流的撞击，使电极间隙内形成瞬时高温热源，热源中心温度 10000℃ 以上，正极表面温度 3000℃ 以上，工件表面局部瞬间融化，在正离子溢出之前，高频脉冲电源断电，正离子溢出较少，电极丝损耗较少。同时，由于熔化材料和介质的汽化形成气泡，并且它的压力上升到非常高。然后电流中断，温度突然降低，引起气泡爆炸，产生的动力把熔化的物质抛出蚀坑，被腐蚀的材料在工作介质中重新凝结成小球体，并被工作介质排走，这个原理称为电腐蚀原理。

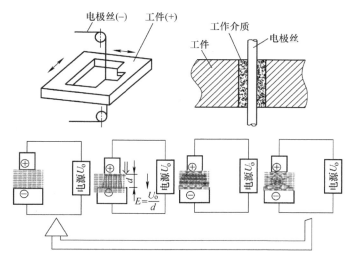

图 16-2　电火花线切割加工原理示意图

2. 电火花线切割加工正常运行的必备条件

1）工具电极和工件电极之间必须加以 60～300V 的脉冲电压，同时还需维持合理的距离，即放电间隙。该间隙范围既可以满足脉冲电压不断击穿介质，产生火花放电，又可以适应在火花通道熄灭后介质停止电离及排出电蚀产物的要求。两极间距离大于放电间隙，则介质不能被击穿，无法形成火花放电；两极间距离小于放电间隙，则会导致短路连接，也无法形成火花放电。

2）两极间必须充满绝缘介质。电火花成形加工一般采用火花液或煤油，线切割一般采用去离子水或皂化液。

3）输送到两极间的脉冲能量应足够大。即放电通道要有很大的电流密度（一般为 104～109A/cm^2）。

4）放电必须是短时间的脉冲放电，一般为 1μs～1ms。这样才能使放电产生的热量来不及扩散，从而把能量作用局限在很小的范围内，保持火花放电的冷极特性。

5）脉冲放电需要多次进行，并且多次脉冲放电在时间和空间上应是分散的，避免发生局部烧伤。

6）脉冲放电后的电蚀产物能及时排放至放电间隙之外，使重复性放电顺利进行。

16.1.2　数控电火花线切割加工的特点及应用

1. 数控电火花线切割加工的特点

数控电火花线切割加工具有以下一些加工优势。

1）能加工传统方法难以加工或无法加工的高硬度、高强度、高脆性、高韧性的导电材料及半导体材料等。

2）由于电极丝细小，可以加工异型孔、窄缝和复杂形状零件。

3）工件加工表面受热影响小，适合加工热敏感性材料；同时，由于脉冲能量集中在很小的范围内，加工精度较高。

4）加工过程中，电极丝与工件不直接接触，无宏观切削力，利于加工刚度低的工件。

5）由于加工产生的切缝窄，实际加工中的金属蚀除量很少，因此余料还可利用，材料利用率高。

6）与电火花成形机相比，以电极丝代替成形电极，省去了成形电极的设计和制造费用，缩短了生产准备时间。

7）一般采用水基工作液，安全可靠。

8）直接利用电能加工，电参数容易调节，便于加工过程的自动控制。

电火花线切割加工的缺点是：由于是用电极丝进行贯通加工，因此它不能加工不通孔类零件和阶梯表面，另外生产效率相对较低。

2. 数控电火花线切割加工的应用

数控电火花线切割适合加工截面较复杂或硬度较高的零件。主要用于各种塑料模、冲模、粉末冶金模等二维及三维直纹面组成的模具及零件，也可切割半导体材料或贵重金属，还可以进行各种检具加工、异型槽加工，广泛应用于电子仪器、精密机床、轻工、军工等领域。为新产品试制、精密零件加工及模具制造开辟了新的工艺途径。

16.1.3　数控电火花线切割机床的分类

数控电火花线切割机床的分类方法有多种，一般可以按照机床的走丝速度、工作液提供方式、电极丝位置等进行分类。根据电极丝的走丝速度不同，数控电火花线切割机床分为数控高速走丝电火花线切割机床和数控低速走丝电火花线切割机床两类。按工作液供给方式分类，数控电火花线切割机床可分为冲液式电火花线切割机床和浸液式电火花线切割机床。按电极丝位置分类，数控电火花线切割机床可分为立式电火花线切割机床和卧式电火花线切割机床。

16.1.4　数控高速走丝电火花线切割机床的结构特点

数控高速走丝电火花线切割机床一般分为主机和数控电源柜两大部分。图 16-3 为 FW 系列数控高速走丝电火花线切割机床的结构示意图。下面以该机床作为典型代表来介绍数控高速走丝电火花线切割加工机床的结构。

1. 主机

数控高速走丝电火花线切割机床的主机部分由床身、立柱、工作台、运丝机构、锥度装置、冷却系统、防水罩和润滑系统等组成，如图 16-4 所示。

（1）床身和立柱　床身和立柱是数控高速走丝电火花线切割机床的基础结构，如图 16-5 所示，它采用大截面式立柱结构、铸铁床身，结构紧凑，整机刚性好。

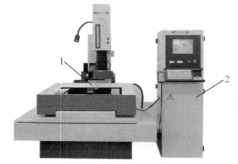

图 16-3　数控高速走丝电火花线切割机床
1—主机　2—数控电源柜

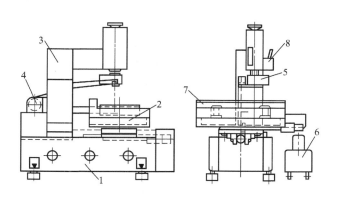

图 16-4　数控高速走丝电火花线切割机床
主机部分结构示意图
1—床身　2—工作台　3—立柱　4—运丝机构
5—锥度装置　6—冷却系统　7—防水罩　8—润滑系统

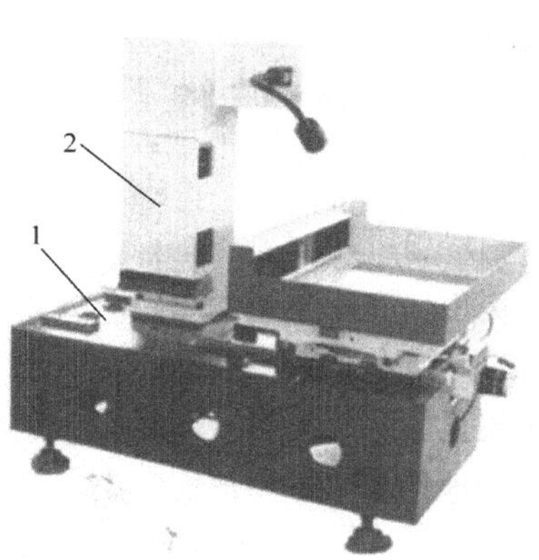

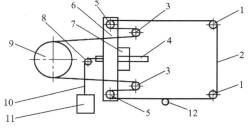

图 16-5　床身和立柱
1—床身　2—立柱

（2）工作台　工作台主要用于支撑和装夹工件，其运动分别由两个步进电动机控制，而零件的加工就是通过工作台与电极丝的相对运动来完成的。数控高速走丝电火花线切割加工机床的工作台一般为 XY 十字滑板结构，采用精密级直线滚动导轨和精密级滚珠丝杠副，运动精度较高。

（3）运丝机构　运丝机构用来控制电极丝以一定速度运动并保持一定的张力；运丝机构控制电极丝往复运动，并将电极丝以一定的间距整齐地缠绕在储丝筒上。图 16-6 所示为数控高速走丝电火花线切割机床的运丝机构简图，其主要由主导轮、辅助导轮、张紧导轮、储丝筒、导电块等组成。

数控高速走丝电火花线切割机床在工作时，主导轮、辅助导轮、张紧导轮要支撑电极丝进行高速移动，一般采用由滚动轴承支撑的

图 16-6　运丝机构简图
1—主导轮　2—电极丝　3—辅助导轮　4—直线导轨
5—张紧导轮　6—移动块　7—导轮滑块　8—定滑轮
9—储丝筒　10—绳索　11—重锤　12—导电块

导轮形式，导轮的 V 形槽应有较高的精度，槽底的圆弧半径必须小于所选用的电极丝半径，以保证电极丝在导轮槽内运动时不会产生横向运动。导轮槽的工作面应有足够的硬度和较低的表面粗糙度值。一般采用钢、陶瓷等材料。

储丝筒是电极丝高速运动与整齐排绕储丝的关键部件之一。储丝筒在高速转动时，同时有相应的轴向移动，这样就可以使电极丝整齐地缠绕在储丝筒上；储丝筒具有正反向旋转功能，可以使电极丝进行往返缠绕。

数控高速走丝电火花线切割加工电极丝所带的负电是通过导电块的接触获得的。导电块的接触电阻要小，另外，导电块与高速移动的电极丝会有长时间的接触、摩擦，因此导电块必须要耐磨，一般采用耐磨性和导电性都比较合理的硬质合金作为导电块材料。

（4）锥度装置　锥度切割是通过锥度线架来实现的。锥度装置的移动称为 U 轴、V 轴

移动。常见的锥度切割原理是下部的导轮中心轴线固定不动，上部的导轮通过步进电动机驱动 UV 十字拖板，带动其四个方向的移动。工作台和锥度装置同时移动，从而使电极丝相对工件有一定的倾斜。X、Y、U、V 四轴同时移动称为四轴联动。

（5）冷却系统　冷却系统用来为加工提供有一定绝缘性能的工作液，专门设计的带有滤芯的过滤系统使工作液使用周期更长，切割质量更高，工作环境得以改善。其实物图和结构示意图如图 16-7 所示。

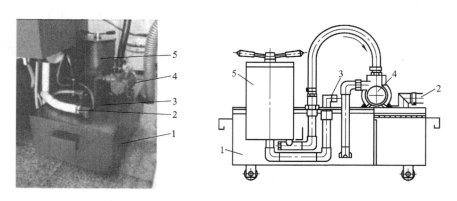

图 16-7　冷却系统实物图和结构示意图
1—工作液箱　2—回液管　3—上液管　4—工作液泵　5—过滤筒

（6）润滑系统　润滑系统位于机床立柱右侧，负责机床导轨润滑，以减少摩擦、增加使用寿命。应在每天工作前按下手柄，使润滑油注入到机床导轨。一般选用黏度为 32、68、100、150cP 的导轨油。其实物图如图 16-8 所示。

2. 数控电源柜

数控电源柜可分为数控装置和脉冲电源装置两大部分。

（1）数控装置　数控装置又可以分为控制系统和自动编程系统。其内配备微型计算机，装有电火花线切割加工自动编程系统，能够绘制电火花线切割加工轨迹图，实现自动编

图 16-8　润滑系统实物图

程并对电火花线切割加工的全过程进行自动控制，数控加工原理示意图如图 16-9 所示。

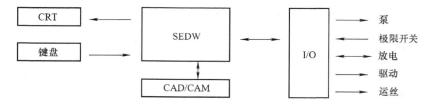

图 16-9　数控加工原理示意图

（2）脉冲电源装置　数控高速走丝电火花线切割机床的脉冲电源通常也称为高频电源，是机床的主要组成部分。其作用是将交流电转换成高频脉冲电源，为数控高速走丝电火花线切割机床提供一系列不同脉冲宽度的矩形脉冲。

16.1.5   数控电火花线切割加工常用名词术语

1. 极性效应

电火花加工中，相同材料两电极的被蚀除量是不同的，这与两电极与脉冲电源的极性连接有关。一般将工件接脉冲电源正极、电极丝接脉冲电源负极的加工方法称为负极性加工，反之称为正极性加工。

2. 放电间隙

放电间隙即放电发生时电极丝与工件之间的距离。这个间隙存在于电极丝的周围，因此侧面的间隙会影响成形尺寸，在确定加工尺寸时应予以考虑。快走丝的放电间隙：钢件一般在 0.01mm 左右，硬质合金在 0.005mm 左右，纯铜在 0.02mm 左右。

3. 偏移

线切割加工时电极丝中心的运动轨迹与零件的轮廓之间有一个平行位移量，即电极丝中心相对于理论轨迹是偏在一侧的，这就是偏移，其中的平行位移量称为偏移量。为了保证理论轨迹的正确性，偏移量等于电极丝半径与放电间隙之和，如图 16-10 所示。

根据实际需要，偏移可分为左偏移和右偏移，左偏移还是右偏移要根据成形尺寸确定。依电极丝的前进方向，电极丝位于理论轨迹的左侧即为左偏移，如图 16-11 所示。电极丝位于理论轨迹的右侧即为右偏移，如图 16-12 所示。

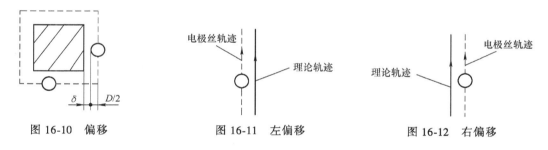

图 16-10   偏移   图 16-11   左偏移   图 16-12   右偏移

4. 加工效率

加工效率 η 是衡量线切割加工速度的一个参数，以单位时间内电极丝加工过的面积大小来衡量，单位为 mm^2/min，其计算公式为：

$$\eta = \frac{\text{加工面积}}{\text{加工时间}} = \frac{\text{切割长度} \times \text{工件厚度}}{\text{加工时间}}$$

加工效率 η 也是衡量成形机加工速度的一个参数，以单位时间内电极加工的体积大小来衡量，其计算公式为：

$$\eta = \frac{\text{加工体积}}{\text{加工时间}}$$

5. 表面粗糙度

表面粗糙度 Ra 是机械加工中衡量表面粗糙度的一个通用参数，其含义是工件表面微观不平度的算术平均值，单位为 μm。Ra 是衡量电火花加工表面质量的一个重要指标。

16.1.6 数控高速走丝电火花线切割加工要素

1. 电极丝

（1）电极丝材料性能的要求　数控高速走丝电火花线切割加工的电极丝需反复使用。电极丝应具有良好的耐蚀性，以利于保证加工精度；应具有良好的导电性，以利于提高电路效率；应具有较高的熔点，以利于大电流加工；应具有较高的抗拉强度和良好的直线度，以利于提高使用寿命。

（2）电极丝材料的选择　数控高速走丝电火花线切割加工常用的电极丝材料有钼丝、钨丝和钨钼合金丝等。钨丝抗拉强度高，但放电后丝质变脆，容易断丝；钼丝抗拉强度高，韧性好，在频繁急热急冷变化中，丝质不易变脆，不易断丝；钨钼合金丝加工效果比前两种都好，它兼具有钨丝、钼丝两者的特性。但钨丝、钨钼合金丝价格昂贵，因此数控高速走丝电火花线切割机床大都选用钼丝作为电极丝。

数控高速走丝电火花线切割加工电极丝的材料性能见表16-1。

表 16-1　电极丝的材料性能

材料	适用温度/℃		延伸率（%）	抗张力/MPa	熔点/℃	电阻率/Ω·cm	备注
	长期	短期					
钨（W）	2000	2500	0	1200~1400	3370	0.0612	较脆
钼（Mo）	2000	2300	30	700	2620	0.0472	较韧
钨钼（W50Mo）	2000	2400	15	1000~1100	3000	0.0532	韧性适中

（3）电极丝的直径及张力选择　电极丝直径的选择应根据切缝宽度、工件厚度和拐角尺寸来选择，常用的直径有 $\phi 0.13mm$、$\phi 0.15mm$、$\phi 0.18mm$ 和 $\phi 0.2mm$。

张力是保证零件加工精度的一个重要因素，但受直径、使用时间长短等要素限制。一般电极丝在使用初期张力可大些，使用一段时间后，电极丝已不易伸长，可适当去些配重，以延长电极丝的使用寿命。

2. 工作液的选用

（1）乳化液特点　数控高速走丝线切割机床选用的工作液是乳化液，乳化液有以下特点。

1）有一定的绝缘性能。乳化液的电阻率为 $104~105\Omega·cm$，适合数控高速走丝线切割机床对放电介质的要求。另外，由于数控高速走丝线切割机床的独特放电机理，乳化液会在放电区域金属材料表面形成绝缘膜，即使乳化液使用一段时间后电阻率下降，也能起到绝缘介质的作用，使放电正常进行。

2）有良好的洗涤性能。所谓洗涤性能，是指乳化液在电极丝带动下，能够渗入工件切缝起溶屑、排屑作用的性能。使用洗涤性能好的乳化液，则切割后的工件易取且表面光亮。

3）有良好的冷却性能。高频放电局部温度高，工作液可起到冷却作用，由于乳化液在高速运行的电极丝带动下易进入切缝，因而整个放电区能得到充分冷却。

4）有良好的防锈能力。线切割要求用水基介质，以去离子水作为介质时工件易氧化，而乳化液可对金属起防锈作用，有其独到之处。

5）对环境无污染，对人体无害。

（2）常用乳化液种类　常用乳化液有 DX-1 型皂化液、502 型皂化液、植物油皂化液和线切割专用皂化液等。

（3）乳化液的配制方法　乳化液一般是以体积比配制的，即以一定比例的乳化液加水配制而成，其浓度具有如下要求。

1）加工表面粗糙度和精度要求较高，工件较薄或中厚，则应配得较浓些，使浓度为 8%~15%。

2）要求切割速度高或切割大厚度工件时，浓度应淡些，为 5%~8%，以便于排屑。

3）用蒸馏水配制乳化液，可提高加工效率和减小表面粗糙度值。切割大厚度工件时，可适当加入洗涤剂，以改善排屑性能，提高加工稳定性。

根据加工实践经验，新配制的工作液切割效果并不是最好的，在工作液使用 20h 左右时，切割速度、工件表面质量最好；工作液在使用 200 小时后，其中的悬浮物就会太多，对加工不利，应及时更换工作液，保证加工效果。

3. 工件材料

数控高速走丝电火花线切割加工适合加工熔点 3000℃ 以下的导电材料，如钢、铜、铝、石墨等。为了加工出尺寸精度高、表面质量好的线切割产品，必须对所用材料进行细致的考虑。

4. 电参数

数控高速走丝电火花线切割加工电参数的设置，通常需要在保证表面质量、尺寸精度的前提下，尽量提高加工效率。

下面以 FW 系列数控高速走丝电火花线切割机床为例，介绍各项电参数对加工的影响。

（1）波形 GP　机床有两种波形可供选择："0" 为矩形波脉冲，"1" 为分组脉冲。

1）矩形波脉冲波形如图 16-13，矩形波脉冲加工效率高，加工范围广，加工稳定性好，是高速走丝线切割常用的加工波形。

2）分组脉冲波形如图 16-14，分组脉冲适用于薄工件的加工，精加工稳定性较好。

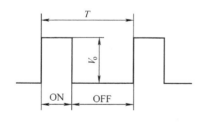

图 16-13　矩形波脉冲波形

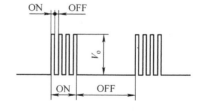

图 16-14　分组脉冲波形

（2）脉宽 ON　根据脉宽设置脉冲放电时间，其值为 ON+1μs，最大取值为 32μs。在特定的工艺条件下，脉宽增加，切割速度提高，表面粗糙度增大，这个趋势在 ON 增加的初期比较明显，期间的加工速度增大较快，但随着 ON 的进一步增大，加工速度的增大会变得相对平缓，粗糙度变化趋势也一样。这是因为单脉冲放电时间过长，会使局部温度升高，导致对侧边的加工量增大，热量散发快，因此减缓了加工速度。图 16-15 是特定工艺条件下，脉冲放电时间与加工效率、表面粗糙度的关系曲线。

通常情况下，ON 的取值要考虑工艺指标及工件的材质、厚度。如对表面粗糙度要求较高，工件材质易加工，厚度适中时，ON 取值较小，一般为 3~10μs。中、粗加工，工件材质切割性能差且较厚时，ON 取值一般为 10~25μs。

（3）脉间 OFF 根据脉间设置脉冲停歇时间，其值为（OFF+1μs）× 5，最大取值为 160μs。在特定的工艺条件下，OFF 减小，切割速度增大，表面粗糙度值增大不多。这表明 OFF 对加工速度影响较大，而对表面粗糙度影响较小。减小 OFF 可以提高加工速度，但是 OFF 不能太小，否则消除电离不充分，电蚀产物来不及排除，将使加工变得不稳定，易烧伤工件和断丝。OFF 太大也会导致不能连续进给，使加工变得不稳定。图 16-16 是特定工艺条件下，脉冲停歇时间与加工效率、表面粗糙度的关系曲线。

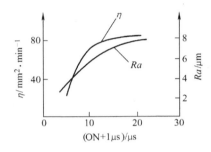

图 16-15 脉冲放电时间与加工效率、
表面粗糙度的关系曲线

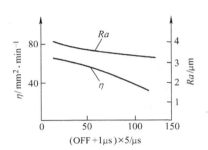

图 16-16 脉冲停歇时间与加工效率、
表面粗糙度的关系曲线

对于难加工、厚度大、排屑不好的工件，停歇时间应选长些，为脉宽的 5~8 倍比较适宜。OFF 取值则为停歇时间/5-1μs。对于加工性能好、厚度不大的工件，停歇时间可选为脉宽的 3~5 倍。OFF 取值主要考虑加工稳定、防短路及排屑，在满足要求的前提下，通常减小 OFF 以取得较高的加工速度。

（4）功率管数 IP 投入放电加工回路的功率管数以 0.5 为基本设置单位，取值范围为 0.5~9.5。管数的增减决定脉冲峰值电流的大小，每支管子投入的峰值电流为 5A，电流越大，则切割速度越高，表面粗糙度值越大，放电间隙越大。图 16-17 所示为特定工艺条件下，峰值电流与加工效率、表面粗糙度的关系曲线。

IP 的选择，一般中厚度工件精加工为 3~4 只管子，中厚度工件中加工、大厚度工件精加工为 5~6 管子，大厚度工件中粗加工为 6~9 只管子。

（5）间隙电压 SV 间隙电压用来控制伺服机构的参数，最大值为 7。当放电间隙电压高于设定值时，电极丝进给，低于设定值时，电极丝退回。加工状态的好坏与 SV 取值密切相关。SV 取值过小，会造成放电间隙小，排屑不畅，易短路。反之，则会使空载脉冲增多，加工速度下降。SV 取值合适则加工状态稳定。可从电流表上观察加工状态的好坏，若加工中表针间歇性地回摆，则说明 SV 取值过大，若表针间歇性地前摆（向短路电流值处摆动），则说明 SV 取值过小，若表针基本不动，则说明加工状态稳定。

另外，也可用示波器观察放电极间的电压波形来判定状态的好坏，将示波器与工件和电极相连接，调整好同步，就可观察到放电波形，如图 16-18 所示，若加工波波形较密，而开路波或短路波较弱，则 SV 取值合适，若开路波或短路波波形较密，则需调整。

SV 一般取 02~03，对薄工件一般取 01~02，对大厚度工件一般取 03~04。

（6）电压 V 电压即加工电压值。目前有两种选择，"0"为常压选择，"1"为低压选

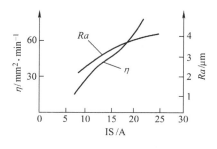

图 16-17　峰值电流与加工效率、
表面粗糙度的关系曲线

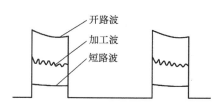

图 16-18　放电波形

择。找正时一般选用低压，加工时一般都选用常压，因而电压 V 参数一般不需要修改。

5. 数控高速走丝电火花线切割机床电参数的选择

数控高速走丝电火花线切割采用单个脉冲能量小、脉宽窄、频率高的脉冲参数进行负极性加工。减小单个脉冲能量可以降低表面粗糙度值。决定单个脉冲能量的因素是脉冲宽度和脉冲电流，采用小的脉冲宽度和脉冲电流可获得良好的表面粗糙度值。但是单个脉冲能量小，切割速度慢，如果脉冲电流太小，将不能产生火花放电，不能正常切割。若要获得较高的切割速度，脉冲宽度和脉冲电流应选得大一些，但加工电流过大会引起断丝。

脉冲间隔对切割速度的影响较大，而对表面粗糙度值影响较小。脉冲间隔越小，单位时间放电加工的次数越多，因而切割速度也越高。实际上，脉冲间隔不能太小，否则放电产物来不及被冲刷掉，放电间隔不能充分消除电离，加工不稳定，容易烧伤工件或发生断丝。对于厚度较大的工件，应适当加大脉冲间隔，以充分消除放电产物，形成稳定加工。

在选择数控高速走丝电火花线切割机床电参数时，直接选择一组参数即可，这些参数组合是通过大量的工艺试验取得的。

参数代号的意义为：

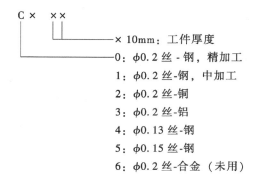

16.2　数控高速走丝电火花线切割加工编程基础

16.2.1　程序的组成构成

数控高速走丝电火花线切割加工程序是由遵循一定结构、句法、格式和规则的多个程序段组成的，每个程序段又是由若干指令字组成的，而每个指令字又由一个地址（用字母表示）和一组数字组成的。

1. 程序名

程序名是程序的文件名，每一个程序都应有一个单独的文件名，目的是便于查找、调用。程序名的规定因数控系统不同而异，一般由字母、数字（8位或8位以下）和文件扩展名组成。FW系列数控高速走丝电火花线切割机床文件的扩展名为".NC"，程序名应尽量与零件图的零件号相对应，如"CM001.CN"。

2. 主程序和子程序

数控高速走丝电火花线切割加工程序的主体格式又分为主程序和子程序。在加工中，往往有相同的工作步骤，将这些相同的步骤编成固定的程序，在需要的地方调用，那么整个程序将会简化和缩短。调用固定程序的程序称为主程序，而这个固定程序称为子程序，并且以程序开始的序号来定义子程序。在主程序中调用子程序时只需指定它的序号，并将此子程序当做一个单段程序来对待。主程序和子程序都是多个程序段的单独组合，它们同处于一个程序，子程序被主程序调用。

主程序调用子程序的格式：M98 P ___ L ___；

其中，P为要调用的子程序的序号，L为子程序调用次数。如果L值省略，那么此子程序只调用一次，如果为"L0"，那么不调用此子程序。子程序最多可调用999次。

子程序的格式：N___……；

（程序内容）

M99；

子程序以M99作为结束标识。当执行到M99时，数控系统返回主程序，继续执行下面的程序。

在主程序调用的子程序中，还可以再调用其他子程序，它的处理方法与主程序调用子程序相同。这种方式称为嵌套。在本系统中规定N的最大值为7，即子程序最多嵌套7层。

3. 顺序号和程序段

（1）顺序号 顺序号又称为程序段号、程序段序号，是指加在每个程序段前的编号。顺序号用英文字母N开头，后接4位十进制数，以表示各段程序的相对位置。顺序号主要用做程序执行过程中的编号或调用子程序的标记编号。顺序号是任意给定的，一般以十的倍数升序排列，可以在所有的程序段中都指定，也可以在必要的程序段指定。

（2）程序段 数控高速走丝电火花线切割加工的程序是由多个程序段组成，一个程序段定义一个将由数控系统执行的指令行（占一行）。

构成程序段的要素是指令字。一个程序段可以有多个指令字，也可以只有一个指令字。

例如"G01 X100. Y20. ;"程序段包含了三个指令字；"M02;"程序段中只有一个指令字。

程序段之间应该用分号隔开，每个程序段的末尾以";"作为程序段的结束标识。程序段后可以用程序注释符加入注释文字。

例如"G40 H000 G01 X15. Y-3. ;   （在退刀线上取消偏移，退到起点。）"就是用"（ ）"加入了注释部分，注释并非执行对象，仅对该段程序进行说明。

程序段有如下约束。

1）在一个程序段内不能有多个运动代码，否则将出错。例如"G01 X10. G00 Y20. ;"

程序段中有 G00 和 G01 两个运动代码。

2）一个程序段内不能有相同的轴标识，否则将出错。例如"G00 X20. Y40. X40. ;"程序段中有两个 X 轴标识。

4. 字和地址

程序段由指令字（简称字）组成，而字则是由地址和地址后带符号的数字构成。

（1）字　字是组成程序的基本单元，一般都是由一个英文字母（地址）加若干位十进制数字组成，即：字＝地址+数字，如 G00、G92、M02、T84、X10. 等。

（2）地址　地址是大写字母 A~Z 中的一个，它规定了其后数字的意义。

（3）字符集　字符集是编程中能够使用的字符。

1）数字字符包括 0、1、2、3、4、5、6、7、8、9。

在编程过程中输入坐标、时间、角度并使用小数点时，有计算器型和标准型两种小数点表示法。当使用计算器型小数点时，有小数点的数值和没有小数点的数值都被认为是以毫米、秒、度为单位的。当使用标准型小数点时，没有小数点的数值被认为是最小输入增量单位的倍数，有小数点的数值和计算器型一样。可通过机床系统参数对表示法进行选择。FW系列数控高速走丝电火花线切割机床系统参数设置为计算器型小数点表示法。

在一个程序中，数值可以使用小数点指定，也可以不使用小数点指定，见表 16-2。

表 16-2　计算器型和标准型小数点表示法

程序指令	计算器型小数点编程表示的数值	标准型小数点编程表示的数值
X1000（指令值没有小数点）	1000mm	1mm（最小输入增量单位为 0.001mm）
X1000.0（指令值有小数点）	1000mm	1000mm

输入数值时，小于最小输入增量单位的小数会被舍去。例如 X1.23456，当最小输入增量单位为 0.001mm，则数控系统会将其处理为 X1.234。

2）字母字符包括 A、B、C、D、E、F、G、H、I、J、K、L、M、N、O、P、Q、R、S、T、U、V、W、X、Y、Z。

在机床系统编程中，小写英文字母与大写英文字母所表示的意义相同。

3）特殊字符包括%、+、-、;、／、（）、=、空格。

16.2.2　数控高速走丝电火花线切割加工 ISO 编程指令

表 16-3 为数控高速走丝电火花线切割加工 ISO 编程常用指令一览表。

表 16-3　ISO 编程常用指令一览表

组	代码	功能	组	代码	功能
*	G00	快速点定位,属定位,指令		G06	Y 镜像
	G01	直线插补,属加工指令	*	G08	X-Y 交换
	G02	顺时针圆弧插补指令		G09	取消镜像和 X-Y 交换
	G03	逆时针圆弧插补指令	*	G20	英制
	G04	暂停指令		G21	公制
*	G05	X 镜像	*	G40	取消电极补偿

（续）

组	代码	功能	组	代码	功能
*	G41	电极左补偿		M00	暂停
	G42	电极右补偿		M02	程序结束
*	G54	选择工件坐标系1		M98	子程序调用
	G55	选择工件坐标系2		M99	子程序结束
	G56	选择工件坐标系3		L	子程序重复执行次数
	G57	选择工件坐标系4		N	顺序号
	G58	选择工件坐标系5		X、Y	指定轴
	G59	选择工件坐标系6		I、J	圆弧的圆心相对起点的X、Y坐标
	G80	接触感知		T84	启动液压泵
	G81	移动到机床极限		T85	关闭液压泵
	G82	半程		T86	启动运丝机构
*	G90	绝对坐标指令		T87	关闭运丝机构
	G91	增量坐标指令		C	加工条件号
	G92	指定坐标原点		H×××	补偿码

注：带"＊"号的指令组为模态指令。

1. 常用的 G 指令

G 指令大体上可分为两种类型：只对指令所在程序段起作用，称为非模态指令，如 G80、G04 等；在同组的其他指令出现前，这个代码一直有效，称为模态指令。在后面的叙述中，如无必要，这一类指令均作省略处理，不再说明。

（1）工件坐标系设定指令 G92

格式：G92 X ＿ Y ＿；

G92 指令把当前点的坐标设置成需要的值。

例如"G92 X0 Y0"；程序段把当前点的坐标设置为（0，0），即坐标原点。

又如"G92 X10. Y0"；程序段把当前点的坐标设置为（10，0）。

1）G92 指令相当于准备模块里的置零功能，用来设置当前坐标。

2）在补偿方式下，如果遇到 G92 指令，系统会暂时中断补偿功能，相当于撤销一次补偿，执行下一段程序时，再重新建立补偿。

3）G92 只能定义当前点在当前坐标系的坐标值，而不能定义该点在其他坐标系的坐标值。

4）G92 指令赋予当前坐标系的数值可以是一个 H 寄存器代号，如"G92 X0+H001；"，因此可以和 H 寄存器数据配合使用。G92 赋予的数值为 0 时，可以将 0 省略，如"G92 X Y；"相当于"G92 X0 Y0；"。

（2）工件坐标系选择指令 G54 ~ G59 数控机床可以根据加工需要预先设置 6 个工件坐标系，分别用 G54~G59 表示。机床开机后，默认为 G54 的工作坐标系，在选择其他坐标系后，就会保持所指定的工作坐标系。在任何位置都可以用 G92 指令或通过机床准备功能模块的置零功能来设定坐标系的原点。

G54~G59 指令为模态指令，可互相注销。它们在程序段的最前部分被指定，后续程序段中的绝对坐标值都以该指定坐标系原点为参照而建立，且一直有效。切换工作坐标系后，原工作坐标系的坐标值会被数控系统记忆。可以根据需要在多个工作坐标系中进行任意切换。

（3）绝对坐标指令 G90 与增量坐标指令 G91　在 G90 方式下，电极丝运动的终点坐标一律用该点在工作坐标系下相对坐标原点的坐标值表示；在 G91 方式下，电极丝运动的终点坐标是相对起点的增量值。

例 16-1：如图 16-19 所示，分别使用 G90 指令和 G91 指令编程，控制电极丝从 A 点运动到 B 点。

绝对值指令编程：G90 G00 X5. Y25. ；

增量值指令编程：G91 G00 X-25. Y15. ；

（4）快速点定位指令 G00

格式：G00 X ＿ Y ＿ ；

其中，X、Y 是快速定位点的终点坐标值，使用 G90 指令时为终点在工件坐标系中的坐标，使用 G91 指令时为终点相对于起点的坐标增量。G00 指令为定位指令，用来快速移动轴。执行此指令后，机床不加工而移动轴到指定的位置。可以是一个轴移动，也可以两轴移动，快速移动速度由系统设定。

例 16-2：如图 16-20 所示，编写刀具从 A 点经 B 点快速运动到 C 点的程序。

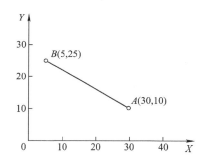

图 16-19　例 16-1 绝对值指令编程与
增量值指令编程

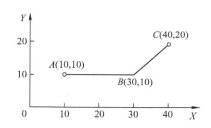

图 16-20　例 16-2 快速点定位

指令程序段：

G90 G00 X30. Y10. ；

　　　G00 X40. Y20. ；

或 G91 G00 X20. Y0；

　　　G00 X10. Y10. ；

（5）直线插补指令 G01

格式：X ＿ Y ＿ ；

其中，X、Y 是直线运动的终点坐标值，使用 G90 指令时为终点在工件坐标系中的坐标，使用 G91 指令时为终点相对于起点的坐标增量。G01 指令使电极丝从当前位置以插补联动方式按指定的加工条件加工到目标点。

例 16-3：如图 16-20 所示，编写刀具由 C 点到 B 点再到 A 点的直线插补程序。

指令程序段：

G90 C120 G01 X30. Y10. ；（C120 为加工条件号）

　　　　　　 X10. Y10. ；（G01 为模态指令可省略）

或 G91 C120 G01 X-10. Y-10. ；

　　　　　　　 X-20. ；（Y 坐标没有变化可省略）

（6）圆弧插补指令 G02、G03

格式：G02 X ＿＿ Y ＿＿ I ＿＿ J ＿＿ ；

　　　 G03 X ＿＿ Y ＿＿ I ＿＿ J ＿＿ ；

其中，X、Y 为圆弧终点坐标，I、J 为圆心在 X 轴、Y 轴上对圆弧起点的增量坐标值，也就是分别表示圆心相对圆弧起点的相对坐标值。G02 表示顺时针圆弧插补，G03 表示逆时针圆弧插补。

例 16-4：如图 16-21 所示，编写圆弧插补程序。

指令程序段：

G90 G54 G00 X10. Y20. ；

C120 G02 X50. Y60. I40. ；

G03 X80. Y30. I30. ；

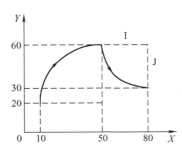

图 16-21　例 16-4 圆弧插补

说明：I、J 有一个为零时，可以省略，如此例中的 J0。但它们不能都为零、都省略，否则会出错。编程时不能编写 360°圆，加工整圆时要分成两个圆弧加工。

（7）暂停指令 G04

格式：G04 X ＿＿ ；

G04 指令可以使系统执行一段程序之后，暂停一段时间，再执行下一段程序。X 后面的数据即为暂停时间，单位为 s，最大值为 99999.999s。例如暂停 6.8s 的程序为 "G04 X6.8；" 或 "G04 X6800；"。

（8）电极丝半径补偿指令 G40~G42

格式：G41 H×××；

G41 表示电极左补偿，G42 表示电极右补偿。它是在电极丝运行轨迹的前进方向上，向左（或向右）偏移一定量，偏移量由 H×××确定。G40 指令为取消补偿指令。补偿值为电极丝半径加上放电间隙。

（9）接触感知指令 G80

格式：G80 X+；

　　　 G80 X-；

　　　 G80 Y+；

　　　 G80 Y-；

该指令使指定轴沿指定方向前进，直到电极与工件接触。方向用 "+" "-" 号表示，而且 "+" 号不能省略。

感知过程：电极以一定速度（ST-Speed）接近工件，接触到工件时，会回退一小段距离（ST-Backdistance），再去接触，按给定次数（ST-Times）重复数次后才停下来，确认为已找到了接触感知点。这三个参数可在参数模式下进行设定。

（10）回极限指令 G81

格式：G81 X+；

　　　　G81 X-；

　　　　G81 Y+；

　　　　G81 Y-；

该指令使指定轴沿指定方向移动到极限位置。

回极限过程：指定轴沿指定方向移动，碰到极限开关后减速，然后停止，有一定过冲，回退一段距离，再低速触及极限开关，停止。

（11）半程返回指令 G82

格式：G82 X；

　　　　G82 Y；

该指令使电极移动到指定轴上当前坐标的 1/2 处。假如电极当前位置的坐标是"X100. Y60."，那么系统执行"G82 X；"后，电极将移动到"X50. Y60."处。

2. 常用的辅助功能 M 指令

（1）暂停指令 M00　执行 M00 指令后，程序运行暂停。它的作用和单段暂停作用相同，按手控盒上 R 键后，程序接着运行。

（2）程序结束指令 M02　M02 指令是整个程序的结束指令，其后的指令将不被执行。系统执行 M02 指令后，所有模态指令的状态都将被复位，然后接受新的命令以执行相应的动作。也就是说上一个程序的模态指令不会对下一个程序构成影响。

（3）子程序调用指令 M98、子程序结束指令 M99

格式：M98 P××××L ＿＿；

M98 指令使程序进入子程序，子程序号由 P××××给出，子程序的循环次数则由 L 确定。

M99 是子程序的最后一个程序段。它表示子程序结束，返回主程序，系统继续执行下一个程序段。

例 16-5：子程序应用。

M98 P0001 L10；　⎫
　　　　　　　　　⎬　主程序
M02；　　　　　　⎭

N0001；　　⎫
…　　　　　⎪
…　　　　　⎬
M02；　　　⎭

3. 机械设备控制 T 指令

1）T84 指令为打开液泵指令，T85 指令为关闭液泵指令。

2）T86 指令为启动走丝电动机指令，T87 指令为停止走丝电动机指令。

4. 加工条件 C 代码

C 代码用于在程序中选择加工条件，格式为 C×××，C 和数字间不能有别的字符，数字也不能省略，如 C015。加工条件的各个参数显示在加工条件显示区域中，加工进行中可随时更改。

5. H 代码（补偿）

H 代码实际上是一种变量，每个 H 代码代表一个具体的数值，用来代替程序中的数值，可在程序中用赋值语句对其进行赋值。

赋值格式：H×××=＿＿＿（具体数值）

可以对 H 代码进行加、减和倍数运算。

6. 关于运算

本系统支持的运算符有：+、-、dH×××（d×H×××）

其中，d 为一位十进制数。

16.2.3 数控电火花线切割加工 ISO 程序实例

1. 凸模切割程序

按图 16-22 所示图形编制加工程序。编程前先确定坐标系和加工起点。本例的编程坐标系、加工起点、切割方向如图 16-23 所示。程序如下。

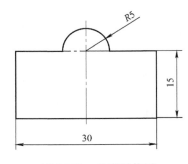

图 16-22 凸模零件图

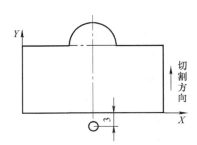

图 16-23 凸模加工示意图

H000＝0　H001＝110；（给变量赋值，H001 代表偏移量。）

T84 T86；（开水泵，开储丝筒。）

G54 G90 G92 X15. Y-3.；（选工作坐标系、绝对坐标，设加工起点坐标。）

C005；（选加工条件。）

G42 H000；（设置偏移模态，右偏，表示要从零开始加偏移。）

G01 X15. Y0；（进刀线。）

G42 H001；（程序执行到此表示偏移已加上，其后的运动都是以带偏移的方式来加工的。）

G01 X30. Y0；（加工直线。）

Y15.；（加工直线，模态指令，坐标不变时可省略。）

X20.；

G03 X10. Y15. I-5. J0；（加工圆弧，逆时针方向，终点坐标为（10，15），圆心相对于起点的坐标为（-5，0））

G01 X0 Y15.；（加工直线。）

Y0；

X15.；

G40 H000 G01 X15. Y-3.；（在退刀线上消除偏移，退到起点。）

T85 T87 M02；（关水泵，关储丝筒，程序结束。）

2. 凹模切割程序

按图 16-24 所示图形编制加工程序。编程前先确定坐标系、加工起点、切割方向。本例的编程坐标系、加工起点、切割方向如图 16-25 所示。程序如下。

H000 = 0　H001 = 110；

T84 T86；

G54 G90 G92 X0 Y10.；

C120；

G41 H000；

G01 X0 Y15.；

G41 H001；

G01 X-20. Y15.；

Y8.；

G02 X-20. Y-8. J-8.；

G01 X-20. Y-15.；

X20.；

Y-8.；

G02 X20. Y8. J8.；

G01 X20. Y15.；

X0；

G40 H000 G01 X0 Y8.；

T85 T87 M02；

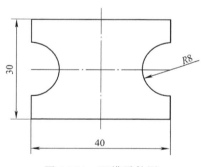

图 16-24　凹模零件图

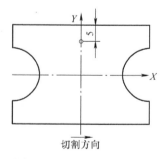

图 16-25　凹模加工示意图

3. 子程序应用实例

按图 16-26 所示图形编制孔的加工程序。编程前先确定坐标系、加工起点、切割方向。本例的编程坐标系、加工起点、切割方向如图 16-27 所示。程序如下。

M98 P0001 L3；

M02；

N0001；

H000 = 0　H001 = 110；

T84 T86；

```
G54 G90 G92 X0 Y0；
C110；
G01 Y4.；
G41 H000；
G01 X0 Y5.；
G41 H001；
G03 X0 Y-5.J-5.；
X0 Y5.J5.；
G40 H000 G01 X0 Y4.；
X0 Y0；
T85 T87；
M00；
G00 X20.；
M00；
M99；
```

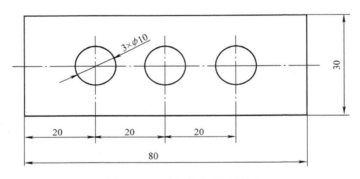

图 16-26 子程序应用零件图

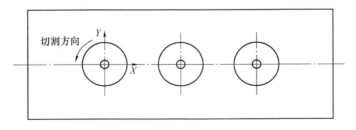

图 16-27 子程序应用加工示意图

16.3 数控高速走丝电火花线切割加工自动编程

16.3.1 数控高速走丝电火花线切割加工自动编程系统简介

自动编程系统 CAD 界面的屏幕大致可分为六个区域，如图 16-28 所示。

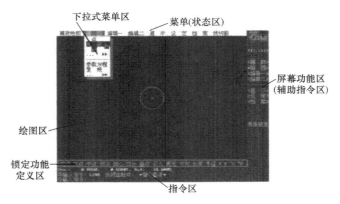

图 16-28　自动编程系统 CAD 界面

1. CAD 绘图区域

（1）状态区　状态区是屏幕最上方一行，显示当前图层号、操作模式、光标位置的坐标等状态。

（2）绘图区　绘图区是屏幕中央最大的区域，用来绘制图形。

（3）指令区　指令区位于屏幕下方，占有三行位置，用来显示指令、提示及执行结果。

（4）屏幕功能区　屏幕功能区位于屏幕右侧，可通过菜单选择绘制图形所需的各种命令。

（5）下拉式菜单区　将光标移到屏幕最上方，屏幕即显示出菜单项目。当选取某项时，屏幕出现下拉菜单。然后可在下拉菜单中选取指令。这个区的内容与屏幕功能区的内容大致相同。

（6）锁定功能定义区　锁定功能定义区位于绘图区的下方，用来定义抓点锁定功能及其他常用的功能，便于绘图时选用。

（7）辅助指令区　辅助指令区与屏幕功能区重叠。在选择了某些具有辅助指令的绘图指令后，该区域将显示辅助指令。

（8）功能键定义区　将光标移到屏幕最下方时，屏幕会显示功能键的定义。用光标选取和直接按 F1～F10 功能键的作用是一样的。

2. "画图"菜单常用指令

绘图指令可以从屏幕功能区的主菜单或下拉式菜单区选取，也可以直接键入绘图指令。

（1）点指令 POINT　点的位置可以用坐标值方式输入，也可用光标点选。

辅助指令 D：用某种形状的图形来表示一个点。确定了点的"形状"后，所绘的点将以这种形状绘出。

（2）线段指令 LINE　用键盘或光标输入两点坐标值，就可绘出一条线段。如果连续输入坐标值，则可绘出一条折线。

如果对所绘线段有特定的要求，那么可以采用下面的一些辅助命令。

U：回复，回到最后一条指令执行前的状态。

C：闭合，用线段将所绘折线的终点与起点连接成一个封闭图形。

DI：定绝对角，确定所绘线段与 OX 轴的夹角。

D：定偏折角，确定所绘线段与相关线段的夹角。

F：取消定向，解除"D"及"DI"指令。

（3）圆指令 CIRCLE　输入画圆的指令后，再输入圆心坐标和半径，就可绘出一个圆。在输入圆心坐标后，也可用辅助指令 D，然后输入直径值，也可绘一个圆。此外，还有下面的一些辅助指令可以用来画圆。

2P（两点定圆）：输入直径上的两点来确定一个圆。

3P（三点定圆）：输入圆上三点来确定一个圆。其中的最后一点也可以输入半径值。以下的辅助指令都要求输入圆上三点，并要求与相关的三个图元分别相切（TAN）或垂直（PER），分别为：TTT（三切点式）；TTP（切切垂式）；TPT（切垂切式）；TPP（切垂垂式）；PTT（垂切切式）；PTP（垂切垂式）；PPT（垂垂切式）；PPP（三垂点式）。

以下的辅助指令要求用相切（TAN）或垂直（PER）的方式输入前两点，第三点可用其他方式输入，也可输入半径值，分别为：TT（切切式）；TP（切垂式）；PT（垂切式）；PP（垂垂式）。

（4）圆弧指令 ARC　从菜单上选择了"圆弧"指令后，屏幕显示一个图像选项表，依次介绍如下。

1）左上：指定圆弧的起点（P1）、第二点（P2）和终点（P3）。

2）左中：指定圆弧的起点（P1）、圆心（P2）和终点（P3）。

3）左下：指定圆弧的起点（P1）、圆心（P2）和圆周角度（A）。

中上：指定圆弧的起点（P1）、圆心（P2）和弦长（L）。

中中：指定圆弧的起点（P1）、终点（P2）和圆弧半径（R）。

中下：指定圆弧的起点（P1）、终点（P2）和圆周角度（A）。

右上：指定圆弧的起点（P1）、终点（P2）和起点角度（D），即起点切线与 OX 轴的夹角。

如果直接键入 ARC 命令，将会用到如下辅助指令。

C：圆心。

E：终点。

D：偏折角。确定圆弧起点的切线与相关直线（或切线）的夹角（相对角度）。

DI：绝对角。确定圆弧起点的切线与 OX 轴的夹角（绝对角度）。

A：圆周角。

R：圆弧半径。

L：弦长。圆弧起点至终点的弦长。

F：取消定向。解除"D"及"DI"指令。

（5）矩形指令 BOX　指定矩形的两个顶点或者输入矩形的宽度和高度即可绘出矩形。

辅助指令 C：指定矩形的中心点，然后输入一顶点或矩形的宽度和高度绘出矩形。

（6）多边形指令 POLYGON　首先输入边数，再指定多边形的中心点，然后指定一个起始顶点。输入边数后，有以下辅助指令可以选择。

E：指定边。画出多边形的一条边，自动沿逆时针方向绘出整个多边形。

I：定内切圆。画出多边形的内切圆，自动绘出多边形。

C：定外接圆。画出多边形的外接圆，自动绘出多边形。

3. "显示"菜单常用指令

"显示"菜单提供图形显示的一些指令，便于将图形绘制得更精确。显示方式的改变并不改变图形的实际尺寸。

（1）局部窗口指令 ZOOM-W（缩写为 ZW）　系统提示输入定窗的两点，窗口内图形将充满屏幕。

（2）显示全图指令 ZOOM-E（缩写为 ZE）　依所绘图形的外部边界，将图形充满全屏。

（3）拖拽指令 PAN　选定一个基准点，再输入参考点的坐标，图形将按所给偏移量平移。

（4）放大 2 倍指令 ZOOM-Z（缩写为 ZI）　将图形放大 2 倍显示。

（5）缩小 0.5 倍指令 ZOOM-0.5（缩写为 ZO）　将图形缩小 0.5 倍显示。

4. "编辑一"菜单常用指令

绘制一张完整的图，必然要用到各种编辑功能，以对图形进行修改、补充。之所以分为"编辑一"和"编辑二"，只是因为菜单较长，而分成了两页，以便查找。

（1）指令追回指令 UNDO（缩写为 U）　回到上一条指令执行前的状态。仅对与图形资料有关的指令起作用，如绘图指令、编辑指令。而对与图形资料无关的指令，则无法起追回作用，如显示指令。执行此指令时，系统提示输入追回指令的次数，如果直接回车，则为 1 次。

（2）反追回指令 REDO　在系统执行了追回指令后，可以用反追回指令来取消追回指令。但如果在追回指令后系统执行了其他绘图操作，则反追回指令对以前的追回指令无效。

（3）删除指令 ERASE　删除图形中不需要的图元。执行此指令时，系统将要求选取所要删除的图元。如果发现删错了，则可以用追回指令恢复删除前的状态。

（4）修剪指令 TRIM　将图元超过指定修剪边界的部分修剪掉。执行指令时，屏幕首先提示选取所要作为修剪边界的图元，可用任一种图元选取方法。系统将再提示选择所要修剪掉的图元段。在修剪过程中，可以用以下辅助指令。

U：恢复原图元。这里的原图元是指刚被修剪掉的图元段。

C：割线选取。可以绘一条割线，则所有与之相交的所要修剪掉的图元可一次修剪完。

在执行修剪指令时，将遵循以下原则：被修剪图元必须与修剪边界相交；被修剪的图元必须是线段、圆弧、圆或由其构成的图元；修剪圆时，修剪边界与圆至少有两个交点；一个图元可同时指定为修剪边界及被修剪图元。

（5）移动指令 MOVE　对选取的图元进行平移。选取图元后，要求指定一基准点（第一参考点），然后指定第二点（第二参考点），位移结束。

在"请指定基准点或相对位移量"的提示下，如果以相对坐标方式输入位移量，也可完成移动。输入方式：@ ΔX，ΔY。

（6）缩放指令 SCALE　将选取的图元放大或缩小。选取图元后，需指定一个缩放的基准点，然后输入缩放比例，比例大于 1 时图形放大，比例小于 1 时图形缩小。也可用辅助指令。

R：参考特定长度。先输入基本参考长度再输入新的长度。这两个值可以用抓取的方法选择某个图元的有关值。

（7）旋转指令 ROTATE　将选取的图元绕指定的基准点旋转一个角度。角度值可直接输入，也可用辅助指令。

R：参考特定角度。即输入选定图元的原角度和新角度。

（8）拷贝指令 COPY　与移动指令相似，不同的是原位置的图形不会消失。如想复制多个相同图形，可用辅助指令。

M：多重复制。选择图元并指定一个基准点后，只要依次给出复制图形的参考点，就可复制出多个图形。

（9）镜像指令 MIRROR　镜像所画出的图形并与原来的图形成对称形态，对称线由使用者指定。执行指令并选取图元后，系统要求再输入两点以确定对称线。系统提示原图形是否擦除时，可用"Y"或"N"回答。

（10）阵列指令 ARRAY　将选取的图元以矩阵或环状的排列方式复制。选取图元后，要用到下面的辅助指令。

R：矩形阵列。系统提示复制列数和行数。因为复制行、列数均包括图元本身，所以其最小值为 1。输入了行数和列数后，系统接着提示输入行、列的间距。输入正值，则向坐标轴的正方向复制，若为负值，则向坐标轴的负方向复制。也可以用两点定窗的方式输入行、列的间距，两点坐标值之差即为行距和列距。矩形阵列复制方式也可以从下拉式菜单中直接选取。

P：环状阵列。首先要输入阵列的中心点、复制次数，然后系统提示输入填充圆周角度，即图元分布的角度。如果输入负值，则沿顺时针方向复制。系统还会提示：复制时图元要自动随复制的角度旋转吗？如果回答"Y"，则图形在所设角度内均布。如回答"N"，则还要输入参考点。系统将以参考点至中心点的距离和设定角度为依据复制平移的图形。

5. "编辑二"菜单常用指令

（1）圆角指令 FILLET　将相交图元改为用相切圆弧过渡。选取指令后，要先设定圆角的半径，然后选取两相交的图元。可用如下辅助指令。

U：取消。取消最后的圆角操作。

P：多义线。将所选复线的尖角进行圆角处理。

R：半径。可更改最初设定的圆角半径值。

C：断圆。每选一次，进行一次 ON、OFF 切换。当其为 ON 时，进行圆角处理过程中自动将圆断开，成为 360°的逆时针圆弧，以备之后进行修齐或中断处理。

T：修齐。与 C 同属切换功能。当其为 ON 时，进行圆角处理时会自动修齐及延长。而当其为 OFF 时，则只绘出圆角，不对原图进行处理。

圆角处理有如下原则：自动对选取的图元进行延长及修齐处理（断圆设定为 OFF 的情况除外）；圆角半径设定为 0 时，与尖角效果相同；平行线不能进行圆角处理，并会有警告信息；圆角产生在图元端点之外时，系统依然将其绘出。

（2）倒角指令 CHAMFER　与圆角指令相似，不同之处是以直线过渡。辅助指令如下。

U：取消。取消前一倒角操作。

P：多义线。对复线进行倒角处理。

D：倒角距离。改变倒角距离时采用此指令，系统提示分别输入两条边的倒角长度。如果是等边倒角，只要在倒角指令提示下输入一个倒角值即可。

倒角处理的原则与圆角相同。

（3）延伸指令 EXTEND　仅对线段、圆弧有效。首先要选取作为延长边界的图元，然后选取要延伸的图元。

指令执行有以下原则：选取图元时，选取点应尽量接近要延长的一端；如图元无法与边界相交，则会有无法延长所选取的图元的警告；如一图元与两条或两条以上的边界相交，则可重复选取，直至达到要求的边界；延长图元不一定与边界图元相接，只要与边界图元的延长线相交即可延长。

（4）分解指令 EXPLODE　用来将选取的图组、复线分解为直线、圆弧等基本图元。执行完毕后，系统会提示有几个图元被分解。

（5）串接指令 AUTOJOIN　此指令可将所选图元和复线连接成一条复线。选取图元后，还要输入一个串接的误差容许值（系统内定为 0.00001 个绘图单位），如果两图元端点 X 或 Y 坐标差超出此值，将无法串接。

6. "辅助绘图"菜单常用指令

作图时，往往要找一些特定的点，或者特定的值，以下指令就具备这些功能。这些指令可以从锁定功能定义区选取，也可从下拉式菜单的"辅助绘图"菜单中选取。

锁定功能常用指令如下。

（1）端点指令 END　抓取线段、圆弧或复线靠近抓取框的端点。

（2）交点指令 INT　抓取任意两图元的交叉点。

（3）中点指令 MID　抓取线段或圆弧的中点。

（4）切点指令 TAN　抓取与圆或圆弧相切的点。不止一个切点时，要利用拖动功能先选好位置再确定所需点。

（5）圆心指令 CEN　抓取圆或圆弧的圆心。

（6）四分点指令 QUA　抓取圆或圆弧最接近抓取框的四分点。四分点是指位于 0、90°、180°和 270°位置的四个点。

（7）垂点指令 PER　过图元外一点取与此图元垂直的点。这一点可能落在图元外，而在图元的延长线上。

（8）最近指令 NEA　用于抓取图元上最靠近光标的点，它随光标的位置而不同。

7. "设定"菜单常用指令

可以通过"设定"菜单指令进行与绘图相关的一些参数的设置，常用指令如下。

（1）测距离指令 DIST　抓取要测定的图元或点，即可求得距离。

（2）图元查询指令 LIST　该指令用于查询资料库的内容，如查询的图元很多、内容很长，则有必要预先将记录功能开启，以便通过开启记录窗口详细查询资料。

8. "档案"菜单常用指令

可以通过"档案"菜单指令进行图形文件的管理。

（1）图档读入指令 NEW-L　执行指令时，系统开启一个窗口，选择要读入的文件名。屏幕上原有的内容将被清除。

（2）图档储存指令 SAVE　执行指令时，系统开启一个窗口，可输入或选取文件名（内定为当前图形文件名）。如文件名重复，则系统提示文件已存在。如选"OK"，则原文件将被覆盖，如选"取消"，则此指令无效。

为避免操作不当、断电或其他意外情况破坏已绘的图形，最好隔一段时间就将所绘图形存储一次，以免前功尽弃。

（3）图档并入指令 LOAD　与图档读入指令相似，所不同的是它并不清除屏幕上原有的内容，而是把新内容加到屏幕图形上。这之中会涉及一些参数和设置，如原文件没有，那么以新并入的文件为准，如原文件已有设定，那么仍按原设定。

上述三项指令，其文件扩展名均为 WRK。

（4）DXF 读入指令 DXFIN　读入 DXF 格式的图文件。系统可接受大部分 DXF 格式定义的图元，但不能接受 3D 图元、文字、图组等。

（5）DXF 储存指令 DXFOUT　将图形以 DXF 格式输出，存入硬盘或软盘。

这两项指令的设置，是为了使本系统的图文件（＊.WRK）能与其他系统（如 AUTO-CAD）的图文件（＊.DXF）互相转换。

（6）存储后退出指令 END　存储图形后退出 CAD 系统。出现提示后输入"Y"。如不想退出，可选"N"，放弃 END 指令。

（7）直接退出指令 QUIT　直接退出 CAD 绘图系统，提示与前一项基本相同。

9. "线切割"菜单常用指令

（1）齿轮指令 RUN-GEAR　选取"齿轮"指令后，齿轮参数输入顺序为：输入齿数；输入模数；输入压力角；输入齿顶圆角半径；输入齿根圆角半径；输入齿轮类型（[0]＜内齿＞/[1]＜外齿＞）；输入齿面圆弧段数；输入变位系数：齿顶圆直径和齿根圆直径。最后，需要修改吗＜Y/N＞？输入完毕，即得到齿轮的齿形。

（2）路径指令 RUN-PATH　沿已绘好的图形设置切割的路径，屏幕提示的含义分别如下。

请用鼠标或键盘指定穿丝点：这一点要根据工件预留的穿丝孔位置确定。

请用鼠标或键盘指定切入点：根据工艺要求选取。

请用鼠标或键盘指定切割方向：根据工艺要求点取。

待图形线条转成绿色时，路径设置即告完成。如果有多个图形要设置路径，则按 C 键继续下一路径的转换。全部路径设置完成后，按 Ctrl+C 键结束路径转换，输入文件名。

10. 功能键

（1）文字幕键 F1 或 Ctrl+Z　浏览整个操作过程。

（2）记录键 F2 或 Ctrl+S　设定操作过程是否需要记录，为 ON 与 OFF 的转换功能键。ON 时，屏幕上方的状态区有"记录"二字，并记录操作过程。OFF 时没显示，不记录。

（3）清画面键 F3 或 Ctrl+N　画面重绘。

（4）轴向键 F7 或 Ctrl+O　切换功能键，当轴向为 ON 时，无论光标如何移动，只能绘水平或竖直的线段。通常为 OFF。

16.3.2　典型零件自动编程实例

使用 FW 系列数控高速走丝电火花线切割加工机床加工如图 16-29 所示的凸模零件。使用线切割自动编程系统来生成加工代码，自动编程的具体过程如下。

1. 进入自动编程系统的 CAD 系统

机床开机后，在如图 16-30 所示的手动模式或其他模式下按 F8（CAM）键进入线切割自动编程系统主画面，如图 16-31 所示。

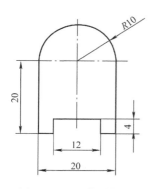

图 16-29　凸模零件图

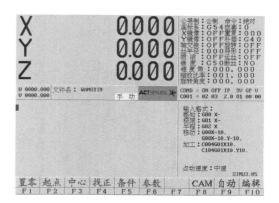

图 16-30　手动模式

在线切割自动编程系统主画面下按 F1（CAD）键进入 CAD 绘图系统，如图 16-32 所示。在 CAD 绘图模式下即可绘制零件图。

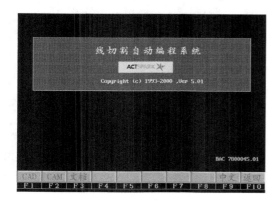

图 16-31　线切割自动编程系统主画面

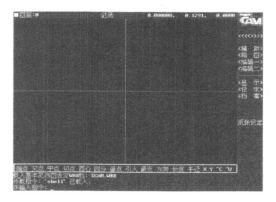

图 16-32　CAD 绘图系统

2. 零件图形绘制

1）运用 CAD 绘图功能绘制零件图形，并确定穿丝孔位置，如图 16-33 所示。

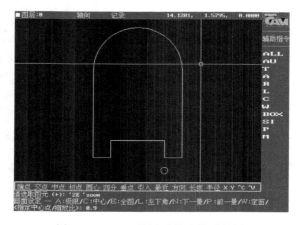

图 16-33　CAD 绘图系统中的零件图

2）保存。在对绘制好的图形进行后面的 CAM 处理前，最好保存一下，按如图 16-34 所示画面进行存储。

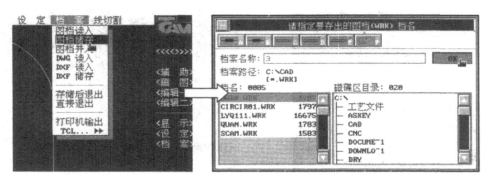

图 16-34　保存图形

3. 设置切割路径

1）根据零件的装夹情况确定穿丝点、切入点和切割方向。

2）按 Ctrl+C 键结束路径设置，并输入一个文件名后回车保存，如图 16-35 所示。注意此文件并不是最终的 NC 文件，而是一个 DXF 过渡文件。

4. 进入 CAM 系统生成程序

1）如图 16-36 所示，在 CAD 绘图系统"线切割"的下拉菜单中选择"CAM"返回到自动编程系统主画面，如图 16-37 所示，按 F2（CAM）键进入 CAM 系统，如图 16-37 所示。

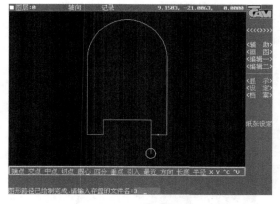

图 16-35　切割路径

2）用键盘上的方向键选取要生成程序的文件名后回车，在屏幕的"偏置方向"处用空格键切换所需的方向；在"放电条件设定"处输入条件号、偏移量。其余参数不设。

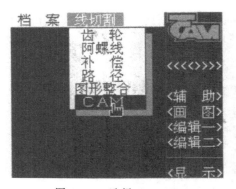

图 16-36　选择"CAM"

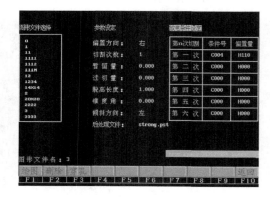

图 16-37　后处理设置

3）按 F1 键绘图，如图 16-38 所示。

4）按 F3 键自动生成 NC 代码，如图 16-39 所示。

5）按 F9 键保存程序，文件名不要超过 8 个字符，无需输入后缀。

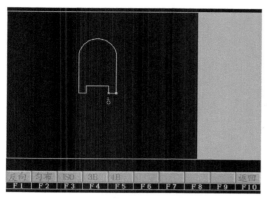

图 16-38　绘图

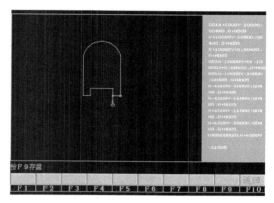

图 16-39　生成 NC 程序

16.4　数控高速走丝电火花线切割加工操作基础

16.4.1　数控高速走丝电火花线切割加工机床开机与关机

（1）所使用机床的名称及型号

1）机床的名称　本书所选用的机床为 FW 系列线切割机床，机床名称为"数控高速走丝电火花线切割机"，简称"快丝"。走丝速度为 8.7m/s。

走丝过程中绝不允许用身体的各个部位接触正在工作的电极丝，发生危险时应第一时间按下急停按钮。

2）机床型号　机床型号 FW2。F：fast；W：wire；FW：fast wire cutting；2：工作台型号，500×400×250。

（2）数控高速走丝电火花线切割加工机床开机过程　开机过程为：打开急停→打开机床电源（ON）→按下启动按钮。

（3）数控高数走丝电火花线切割加工机床关机过程　关机过程为：按下停止按钮→按下急停→关闭机床电源（OFF）。

16.4.2　数控高速走丝电火花线切割加工工件装夹及找正

1. 工件装夹

工件装夹对加工精度有直接影响，一般有以下几种形式。

（1）压板装夹　数控高速走丝电火花线切割加工一般是在工作台上用压板螺钉固定工件，有悬臂式支撑、垂直刃口支撑、桥式支撑三种形式。

悬臂式支撑是将工件直接装夹在工作台上或桥式夹具的一个刃口上，如图 16-40 所示。悬臂式支撑通用性强，装夹方便，但容易出现上仰或倾斜，一般只在工件精度要求不高的情况下使用，如果受加工部位所限而只能采用此装夹方法，同时加工又有垂直度要求，要拉表找正工件上表面。

垂直刃口支撑是工件装在具有垂直刃口的夹具上，如图 16-41 所示。采用此种方法装夹后，工件能悬出一角便于加工，装夹精度和稳定性较好，也便于拉表找正，装夹时夹紧点对准刃口。

图 16-40　悬臂式支撑

图 16-41　垂直刃口支撑

桥式支撑是线切割最常用的装夹方法，如图 16-42 所示。适用于装夹各类工件，特别是方形工件，装夹稳定。只要工件上、下表面平行，装夹力均匀，就能保证工件表面与工作台平行。

（2）磁性装夹　采用磁性工作台或磁性表座夹持工件，主要适用于夹持导磁性钢质材料，因其靠磁力吸住工件，故无需压板和螺钉，操作方便快捷，定位后不会因压紧而变动，如图 16-43 所示。

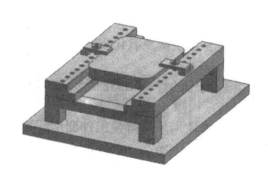

图 16-42　桥式支撑

图 16-43　磁性装夹

（3）专用装夹　批量生产时，为了保证加工精度和装夹速度，可采用专用夹具夹持，要根据零件结构设计合理的专用夹具，以提高生产效率。

2. 工件找正

工件装夹时，还必须配合找正进行调整，使工件的定位基准面与机床的工作台面或工作台进给方向保持平行，以保证所切割的表面与基准面之间的相对位置精度。使用校表来找正工件是在实际加工中应用最广泛的校正方法。

工件校正的操作过程如图 16-44 所示，将校表的磁性表座固定到上丝架的适当位置，保证固定可靠，同时将表架摆放到方便校正工件的样式；使用手控盒移动相应的轴，使千分表的侧头与工件的基准面相接触，直到校表的指针有指示数值；此时移动 OX 轴或 OY 轴，观察校表的读数变化，能反映出工件的基准面与 OX 轴或 OY 轴的平行度。使用铜棒敲击工件来调整平行度，操作过程中要注意把握敲击力度。

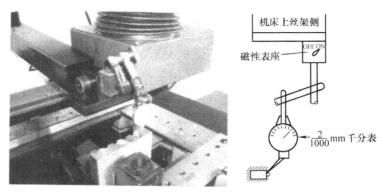

图 16-44　工件校正示意图

16.4.3　数控高速走丝电火花线切割加工电极丝安装

1. 上丝操作

数控高速走丝电火花线切割加工机床的运丝机构如图 16-45 所示，储丝筒控制面板如图 16-46 所示，上丝或运丝时会用到其上的开关，上丝过程如下。

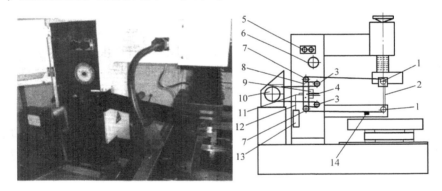

图 16-45　运丝机构

1—主导轮　2—电极丝　3—辅助导轮　4—直线导轨　5—工作液旋钮　6—上丝盘　7—张紧轮
8—移动板　9—导轮滑块　10—储丝筒　11—定滑轮　12—绳索　13—重锤　14—导电块

1）取下储丝筒上的防护罩，右手按下互锁开关，左手按下储丝筒运转开关，将其移到最右端。

2）打开立柱侧面的防护门，将丝盘固定在上丝机构的转轴上，接下来按图 16-47 把丝通过导轮引到储丝筒右端并在紧固螺钉下压紧。

3）打开上丝电动机开关，调节上丝电动机电压调节旋钮，使张紧力适中，手持摇把顺时针旋转，将丝均匀地盘绕到储丝筒上。

4）绕完丝后关掉上丝电动机，取下摇把，剪断电极丝，即可开始穿丝。

2. 穿丝操作

穿丝操作步骤如下。

1）先把移动板推到前面，用定位销固定在立柱的定位孔内，使其不能左右移动，使其

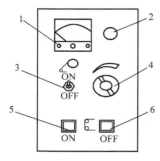

图 16-46　储丝筒控制面板

1—上丝电动机电压指示表　2—紧急停止开关
3—上丝电动机启停开关　4—上丝电动机电压调节旋钮
5—储丝筒运转开关　6—储丝筒停止开关

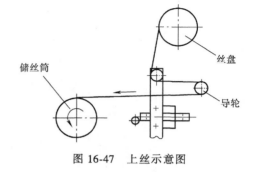

图 16-47　上丝示意图

与断丝保护开关隔开一定的距离，如图 16-48 所示。

2）拉动电极丝头，依次从上至下绕过各导轮、导电块至储丝筒，将丝头拉紧并用储丝筒的螺钉固定，如图 16-49 所示。

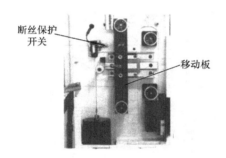

图 16-48　使移动板与断丝保护开关隔开

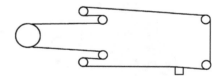

图 16-49　电极丝绕装示意图

3）拔出移动板上的定位销，将电极丝放到导电块上。

4）如图 16-50 所示，把换向块拧松，放在两端，手摇储丝筒向中间移动约 5mm，把左侧的换向块移动对准内部的左侧无触点感应开关，拧紧换向块。右手按下互锁开关，左手按下储丝筒运转开关让储丝筒旋转到另一端，距终点约 5mm 时按停止按钮，把右侧换向块移动到右侧的无触点开关对准，拧紧换向块。由于无触点开关感应位置不一定在中间，可运丝并观察换向处剩丝多少再微调一下换向块的位置，保证换向不冲出限位即可。

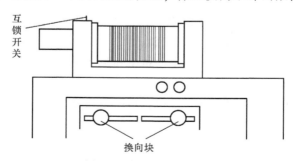

图 16-50　运丝机构局部

5）机动操作储丝筒往复运行两次，使张力均匀，关上立柱两个侧门，盖上储丝筒上的防护罩，复位主导轮罩及上臂盖板。至此整个穿丝过程结束。

3. 电极丝垂直度的调整

穿丝完成后，将 Z 轴降至适当高度。对于精密零件加工，应校正和调整电极丝对工作台的垂直度，保持电极丝与工作台垂直。

（1）目测火花校正　在生产实践中，大多采用火花校正的方法来调整电极丝的垂直度。如利用规则的六面体，或者直接以工件的工作面为校正基准，目测电极丝与工具表面的上、下火花是否一致，调整 U 轴、V 轴至上、下火花一致为止，如图 16-51 所示。

（2）校正器校正　使用校正器对电极丝进行校正，应在不放电、不走丝的情况下进行。该法操作方便，校正精度高。具体操作如下：

1）擦干校正器底面、测试面及工作台面。把图 16-52 所示的校正器放置于台面与桥式夹具的入口，使测量头探出工件夹具，且 a、b 面分别与 X、Y 轴平行。

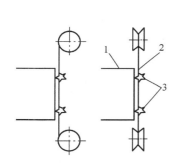

图 16-51　火花校正器调整电极丝的垂直度
1—工件　2—电极丝　3—火花

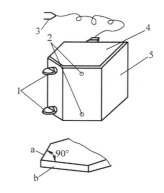

图 16-52　校正器
1—测量头　2—显示灯　3—鳄鱼夹及插座头
4—盖板　5—支座

2）把校正器连线上的鳄鱼夹夹在导电块固定螺钉上。

3）使用手控盒来移动工作台，使电极丝与校正器的侧头进行接触，看指示灯，如果是 X 方向，上面灯亮，则要按手控盒上的 +U 键，反之亦然，直到两个指示灯同时亮，说明丝已找垂直。Y 方向方法相同。

4）找好后把 U、V 轴坐标清零。

16.4.4　数控高速走丝电火花线切割加工机床的操作屏

1. 用户界面介绍

FW 系列数控高速走丝电火花线切割加工机床开机后为手动模式界面，该界面可分为八大区域，如图 16-53 所示，各区域的功能介绍如下：

1）坐标显示区。分别用数字显示 X、Y、Z、U、V 轴的坐标，对于 FW2 机床，Z 轴为非数控轴，因此其坐标显示一直为 0。

2）参数显示区。显示当前 NC 程序执行时的一些参数状态。

3）加工条件区。显示当前加工条件。

4）输入格式说明区。在手动模式下说明主要手动程序的输入格式；在自动模式下，显示加工轨迹。

5）点动速度显示区。显示当前点动速度。

6）功能键区。显示各F功能键所对应的模式。F功能键显示为蓝色，表示按此键进入别的模式，红色表示本模式下的功能。如果在某操作方式下无提示，则再按该F功能键一次，即返回至该操作模式主画面。

7）模式显示区。显示当前模式。

8）执行区。在手动模式下执行输入的程序。在自动模式下执行已在缓冲区的NC程序。

2．手动模式

（1）手控盒　FW系列数控高速走丝电火花线切割加工机床的手控盒按键如图16-54所示，各按键功能介绍如下。

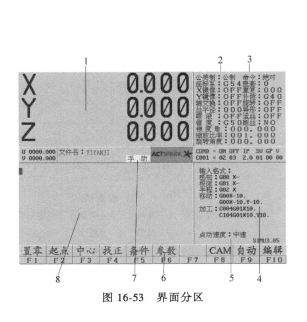

图16-53　界面分区

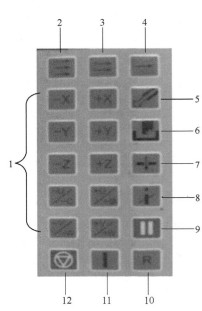

图16-54　手控盒按键

1）轴移动键。指定轴及其运动方向。定义如下：面对机床正面，以电极丝相对于静止的工作台运动为原则，电极丝向右移动为+X，反之为-X；电极丝远离操作者为+Y，反之为-Y；Z轴无用；U轴与X轴平行，V轴与Y轴平行，方向定义分别与X、Y轴相同。

2）点动高速挡。使用该挡时轴的移动速度最快。

3）点动中速挡。开机时为中速。

4）点动单步挡。使用此挡时，轴每按一次移动1μm。

5）冷却液开关。打开或者关闭液泵。

6）未用键。暂无功能。

7）运丝键。打开或关闭储丝筒。

8）确认键（ACK键）。在某些情形下，系统会提示对当前操作确认，此时按此键。

9）暂停键。使加工暂时停止，仅在加工中有效。

10）恢复加工键。在加工暂停后，按此键能恢复加工。

11）执行键。开始执行程序或手动编程。

12）停止键。中断正在执行的操作。

（2）手动操作屏　开机后，计算机首先进入手动模式屏。在其他模式下按"手动"所对应的 F 功能键，可返回手动模式。手动模式最多可进行两轴（X、Y 轴）的直线加工。

1）手动程序输入。请参考"输入格式说明区"所提示的格式在"执行区"输入简单的程序，最多可输入 51 个字符，按回车键执行。如果程序的格式不对，会有错误信息提示，按 ACK 键解除后重新输入。数据单位为 μm 或 0.0001in，有小数点则为 mm 或 in。

在运行过程中，坐标均按绝对坐标显示，与绝对式还是增量式的设置无关。手动功能执行过程中可按 OFF 键中止执行。可采用如下指令编程。

感知指令 G80：实现某一轴向的接触感知动作。例如"G80X-↵"表示进行 X 负方向感知。在感知前，应将工件接触面擦干净，并启动储丝筒使其往复运行两次，使丝上沾的工作液甩净，这有助于提高感知精度。

设原点指令 G92：设置当前点的坐标值。

极限指令 G81：指定轴运动到指定极限。例如"G81X+↵"表示 X 轴移动到正极限。

半程指令 G82：指定轴运动到当前点与坐标零点的一半处。例如 Y 轴当前坐标是 100，输入"G82Y↵"，则 Y 轴移动到 50 处停止。

移动指令 G00：移动轴到指定位置，最多可输入两轴。例如"G00X-1000Y0↵"表示在绝对坐标系下，X 轴移动到坐标-1mm，Y 轴移动到坐标 0 点处；在增量坐标系下，X 轴向负方向移动 1mm，Y 轴方向不动。

加工指令 G01：可实现 X、Y 轴的直线插补加工，加工中可修改条件和暂停、终止加工。在"自动"模式设置的无人、响铃及增量、绝对状态有效，而模拟、预演状态无效。镜像、轴交换、旋转等功能不起作用。

加工时自动打开泵和储丝筒电动机，如果储丝筒压在限位开关处，则会提示按 OFF 键退出或按 RST 键继续。

2）功能键。手动模式下可按如下功能键。

置零（F1 键）：按 F1 键进入置零状态，参照提示按相应键将选定的轴置零，然后按 F1 键返回。

起点（F2 键）：回到"置零"所设的零点或程序中 G92 所设定的点，以最后一次的设置为准。在回起点的过程中，如有感知到极限发生，运动暂停并显示错误信息提示，解除后可继续。

中心（F3 键）：找内孔中心。注意，若储丝筒压住换向开关，应用摇把将储丝筒摇离限位，否则无法找中心。

找正（F4 键）：可借助手控盒及找正块校正丝的垂直度。将找正块擦拭干净，选定位置放好，移动 X（Y）轴接近电极丝，至有火花，然后移动 U（V）轴，使火花上下一致。

条件（F5 键）：非加工时，按 F5 键进入加工条件屏，加工条件现设为 80 项，其中 C021～C040、C121～C140 为用户自定义加工条件，其余为系统固定加工条件。各条件均可编辑、修改，移动光标到所要修改处，输入两位数或一位数再回车即可。

注意：如果希望保存所做修改，按 ALT+8 键存储；如果只是临时修改，则不必存储，关机后所作修改即失效；在加工中，按 F5 键进入加工条件屏，可修改当前加工条件，再按 F5 键退出，修改的条件仅对本次加工生效；如果希望恢复系统原始的加工条件，按 ALT+9 键。

参数（F6 键）：非数字项可用空格键选择。如果想取消当前的输入，恢复输入前的值，应在该项数字呈红色时按 ESC 键，即取消当前输入，恢复输入前的值，修改参数时望慎重。各参数设置的注意事项如下。

① 语言：有汉语、英语、印尼等语言。

② 尺寸单位：公制以 mm 为单位，英制以 in 为单位。

③ 过渡曲线：分圆弧过渡和直线过渡两种。

④ X 镜像：X 坐标的"+""-"方向对调，ON 为对调，OFF 为取消。

⑤ Y 镜像：Y 坐标的"+""-"方向对调，ON 为对调，OFF 为取消。

⑥ X-Y 轴交换：X、Y 坐标对换，ON 为交换，OFF 为取消。

⑦ 下导丝轮至台面的距离：在出厂前已测量并设定，不要修改。

⑧ 工件厚度：按实际值输入。

⑨ 台面至上导丝轮的距离：依据 Z 轴标尺的值输入。

⑩ 缩放比率：编程尺寸与实际长度之比。

CAM 键 F8：进入 CAD/CAM。

自动键 F9：进入自动模式。

编辑键 F10：进入编辑模式。

3. 编辑模式

在手动模式屏按 F10 键，进入编辑模式，如图 16-55 所示。

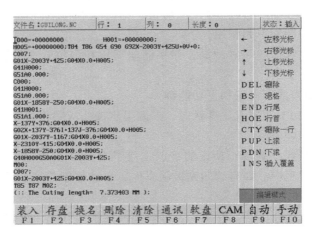

图 16-55　编辑模式

（1）F 功能键介绍

1）装入（F1 键）：将 NC 程序从硬盘（按 D 或 F 键）或软盘（按 B 键）装入内存缓冲区。选定驱动器后，屏幕将显示文件目录，再用光标选取文件后回车。

2）存盘（F2 键）：将内存中的 NC 程序存入硬盘（按 D 键或 F 键）或软盘（按 B 键）。如无文件名，会提示输入文件名。文件名要求不超过 8 个字符，扩展名".NC"自动加在文件名后。

3）换名（F3 键）：更换文件名。如果新文件名与磁盘已有的文件重名，或者文件名输入错误，将提示"替换错误"。

4）删除（F4 键）：将 NC 程序从硬盘中删除。

5）清除（F5 键）：清除内存中 NC 程序区的内容并清屏。

6）通信（F6 键）：通过 RS232 接口传送和接收 NC 程序。通信是用户可选项，标准系统并不提供。

7）软盘（F7 键）：按 F 键为格式化软盘。按 C 键为拷贝软盘。

8）CAM（F8 键）：进入 CAD/CAM。

9）自动（F9 键）：进入自动模式。

10）手动（F10 键）：进入手动模式。

（2）NC 程序的编辑　在此模式下可进行 NC 程序的编辑，文件最大为 80K，回车处自动加"；"。

1）↑ ↓ ← →：光标移动键。

2）Del：删除键，删除光标所在处的字符。如果光标在一行末尾，则按删除键后，下一行自动加在本行末尾。

3）BackSpace（←）：退格键，光标左移一格，并删除光标左侧的字符。

4）Ctrl+Y：删除光标所在处的一行。

5）Home（Ctrl+H）与 End（Ctrl+E）：置光标在一行的行首与行尾。

6）PgUp 与 PgDn：向上翻一页与向下翻一页。

7）Ins（Ctrl+I）：插入与覆盖转换键，屏幕右上角的状态显示为"插入"时，在光标前可插入字符。当状态变为"覆盖"时，输入的字符将替代原有的字符。

8）Enter：回车键，结束本行并在行尾加"；"，同时光标会移到下一行行首。

（3）自动显示功能　在屏幕上方，显示当前编辑状态。

1）文件名。当前屏幕上 NC 程序已有的标识，当进行清除操作时，显示为空格。

2）行。从文件开始到光标处的总行数。

3）列。从光标所在行的行首到光标处的字符数。

4）长度。从文件开始到光标处的总字符数，每一行要多计两个字符。

5）状态。显示当前编辑处于"插入"还是"覆盖"状态。

4. 自动模式

自动模式如图 16-56 所示，界面中的模式显示区显示"自动"。

（1）F 功能键介绍

1）无人（F1 键）。ON 状态下，程序结束时自动切断强电并关机；OFF 时，不切断电源。

2）响铃（F2 键）。程序结束时奏乐，

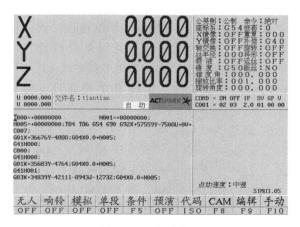

图 16-56　自动模式

发出错误报警。ON 状态时连续响铃，直到按 ESC 键解除为止。

3）模拟（F3 键）。ON 状态下，只进行轨迹描画，机床无任何运动。OFF 状态为实际加工状态。

4）单段（F4 键）。加工或模拟时，如果在 ON 状态，执行完一个程序段自动暂停，按 RST 键继续执行下一段，按 OFF 键停止。

5）条件（F5 键）。在加工中修改条件，与手动模式相同。

6）预演（F6 键）。ON 状态下，加工前先绘出图形，加工中进行轨迹跟踪，便于观察整个图形及加工位置。OFF 时则不预先绘出图形，只有轨迹跟踪。跟踪轨迹有可能与整个图形轨迹都不重合，这并不是程序逻辑或加工错误，只是显示的差异而已。

7）代码（F7 键）。选择执行代码格式，3B 或 ISO 代码，本系统一般使用 ISO 代码。

8）CAM（F8 键）。进入 CAD/CAM。

9）编辑（F9 键）。进入编辑模式。

10）手动（F10 键）。进入手动模式。

（2）NC 程序的执行

1）首先在编辑模式下装入 NC 文件，修改好。在自动模式下不能修改程序。

2）用 F 键预选好所需的状态，通常"无人""单段"为 OFF，"响铃"为 ON，"代码"为 ISO。用光标键选好开始执行的程序段，一般情况下从首段开始。

3）加工前，建议先将"模拟"置为 ON，运行一遍，以检验程序是否有错误。如有，会提示错误所在行。

4）将"模拟"置为 OFF，"预演"置为 ON，开始加工。如需要暂停，按 HALT 键，再继续按 RST 键。

5）执行程序过程中按 F5 键可以修改加工条件。

6）参数区显示的是当前状态，由程序指令决定。

7）按 OFF 键，程序停止运行并显示信息，可按 ACK 解除。

8）加工时间显示。P 为本程序已加工时间，B 为本程序段加工时间。

9）加工速度显示。在右下角显示，单位为 mm/min。

5. 掉电保护

加工过程中按急停按钮关机或突然断电时，保护系统会发出间断的响声，同时将所有加工状态记录下来。再开机时，系统将直接进入自动模式，并提示："是否从掉电处继续加工？按 OFF 键退出！按 RST 键继续！"只要掉电后未动机床和工件，则按 RST 键即可继续加工。

6. 自动编程系统

在手动模式或其他模式下按 F8 键（CAM），即进入 CAM 主画面，如图 16-57 所示。

（1）CAD　按 F1 键，进入 CAD 图形绘制界面，进入绘图软件即可绘制图形。

（2）CAM　按 F2 键进入自动编程模式，

图 16-57　CAM 主画面

如图 16-58 所示，画面分成三栏：图形文件选择、参数设定和放电条件设定。

1）图形文件选择。本栏显示当前目录下所有的图形文件名，用光标选好文件名后回车，屏幕左下角即显示所选文件名。

2）参数设定栏各参数的设置方法如下。

偏置方向：沿切割路径的前进方向，电极丝向左或右偏，用空格键切换。

切割次数：可输入 1~6。但快走丝多次切割无意义，通常设为 1。

暂留量：多次切割时，为防止工件掉落，留一定量到最后一次才切，生成程序时在此加暂停指令。取值范围为 0~999.000mm。

过切量：为消除切入点的凸痕，加入过切量。

脱离长度：多次切割时，为改变加工条件和补偿值，需离开加工轨迹，其距离为脱离长度。

锥度角：进行锥度切割时的锥度值，单位为度。

倾斜方向：锥度切割时丝的倾斜方向，与偏置方向的设定方法相同。

后处理文件：不同的后处理文件，可生成适合不同控制系统的 NC 代码程序，本系统后处理文件扩展名为 PST。Strong. pst 为公制后处理文件，Inch. pst 为英制后处理文件。

3）放电条件设定。在条件号栏中填入加工条件，范围为 C000~C999。在偏置量栏中输入补偿值，范围为 H000~H999。快走丝只切割一次，因此设置"第一次"即可。

4）绘图。图形文件选定后，按 F1 键绘出图形，如图 16-59 所示，◎表示穿丝点，×表示切入点，□表示切割方向。

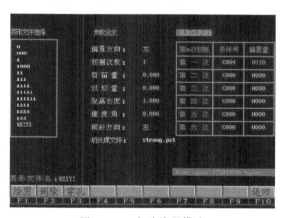

图 16-58　自动编程模式

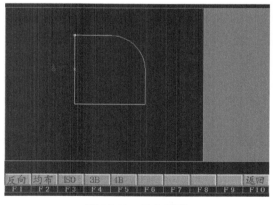

图 16-59　绘出图形

反向键（F1）：改变在"路径"中设定的切割方向，偏置方向、倾斜方向也随之改变。

均布键（F2）：将一个图形按给定角度和个数分布在圆周上。旋转角以度为单位，逆时针方向为正。均布个数必须是整数。而且：旋转角度×均布个数≤360°。

ISO 键（F3）：生成国际通用的 ISO 格式的 NC 程序。

3B 键（F4）：生成 3B 格式的 NC 程序。

4B 键（F5）：生成 4B 格式的 NC 程序。

程序生成后，屏幕提示按 F9 键存盘，输入的文件名按要求应不超过 8 个字符，扩展名 NC 会自动加在文件名后。

返回键 F10：上述操作结束后，按 F10 键返回到前一个画面。

5）删除。按 F2 键后，屏幕下方提示用光标键选定文件，按回车键执行。按 ESC 键可取消删除操作。完成后按 F10 键返回。

（3）文档　在 SCAM 主画面按 F3 键即进入文档操作。屏幕显示文件目录窗口，用光标键选择文件后回车，按 C 键进行文件拷贝，按 D 键删除文件。如果想取消操作，按 F10 键后，屏幕提示"按 Enter 键删除，按 Esc 键取消"，这时按 Esc 键退出文档操作，再按一次 Esc 键，文件目录窗口消失。在 SCAM 主画面按 F10 键回到启动时的第一屏。

第17章

激 光 切 割

激光加工是利用光的能量，经过透镜聚焦，在焦点上达到很高的能量密度，靠光热效应来加工各种材料。激光束具有强度高、密度大的特点，可以在空气介质中加工各种材料，在现代加工行业中的应用越来越广泛。

17.1 激光加工的基础知识

1. 激光加工的基本原理

激光加工是指将激光束照射在工件表面或内部，从而释放能量来使工件熔化并蒸发，以达到切割和雕刻的目的，图 17-1 所示为激光加工原理。激光切割是利用从激光发生器发射出的激光束，经光路系统聚焦形成高功率、高密度的激光束照射条件，激光热量被工件材料吸收，工件温度急剧上升，到达沸点后，工件材料汽化并形成孔洞，伴随高压气流，随着光束与工件相对位置的移动，最终形成切缝。

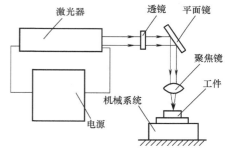

图 17-1　激光加工原理图

2. 激光加工的特点

激光加工技术与传统加工技术相比，具有材料浪费少、在规模化生产中成本效应明显、对加工对象具有很强的适应性等优点，具体体现在如下方面。

1) 激光加工生产效率高，质量可靠。

2) 激光功率密度大，工件吸收激光后温度迅速升高而熔化或汽化，即使熔点高、硬度大和质脆的材料（如陶瓷、金刚石等）也可用激光加工。

3) 激光头与工件不接触，不存在加工工具磨损。

4) 工件不受应力，不易污染。

5) 可以对运动的工件或密封在玻璃壳内的材料进行加工。

6) 适合精密微细加工，又适于大型材料加工。

3. 激光加工分类

(1) 激光切割　激光切割技术广泛应用于金属和非金属材料的加工中，可大大减少加工时间，降低加工成本，提高工件质量。激光切割是应用激光聚焦后产生的高功率密度能量来实现的。与传统的板材加工方法相比，激光切割具有高切割质量、高切割速度、高柔性（可随意切割出任意形状）、广泛的材料适应性等优点，常用的激光切割机如图 17-2 所示。

(2) 激光打孔　脉冲激光器可用于打孔，脉冲宽度为 0.1~1ms，特别适合微孔和异形孔，孔径为 0.005~1mm。激光打孔已广泛用于钟表和仪表的宝石轴承、金刚石拉丝模、化

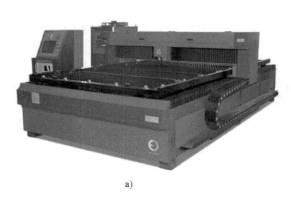
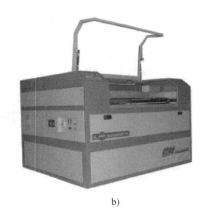

a)   b)

图 17-2　激光切割机

a) 大型激光切割机　b) 小型激光切割机

纤喷丝头等工件的加工。

（3）激光内雕　透明材料虽然在一般情况下是对激光透明的，不吸收激光能量，但是焦点处的激光强度足够高，透明材料会产生非线性效应，短时间内吸收大量能量从而在焦点处产生微爆裂，大量微爆裂点形成内雕图案。常用的一种激光切割机如图 17-3 所示。

（4）激光焊接　激光焊接是激光材料加工技术应用的重要方面之一，焊接过程属热传导型，即激光辐射加热工件表面，表面热量通过热传导向内部扩散，通过控制激光脉冲的宽度、能量、峰功率和重复频率等参数，使工件熔化，形成特定的熔池。由于其独特的优点，因此已成功地应用于微、小型零件的焊接中。

（5）激光打标　激光打标是利用高能量的激光束照射在工件表面，光能瞬时变成热能，使工件表面迅速蒸发，从而在工件表面刻出所需要的任意文字和图形，以作为永久防伪标志。

（6）激光热处理　激光热处理是用激光照射材料，通过选择适当的波长和控制照射时间、功率密度，可使材料表面熔化和再结晶，以达到淬火或退火的目的。激光热处理的优点是可以控制热处理的深度，可以选择和控制热处理部位，工件变形小，可处理形状复杂的零件和部件，可对不通孔和深孔的内壁进行处理。

此外，激光蒸发、激光区域熔化和激光沉积等新工艺正在发展中。

4. 激光切割加工中明火产生的主要原因

1）风机、气泵未开启。

2）速度太慢，功率过高。

3）工作台面附着较多碳化物未清理。

4）废料箱材料未清理。

5）材料落层切割。

6）高温加工释放易燃气体。

17.2　激光切割机操作基础

17.2.1　CLS3500 系列高速激光切割机结构

1. 实训所使用机床的型号

实训所用激光切割机型号为 CLS3500.1400.80，表示此设备为 CLS3500 系列，加工行程为 1400mm，激光功率为 80W。

2. CLS3500 系列高速激光切割机外形

CLS3500 系列高速激光切割机外形如图 17-3 所示。

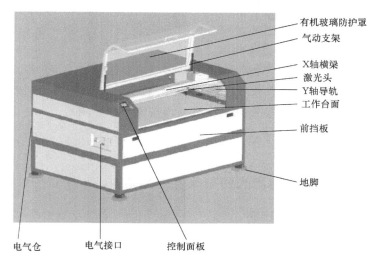

图 17-3　CLS3500 系列高速激光切割机外形

3. CLS3500 操作面板

CLS3500 系列高速激光切割机操作面板如图 17-4 所示。

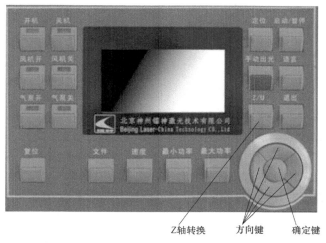

图 17-4　CLS3500 系列高速激光切割机操作面板

开机：当关机指示灯亮时，按此键开启机床。

关机：按此键关闭机床。

风机开：按此键开启风机，可以通过风机将加工产生的废气排入废气净化装置。

风机关：按此键关闭风机。

气泵开：按此键开启气泵，气泵的作用是从激光头气嘴向下吹出高速气体，进而冷却被加工工件，提升切口品质，防止易燃材料起火，保护镜片。

气泵关：按此键关闭气泵。

复位：按此键机床复位。

文件：在机器空闲状态下按此键进入文件菜单。

速度：按此键可进入调节速度界面。

最小功率：按此键进入调节最小功率界面。

最大功率：按此键进入调节最大功率界面。

定位：在系统空闲的界面按下此键，系统将把当前点作为加工相对原点。

启动/暂停：空闲状态或暂停状态下按此键启动加工，加工时按此键加工暂停。

手动出光：空闲状态下按此键激光器出光，该按键常用于调光。

语言：此键用于设置界面语言。

退出：此键用于退出加工。

17.2.2　CLS3500 系列高速激光切割机操作指南

1. 计算机连接数据线及接通电源

计算机数据线一端与设备数据接口连接，另一端与计算机连接，电源接口与 220V 电源连接，如图 17-5 所示，合上空气开关，机床照明灯自动打开。

图 17-5　数据接口及开关

2. 机床开机

依次按下操作面板上的开机、风机开、气泵开按键，机床开机并自动复位。

3. 毛坯料安装及焦距调整

打开机床有机玻璃防护罩，将毛坯料放在工作台上，调整激光头使激光头距离工件 5mm。如果毛坯料不平整可以用压铁压实，但压铁位置要避开激光头行走路径。

4. 零件图形导入及加工

使用 AutoCAD 等绘图软件按 1∶1 的比例绘制零件图，然后另存为 DXF 格式，打开激光切割系统 RDWorksV7，如图 17-6 所示。

（1）导入图形　依次单击文件→导入→已存的 DXF 文件→打开。

（2）加工位置调整　通过操作面板上的方向键，将激光头调整到毛坯料的左上角位置，然后单击操作面板上的定位键。

（3）参数设置　如图 17-7 所示，双击图层下方的黑色图层框，系统弹出图层参数界面，设置参数。例如，5mm 厚亚克力板速度设为 6mm/s，最小功率设为 80%，最大功率设为 90%。如果切不透可加大功率或减小速度。

（4）走边框　为空走，单击走边框，可以快速观察加工路径，通过观察可以判断加工零件的大小及加工位置。

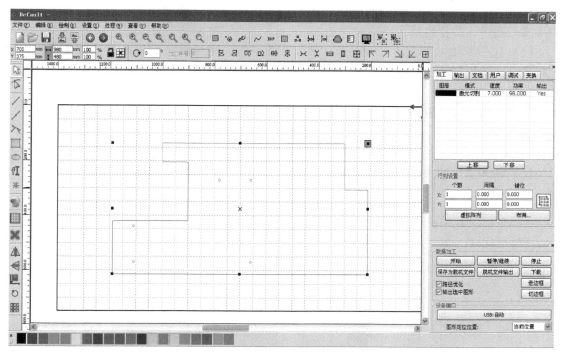

图 17-6　激光切割系统 RDWorksV7

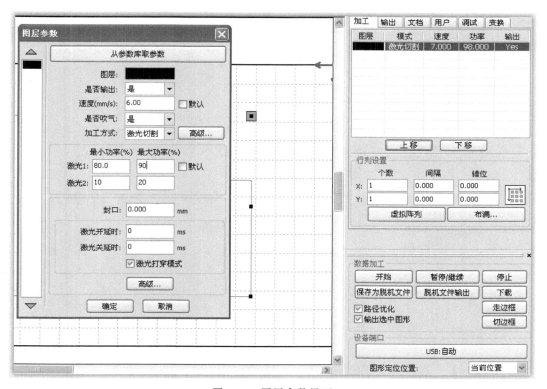

图 17-7　图层参数界面

（5）加工　关上有机玻璃防护罩，单击开始按钮，零件开始加工，加工过程中操作者严禁离开现场，防止出现火灾。

（6）工件取出　加工结束后不要立刻打开防护罩，当风机将设备内的残余废气排除净化后再打开防护罩取出工件。

5. 设备清理

将多余的毛坯料取出放到指定位置，切掉的废料应及时清理，保持设备清洁。

6. 关机

通过操作面板上的方向键，将激光头移动到工作台的中间位置，单击操作面板上的关机键关机，断开空气开关，拔下数据线及电源线，计算机关机并放入工具箱锁好。

第18章

物料自动化加工模拟系统

18.1 物料自动化加工基础知识

18.1.1 物料自动化加工基本概念

（1）机器人 机器人为自动执行工作的机器装置，它既可以接受人类指挥，又可以运行预先编排的程序，也可以根据人工智能技术的原则纲领行动。它的任务是协助或取代人类进行工作，例如在生产业、建筑业，或者进行危险的工作。

（2）PLC PLC 即可编程逻辑控制器（Programmable Logic Controller），是以微处理器为核心，利用计算机技术组成的通用电气控制装置，可以将控制指令随时载入内存进行储存与执行。

（3）传感器 传感器的输出信号稳定时，输出信号变化与输入信号变化的比值代表传感器的灵敏度参数。例如光电传感器的作用是将光信号转变为电信号，因此通过电信号即可获得对应光信号的信息。

（4）自由度 人们把构件相对于参考系具有的独立运动参数的数目称为自由度，即为了使机构的位置得以确定，必须给定独立的广义坐标的数目。

18.1.2 机器人分类与沿革

从应用环境出发，一般将机器人分为两大类：工业机器人与特种机器人。工业机器人是目前机器人市场中占比最大的，而特种机器人则是除工业机器人之外的、用于非制造业并服务于人类的各种先进机器人。包括服务机器人、水下机器人、娱乐机器人、军用机器人、农业机器人和机器人化机器等。

目前，中国信息通信研究院、IDC 国际数据集团和英特尔共同发布的《人工智能时代的机器人 3.0 新生态》白皮书，把机器人的发展历程划分为三个时代，分别称之为机器人1.0、机器人 2.0、机器人 3.0，如图 18-1 所示。在机器人 1.0（1960—2000 年）中，机器人对外界环境没有感知能力，只能单纯复现人类的示教动作，在制造业领域替代工人进行机械性的重复体力劳动。在机器人 2.0（2000—2015 年）中，可通过传感器和数字技术的应用构建机器人的感觉能力，并使其模拟部分人类功能，不但促进了机器人在工业领域的成熟应用，也逐步开始向商业领域拓展应用。在机器人 3.0（2015—2020 年）中，伴随着感知、计算、控制等技术的迭代升级，以及图像识别、自然语音处理、深度认知学习等新型数字技术在机器人领域的深入应用，机器人领域的服务化趋势日益明显，逐渐渗透到生产生活的每

图 18-1　机器人发展历程的三个时代

一个角落。

事实上，到目前为止，机器人 3.0 的基本功能已经实现，机器人也将进入 4.0 时代。机器人 4.0 时代会将云端大脑分布在从云到端的各个地方，充分利用边缘计算去提供更高性价比的服务，把所要完成任务的记忆场景知识与常识很好地组合起来，实现规模化部署。机器人除了具有感知能力，能实现智能协作，还具有理解和决策的能力，达到自主服务水平。

18.1.3　电气控制与 PLC 基础

电气控制是使生产设备执行预定的控制程序，并实现规定的动作和目标。电气控制系统的任务就是按照生产设备的生产工艺要求控制执行元件，驱动各动力部件自动化加工。

随着电气控制的发展，其在制造业中的应用也越来越广泛。而 PLC 作为电气控制的主流控制器，在现今制造业中的应用非常广泛。目前 PLC 的生产厂家与型号特别多，西门子 PLC 以极高的性价比，在各行各业得到了广泛应用。下面主要针对西门子 S7-1500PLC 进行介绍。

PLC 是一种以微处理器为核心的专用于工业控制的特殊计算机，其硬件配置与微型计算机类似。虽然 PLC 的具体结构多样，但其基本结构相同，即主要由中央处理器（CPU）、存储器、输入单元、输出单元、电源、通信接口和 I/O 扩展接口等部分构成。整体式 PLC 的结构组成如图 18-2 所示。

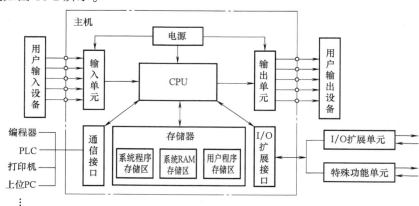

图 18-2　整体式 PLC 的结构组成

1. 中央处理单元（CPU）

与一般的计算机控制系统相同，CPU 是 PLC 的控制中枢。PLC 在 CPU 的控制下协调工作，实现对现场各个设备的控制。CPU 的主要任务如下。

1）接收与存储用户的程序和数据。

2）以扫描的方式，通过输入单元接收现场的状态或数据，并存入相应的数据区。

3）诊断 PLC 的硬件故障和编程中的语法错误等。

4）执行用户程序，完成各种数据的处理、传输和存储等功能。

2. 存储器

PLC 的存储器一般可分为：系统程序存储区、系统 RAM 存储区和用户程序存储区。

1）系统程序存储区。主要用于存放由 PLC 生产厂家编写的操作系统，包括监控程序、功能子程序、管理程序及系统诊断程序等，并固化在 ROM 内。它使 PLC 具有基本的智能，能够完成 PLC 设计者规定的各项工作。

2）系统 RAM 存储区包括 I/O 映像区、计数器、定时器及数据存储器等，用于存储输入/输出状态、逻辑运算结果和数据处理结果等。

3）用户程序存储区用于存放用户自行编制的用户程序。该区一般采用 EPROM、E2PROM 或 Flash Memory（闪存）等存储器，也可以采用由备用电池支持的 RAM。

系统 RAM 存储区和用户程序存储区容量的大小关系到 PLC 内部可使用的存储资源的多少和用户程序容量的大小，是反映 PLC 性能的重要指标。

3. 输入/输出单元

输入/输出单元是 PLC 与外部设备连接的接口。根据处理信号类型的不同，分为数字量（开关量）输入/输出单元和模拟量输入/输出单元。数字量信号只有"接通"（"1"信号）和"断开"（"0"信号）两种状态，而模拟量信号的值则是随时间连续变化的量。

4. 电源

PLC 配有一个专用的开关式稳压电源，它能将交流电源转换为 PLC 内部电路所需要的电源，使 PLC 能正常工作。对于整体式 PLC，电源部件封装在主机内部，对于模块式 PLC，电源部件一般采用单独的电源模块。

5. I/O 扩展接口

I/O 扩展接口用于将扩展单元与主机或 CPU 模块相连，以增加 I/O 点数或增加特殊功能，使 PLC 的配置更加灵活。

6. 通信接口

PLC 配有多种通信接口，通过这些通信接口，PLC 可以与编程器、监控设备或其他 PLC 相连接。与编程器相连可以实现编辑和下载程序功能；与监控设备相连可以实现对现场运行情况的上位监控；与其他 PLC 相连可以使 PLC 组成多机系统或连城网路，实现更大规模的控制。

7. 智能单元

为了增强 PLC 的功能，扩大其应用领域，减轻 CPU 的数据处理负担，PLC 厂家开发了各种各样的功能模块，以满足更加复杂的控制功能的需要。这些功能块一般都内置了 CPU，具有自己的系统软件，能独立完成一项专门的工作。功能模块主要用于时间要求苛刻、存储器容量要求较大、数据运算复杂的过程信号处理任务，例如用于位置调节的位置闭环控制模块、对高速脉冲进行计数和处理的高速计数模块等。

8．外部设备

PLC 还可配有编程器、可编程终端（触摸屏等）、打印机、EPROM 写入器等其他外部设备。其中，编程器可供用户进行程序的编写和调试，以及监视功能的使用，现在许多 PLC 厂家为自己的产品设计了计算机辅助编程软件，将其安装在 PC 上，再配备相应的接口和电缆，则该 PC 就可以作为编程器使用。

18.2　物料自动化加工模拟系统介绍

18.2.1　系统组成

一种物料自动化加工模拟系统实训设备外观如图 18-3 所示，它是一种覆盖了机床上下料工作站、码垛、变位机工作站、视觉系统等诸多功能的一体化实训装备。机器人为 FANUC M-10iD/12 六轴机器人，具有精度高、稳定性强等特点。PLC 型号为西门子 S7-1500，这款 PLC 具有处理速度快、联网能力强、诊断能力强、安全性高、组态和编程效率高等优点。

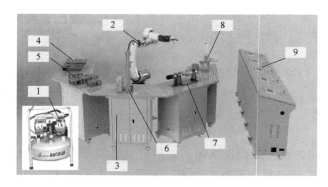

图 18-3　实训设备外观图

1—气泵　2—工业机器人　3—操作对象工作台　4—基础学习和实训工作站　5—码垛工作站
6—视觉检测工作站　7—机床上下料工作站　8—搬运工作站　9—PLC 教学实训工作台

本实训平台一共可以分为 5 个工作站，分别为：基础学习和实训工作站、搬运工作站、机床上下料工作站、视觉检测工作站和码垛工作站。

1．基础学习和实训工作站

本工作站如图 18-4 所示。其由优质铝材加工制造而成，表面经阳极氧化处理，在平面、曲面上蚀刻了平行四边形、

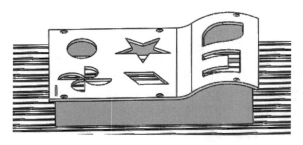

图 18-4　基础学习和实训工作站

五角星、椭圆、风车图案、凹字形图案等多种不同轨迹图案，以便进行轨迹示教。通过轨迹训练，学生可掌握各种运动指令，并能熟练运用机器人。此工作站还配有 TCP 示教辅助装置，用于训练机器人工具坐标的建立和使用。

2. 搬运工作站

搬运工作站如图 18-5 所示，主要由供料单元和物料存放台组成。单机工作时，PLC 编程控制供料单元进行供料；出料完成后，PLC 向机器人发送出料完成信号；机器人收到出料完成信号后，将物料搬运到物料存放台；当机器人搬走物料后，PLC 控制供料单元推出物料以等待机器人下一次搬运；如此循环直至物料搬运完毕。联机运行时，该工作站主要作为供料单元，由 PLC 控制物料推出以便机器人抓取并进行之后的工作。该工作站可用于模拟生产线的物料出库及搬运等综合应用。

3. 机床上下料工作站

机床上下料工作站如图 18-6 所示，配有模拟机床气动卡盘、伺服电动机、变位机支架、翻转机构等来实现上下料功能。变位机可左右翻转，变位机上装有模拟机床气动卡盘，由 PLC 控制伺服电动机旋转，电动机运行可带动气动卡盘翻转。机器人将工件抓取至卡盘进行上料工作，上料完成后变位机翻转，机器人再对另一面卡盘进行上料，上料全部完成后，机器人再逐一进行下料工作。

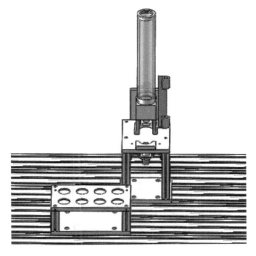

图 18-5　搬运工作站

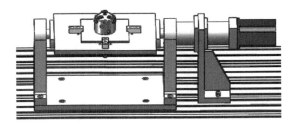

图 18-6　机床上下料工作站

4. 视觉检测工作站

视觉检测工作台采用欧姆龙视觉监测系统，如图 18-7 所示，主要包含相机、光源、主机、显示屏、鼠标、相机支架、物料检测台等部件。工作时，机器人将物料搬运至物料检测台；搬运完成后，机器人给 PLC 发送检测信号，PLC 控制视觉系统开始检测物料的形状、颜色及物料上的条形码；检测完成后，PLC 向机器人发送检测结果，机器人收到检测信号后将物料进行分类并码垛。

5. 码垛工作站

码垛工作站如图 18-8 所示，其上装有码垛物料盛放平台及码垛平台。单机运行时，该工作站的主要功能为训练机器人使用吸盘夹具将码垛物料从物料盛放平台到码垛平台进行搬运码垛；通过对机器人编写程序，可自由规划码垛轨迹、码垛层数及列数，学生能通过训练熟练掌握机器人的操作、编程及基本指令的运用等知识。联机运行时，本工作站主要作为仓库使用，功能为训练机器人对成品物料进行码垛摆放。

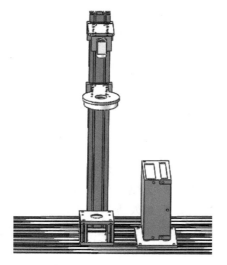

图 18-7　视觉检测工作站

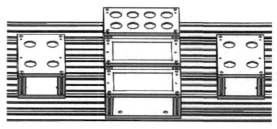

图 18-8　码垛工作站

18.2.2　设备连接

　　设备连接主要是需要保证气泵与电源的连接正确。其中，气源的连接如图 18-9 所示，工作气压一般为 0.4~0.6MPa。

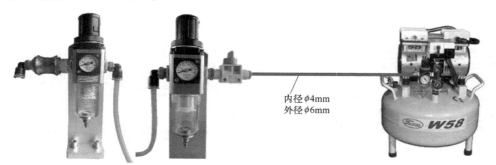

内径 $\phi 4mm$
外径 $\phi 6mm$

图 18-9　气源的连接

　　设备电源线的连接如图 18-10 所示，左侧为设备的电源线，右侧为机器人的供电线。除此之外，在通电前还需要进行表 18-1 所列各项的检查。

表 18-1　通电前需检查的内容

序号	检查内容
1	确定主电源与设备的需求一致，都是 3 相的 380V 交流电
2	检查气源设备是否正确，气源气压不低于 0.5MPa
3	检查有无设备表面有水，不得出现有水的状况
4	检查各连接线是否均已插接，确保插接牢固
5	检查物料是否充足，不得低于物料充足传感器所设限度
6	检查限位开关是否被机械手压下，防止上电伺服报警
7	检查各工作站的工作台是否有物料，上电前工作台不得出现物料（供料台、加工台、装配台、分拣台）

图 18-10　设备电源线的连接

18.2.3　设备运行

设备启动的一般顺序如下。

（1）上电　给机器人的工控机、PLC 上电。

（2）机器人切换到自动模式　将机器人工控机的旋钮调制"Auto"。

（3）示教器启用专用外部信号　依次单击"menu"→"第二页"→"系统"→"专用外部信号"进行启动。

（4）示教器控制　示教器总开关旋钮需要关闭。

（5）切换工作模式　机器人对应的工控机模式应该选择为 Auto。

（6）检查　确定气泵的开启、连接、开关等状态无误。

（7）启动设备　依次按下"复位"→"启动"。

特别注意：每次开机时，都需要对有机器视觉系统的机器勾选"输出"选项。按照以上 7 个步骤操作后，设备会自动运行，流程如下。

1）调整各气缸至初始位置，顶料气缸和推料气缸均处于缩回位置，确认气动卡盘、机器人夹爪、吸盘处于放松状态。

2）将不同标签、不同颜色的工件放于透明物料筒内，确认物料检测台及各个仓库无物料或其他杂物。

3）检查变位机位置是否正常，不正常则调整至正常状态。

4）检查视觉系统是否启动完毕，勾选视觉系统的"输出"选项。

5）按下黄色复位按钮，变位机开始寻找零点。

6）确认变位机寻找零点完成后，按下绿色启动按钮，白色指示灯点亮，机器人电动机通电，绿色指示灯点亮，设备处于运行状态。

7）供料台自动推出物料。

8）机器人将物料依次放置于气动卡盘"1"和"2"处。

9）机器人从气动卡盘"1"抓取物料至物料检测台。

10）视觉系统进行拍照检测。

11）机器人根据检测结果将物料分类运至对应的仓库。

12）机器人从气动卡盘"2"抓取物料至物料检测台。

13）视觉系统进行拍照检测。

14）机器人根据检测结果将物料分类运至对应的仓库。

15）设备按以上流程循环运行，直到物料耗尽或完成规定数目物料的作业，设备运行结束。

特别注意：系统配有急停按钮，在系统运行过程中出现任何危险时，都可按下此按钮，使系统立即停止。

18.3　PLC 编程

S7-1500 PLC 支持五种编程语言：LAD（梯形图）、FBD（功能块图）、STL（语句表）、SCL（结构化控制语言）和 GRAPH（图形编程语言）。下面主要介绍 LAD 的编程。

梯形图（Ladder Diagram，LAD）为图形编程语言，采用基于电路图的表示法，形式上与继电接触器控制系统中的电气原理图类似，具有简单、直观、易读、好懂的特点，因此所有 PLC 生产厂家均支持梯形图编程语言。以梯形图编制的程序以一个或多个程序段（梯级）表示，程序段的左、右两侧各包含一条母线，分别称为左母线与右母线。程序段由各种指令组成，程序示例如图 18-11 所示。其中，I0.0 代表第 0.0 接线端子的输入状态；I0.1 代表第 0.1 接线端子的输入状态，横杠代表此输入为常闭输入；Q8.5 代表 8.5 端口的输出。那么这段代码就表示按下 I0.0 处的按钮后，Q8.5 输出继电器会被闭合。左下方的 Q8.5 也会闭合，从而导致此输出的自锁，直到 I0.1 处的按钮被按下。

PLC 中的常用指令如图 18-12 所示。

程序编写完成后则可进行编译与下载操作，步骤如下。

1）在项目树（project tree）中选择"Color_Mixing_CPU" CPU；

2）右键单击打开快捷菜单，然后依次选择"编译"→"硬件和软件（仅更改）"（Compile >Hardware and software（only changes）），如图 18-13 所示。

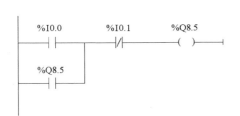

图 18-11　LAD 程序示例

图 18-12　LAD 常用指令

图 18-13　编译

3）下载成功后的界面如图 18-14 所示。

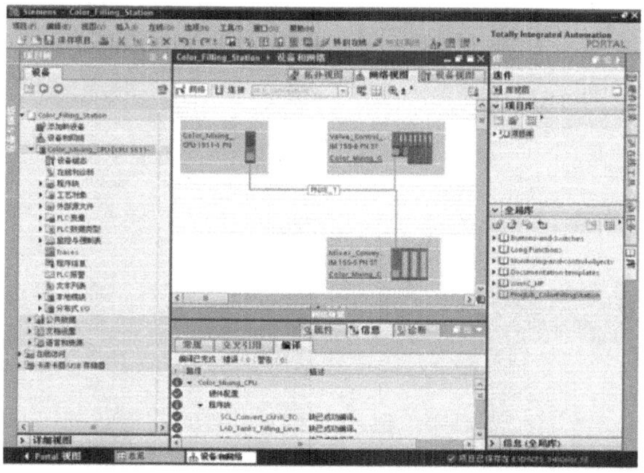

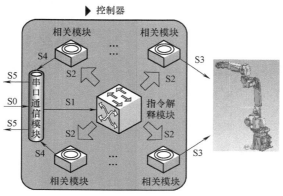

图 18-14 下载成功后的界面

18.4 机器人编程

18.4.1 示教器介绍

示教器也称为示教编程或示教盒，主要由液晶屏幕和操作按键组成，可由操作者手持移动。它是机器人的人机交互接口，基本上机器人的所有操作都是通过示教器来完成的，如点动机器人，编写、测试和运行机器人程序，设定、查阅机器人的状态和位置等，如图 18-15 所示。实际操作过程中，当用户按下示教器上的按键时，示教器通过线缆向主控计算机发出相应的指令代码（S0）；此时，主控计算机上负责串口通信的通信子模块接收指令代码（S1）；然后，指令代码解释模块分析判断该指令码，并进一步向相关模块发送与指令码相应的消息（S2），以驱动有关模块完成该指令码要求的具体功能（S3）；同时，为让操作用户时刻掌握机器人的运动位置和各种状态信息，主控计算机的相关模块同时将状态信息（S4）经串口发送给示教器（S5），使其在液晶显示屏上显示出来，从而与用户沟通，完成数据的交换功能。因此，示教器实质上就是一个专用的智能终端。

图 18-15 示教时的数据流关系

（1）示教器的组成　机器人示教器是一种手持式操作员装置，用于执行与操作机器人系统有关的许多任务，如编写程序、运行程序、修改程序、手动操纵、参数配置、监控机器人状态等。示教器包括使能器按钮、紧急停止按钮和一些功能按钮，如图18-16所示，示教器状态栏各部分的作用如图18-17所示。

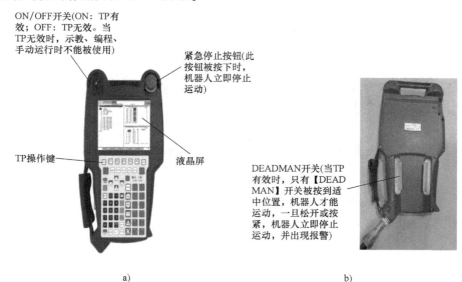

ON/OFF开关(ON: TP有效; OFF: TP无效。当TP无效时，示教、编程、手动运行时不能被使用)

紧急停止按钮(此按钮被按下时，机器人立即停止运动)

TP操作键

液晶屏

DEADMAN开关(当TP有效时，只有【DEADMAN】开关被按到适中位置，机器人才能运动，一旦松开或按紧，机器人立即停止运动，并出现报警)

a)

b)

图18-16　示教器结构示意图

a）正面　b）反面

指示灯亮，分别表示：	
Busy	控制器在处理信息
Step	机器人正处于单步模式
HOLD	机器人正处于HOLD(暂停)状态，在此状态中，该指示灯不保持常亮
FAULT	有故障发生
Run	正在执行程序
Gun	功能根据应用程序而定
Weld	
I/O	

图18-17　示教器状态栏各部分作用

（2）示教器面板　示教器面板如图18-18所示。按键功能见表18-2。

18.4.2　FANUC机器人的手动操作

程序是为了使机器人完成某种任务而设置的动作顺序描述。在示教操作过程中，产生的示教数据（如轨迹数据、作业条件、作业顺序等）和机器人指令都将保存在程序中，机器人自动运行时，将执行程序以再现所记忆的动作。

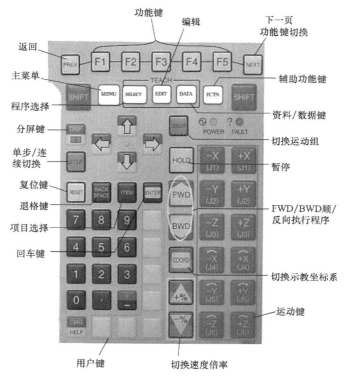

图 18-18　示教器面板

表 18-2　按键功能

	按键	功能描述
功能键	F1 F2 F3 F4 F5	F1~F5 用于选择 TP 屏幕上显示的内容，每个功能键在当前的屏幕上有唯一的内容对应
下一页	NEXT	向下一页切换功能键
主菜单	MENU	显示屏幕菜单
程序选择	SELECT	显示程序选择界面
编辑	EDIT	显示程序编辑界面
资料/数据键	DATA	显示程序资料/数据界面
辅助功能键	FCTN	显示功能菜单

（续）

	按键	功能描述
分屏键	DISP	只存在于彩屏示教盒，与 SHIFT 组合可显示 DISPLAY 界面，此界面可改变显示窗口数量；单独使用可以切换当前的显示窗口
顺向执行程序	FWD	与 SHIFT 组合使用可从前向后执行程序，程序执行过程中松开 SHIFT 则程序暂停
反向执行程序	BWD	与 SHIFT 组合使用可从后向前执行程序，程序执行过程中松开 SHIFT 则程序暂停
单步/连续切换	STEP	在单步执行和连续执行之间切换
暂停	HOLD	暂停机器人运动
返回	PREV	显示上一屏幕
复位键	RESET	消除警告
退格键	BACK SPACE	清除光标之前的字符或数字
项目选择	ITEM	快速移动光标至指定行
回车键	ENTER	确认键

常见的编程方法有两种——示教编程方法和离线编程方法。示教编程方法是由操作人员引导，控制机器人运动，记录机器人作业的程序点，并插入所需的机器人命令来完成程序的编写。离线编程方法是操作人员不直接对实际作业的机器人进行示教，而是在离线编程系统中进行编程或在模拟环境中进行仿真，生成示教数据，通过 PC 间接对机器人进行示教。示教编程方法包括示教、编辑和轨迹再现，可以通过示教器示教再现，由于示教方式使用性强，操作简便，因此是大部分机器人的常用方法。

程序的基本信息包括程序名、程序注释、子类型、组标志、写保护、程序指令和程序结束标志，见表 18-3。

表 18-3　程序基本信息及功能

程序基本信息	功能
程序名	用于识别存入控制器内存中的程序,同一目录下不能出现包含两个或更多拥有相同程序名的程序。程序名长度不得超过 36 个字符,可由字母、数字、下划线组成
程序注释	程序注释连同程序名一起用来描述、选择界面上显示的附加信息。最长可达 16 个字符,由字母、数字及符号(:、@、※)组成。新建程序后可在程序选择之后修改程序注释
子类型	用于设置程序文件的类型。目前本系统只支持机器人程序这一类型
组标志	设置程序操作的动作组,必须在程序执行前设置。目前本系统只有一个操作组 1(1,＊,＊,＊,＊)
写保护	指定程序可否被修改。若设置为"是",则程序名、注释、子类型、组标志等不可修改;若设置为"否",则程序信息可修改。当程序创建且操作确定后,可将此项设置为"是"来保护程序,防止他人或自己误修改
程序指令	包括运动指令、寄存器指令等示教中所涉及的所有指令
程序结束标志	程序结束标志(END)自动显示在程序最后一条指令的下一行。只要有新的指令添加到程序中,程序结束标志就会在屏幕上向下移动,因此程序结束标志总放在最后一行,系统在执行完最后一条程序指令后,执行程序结束标志时,就会自动返回到程序的第一行并终止

18.4.3　常用运动指令

1. 线性运动指令（L）

线性运动指令又称直线运动指令。工具的 TCP 按照设定的姿态从起点匀速移动到目标位置点，TCP 运动路径是三维空间中 P［1］点到 P［2］点的直线运动，如图 18-19 所示。直线运动的起始点是前一运动指令的示教点，结束点是当前指令的示教点。运动特点：①运动路径可预见；②在指定的坐标系中可实现插补运动。

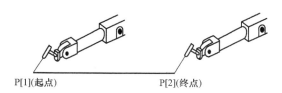

P[1](起点)　　　　　　　P[2](终点)

图 18-19　直线运动指令示例图

（1）指令格式

L　@P［1］　20mm/sec FINE

L　@P［1］　20mm/sec CNT100

（2）指令格式说明

L：机器人做直线运动。

P［1］：目标点。

20mm/sec：机器人 TCP 点以 20mm/s 速度运动。

FINE：单行指令运行结束时稍做停顿。

CNT100：机器人运动中两行指令的轨迹以 100mm 半径圆弧过渡。

（3）应用　机器人以线性方式运动至目标点，当前点与目标点两点决定一条直线，机器人运动状态可控，运动路径保持唯一，可能出现死点，常用于机器人在工作状态下的移动。

2. 关节运动指令（J）

程序一般在起始点使用 J 指令。机器人将 TCP 沿最快速的轨迹送到目标点，机器人的姿态会随意改变，TCP 路径不可预测。机器人最快速的运动轨迹通常不是最短的轨迹，因而关节轴运动不是直线。这是因为机器人轴做旋转运动，弧形轨迹会比直线轨迹运动更快。运动示意图如图 18-20 所示。

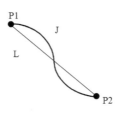

图 18-20　运动示意图

运动特点如下。

1）运动的具体过程是不可预见的。

2）六个轴同时启动且同时停止。使用 J 指令可以使机器人的运动更加高效快速，也可以使机器人的运动更加柔和，但是关节轴的运动轨迹是不可预见的，因此使用该指令时务必确认机器人不会与周边设备发生碰撞。

（1）指令格式

J　P［1］　20% FINE

J　P［1］　20% CNT100

（2）指令格式说明

J：机器人做关节运动。

P［1］：目标点。

20%：机器人关节以 20% 速度运动。

FINE：单行指令运行结束时稍做停顿。

CNT100：机器人运动中两行指令的轨迹以 100mm 半径圆弧过渡。

（3）应用　机器人以最快捷的方式运动至目标点，机器人运动状态不完全可控，但运动路径保持唯一，常用于机器人在空间大范围的移动。

（4）编程实例　根据如图 18-21 所示的运动轨迹，写出其关节指令程序。

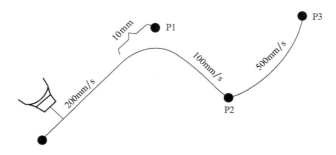

图 18-21　运动轨迹

指令程序如下：

L　P［1］　200mm/sec　CNT10

L　P［2］　100mm/sec　FINE

J　P［3］　500mm/sec　FINE

3. 圆弧运动指令（C）

圆弧运动指令又称为圆弧插补运动指令。由于三点确定唯一圆弧，因此圆弧运动需要示教三个圆弧运动点，起始点 P1 是上一条运动指令的末端点，P2 是中间辅助点，P3 是圆弧终点，如图 18-22 所示。

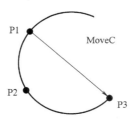

图 18-22　圆弧运动轨迹

（1）指令格式

C　P［1］

　　P［2］　20mm/sec FINE

（2）指令格式说明

C：机器人圆弧运动。

P［1］：圆弧中间点。

P［2］：圆弧终点。

20mm/sec：机器人运行速度。

FINE：单行指令运行结束时稍做停顿。

（3）应用　机器人通过中心点以圆弧移动方式运动至目标点，当前点、中间点与目标点三点决定一段圆弧，机器人运动状态可控，运动路径保持唯一，常用于机器人在工作状态下的移动。

（4）限制　不可能通过一个 MoveC 指令完成一个圆，如图 18-23 所示。

L　P［1］　20mm/sec　FINE

C　P［2］

　　P［3］　20mm/sec　FINE

C　P［4］

　　P［1］　20mm/sec　FINE

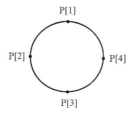

图 18-23　MoveC 指令的限制

18.4.4　运行自己的程序

由于机器人的开机默认设置是执行厂家设定的程序，在需要运行自己编写的特定程序时，可以按照如下步骤进行。

1）调到手动模式。

2）切换到需要运行的程序。

3）切换用户坐标，依次单击"menu"→"SETUP"→"F1【Type】"→"坐标系"，在用户坐标界面中，切换到第二个或第三个画面。

4）切换后，按住"SHIFT+NEXT"使程序自动运行。

在系统运行完自己程序后，需要将其切换回默认的模式，步骤如下。

1）切换到第 0 个用户坐标。

2）按下终止键终止当前程序。

3）调到自动模式。

18.4.5　机器人与 PLC 的配合

在物料自动化模拟工作的整个流程中需要 PLC 与机器人配合工作。一般来说，可以通过以下两种方式。

I/O 引脚直连：由于机器人与 PLC 都支持数字 I/O 的使用，因此通过导线直接连接彼此的 I/O 引脚并规定每根线的电平含义即可。

Profibus 总线：此总线通信协议只需要一根信号线即可完成不同设备间的通信，最多支持节点数为 126。可以设定不同的信息代表不同的含义，从而实现 PLC 与机器人的配合。

第5篇 电 工 技 术

第19章

电工基础知识

19.1 安全用电

19.1.1 电流对人体的危害

电流对人体的伤害常见的有三种情况：电击、电伤和电磁场伤害。

1）电击是指电流通过人体，破坏人体心脏、肺部及神经系统的正常功能。

2）电伤是指电流的热效应、化学效应和机械效应对人体的伤害，主要是指电弧烧伤、熔化金属溅出烫伤等。

3）电磁场伤害是指在高频磁场的作用下，人会出现头晕、乏力、记忆力减退、失眠、多梦等神经系统的症状。

一般认为电流通过人体的心脏、肺部和中枢神经系统的危险性比较大，特别是电流通过心脏，其危险性最大，因此从手到脚的电流途径最为危险。人触电还容易因剧烈痉挛而摔倒，导致电流通过全身并造成摔伤、坠落等二次事故。

工作中为防止触电一般有如下技术措施。

1. 绝缘、屏护和间距

（1）绝缘　绝缘就是防止人体触及带电体，而把带电体用绝缘物封闭起来。陶瓷、玻璃、云母、橡胶、木材、胶木、塑料、布、纸和矿物油等都是常用的绝缘材料。应当注意：很多绝缘材料在受潮后会丧失绝缘性能，或者在强电场作用下会遭到破坏而丧失绝缘性能。超负荷使用也是造成绝缘损坏的主要原因之一。

（2）屏护　屏护即采用遮拦、护罩等把带电体同外界隔绝。电器开关的可动部分一般不能采用绝缘措施，而需要屏护。高压设备不论是否有绝缘，均应采取屏护。

（3）间距　间距就是保证必要的安全距离。间距除了能够防止人触及或过分接近带电体外，还能起到防止火灾、防止混线、方便操作的作用。在低压工作时，最小检修距离不应小于0.1m。

2. 接地和接零

（1）接地　与大地的直接连接、电气装置或电气线路带电部分的某点与大地的连接、电气装置或其他装置正常工作时不带电部分的某点与大地的人为连接都称为接地。

（2）保护接地　为了防止电气设备外露时不带电导体意外带电造成危险，将该电气设备经保护接地线与深埋在地下的接地体紧密连接起来的做法称为保护接地。

由于绝缘破坏或其他原因而可能呈现危险电压的金属部分，都应采取保护接地措施。如发电机、变压器、开关设备、照明器具及其他电气设备的金属外壳都应予以接地。在一般的低压系统中，保护接地电阻值应小于 4Ω。

（3）保护接零　保护接零就是把电气设备在正常情况下不带电的金属部分与电网的零线紧密地连接起来。应当注意的是，在三相五线制的电力系统中，通常是把变压器中性点和电气设备的金属外壳同时接地、接零，这就是所谓的重复接地保护措施，但还应该注意，零线回路中不允许装设熔断器和开关。

3. 装设漏电保护装置

为了保证在故障情况下的人身和设备安全，应尽量装设漏电流动作保护器。它可以在设备及线路漏电时，通过保护装置的检测机构转换获得异常信号，经中间机构的转换和传递，使执行机构动作，自动切断电源，起到保护作用。

4. 采用安全电压

采用安全电压是用于小型电气设备或小容量电气线路的安全措施。根据欧姆定律，电压越大，电流也就越大。因此，可以把可能作用在人身上的电压限制在一定范围内，使得在这种电压下，通过人体的电流不超过允许范围，这种电压称为安全电压。安全电压的工频有效值不超过 50V，直流不超过 120V。我国规定安全电压等级为 42V、36V、24V、12V 和 6V。凡手提照明灯、高度不足 2.5m 的一般照明灯，如果没有特殊安全结构或安全措施，均应采用 42V 或 36V 安全电压。凡金属容器内、隧道内、矿井内等工作地点狭窄、行动不便及周围有大面积接地导体的环境，使用手提照明灯时应采用 12V 安全电压。

5. 加强绝缘

加强绝缘就是采用双重绝缘或另加总体绝缘，即保护绝缘体以防止绝缘损坏后触电的情况发生。

19.1.2　电气安全工作要求与措施

1）不得随便触碰、移动或私自修理车间内的电气设备。

2）经常接触和使用的配电箱、配电板、闸刀开关、按钮开头、插座、插销及导线等，必须保持完好，不得有破损或带电部分裸露的状况。

3）不得用铜丝等代替保险丝，应保持闸刀开关、磁力开关等盖面完整，以防短路时发生电弧或保险丝熔断而飞溅伤人的事故。

4）经常检查电气设备的保护接地、接零装置，保证其连接牢固。

5）在移动电风扇、照明灯、电焊机等电气设备时，必须先切断电源再移动，并且要保护好导线，以免磨损或拉断。

6）在使用手电钻、电砂轮等手持电动工具时，必须安装漏电保护器，工具外壳要进行防护性接地或接零，并且在移动工具时要防止导线被拉断，操作时应戴好绝缘手套并站在绝缘板上。

7）雷雨天，不要走进高压电杆、铁塔、避雷针的接地导线周围 20m 内。当出现高压线断落时，周围 10m 之内，禁止人员进入；若发现时人已经在 10m 范围之内，则应单足或并足跳出危险区。

8）对设备进行维修时，一定要切断电源，并在明显处放置"禁止合闸，有人工作"的警示牌。

19.1.3　电气防火

照明设备、手持电动工具及通常采用单相电源供电的小型电器，有时会引起火灾，其原因通常是电气设备选用不当或线路年久失修而绝缘老化造成短路，或者用电量增加而使线路超负荷运行，维修不善导致接头松动，电器积尘、受潮、热源接近电器、电器接近易燃物和通风散热失效等。

电气火灾的主要防护措施是合理选用电气装置。例如，在干燥少尘的环境中，可采用开启式或封闭式电气装置；在潮湿和多尘的环境中，应采用封闭式电气装置；在易燃易爆的危险环境中，必须采用防爆式电气装置。

防止电气火灾，还要注意电器线路负荷不能过高，注意电器的安装位置不能距易燃或可燃物太近，注意电器运行是否异常，注意防潮等。

19.1.4　静电、雷电、电磁危害的防护措施

1. 静电的防护

生产过程中的静电可以造成多种危害。在挤压、切割、搅拌、喷涂、流体传动、感应、摩擦等作业时都会产生危险的静电，静电由于电压很高，又易产生火花，因此特别容易在易燃易爆场所中引起火灾和爆炸。

静电防护一般采用静电接地、增加空气湿度、在物料内加入抗静电剂、工艺上采用导电性能较好的材料、降低摩擦和流速、进行惰性气体保护等方法来消除或减少静电产生。

2. 雷电的防护

雷电的防护一般采用避雷针、避雷器、避雷网、避雷线等装置将雷电直接导入大地。避雷针主要用来保护露天变配电设备、建筑物和构筑物；避雷线主要用来保护电力线路；避雷网和避雷带主要用来保护建筑物；避雷器主要用来保护电力设备。

3. 电磁危害的防护

电磁危害的防护一般采用电磁屏蔽装置。高频电磁屏蔽装置可由铜、铝或钢制成。金属或金属网可有效地消除电磁场的能量，因此可以用金属制成的屏蔽室、屏蔽服等方式来防护电磁危害。屏蔽装置应有良好的接地装置，以提高屏蔽效果。

19.1.5　触电急救程序及电气火灾扑救方法

1. 触电急救

触电急救最重要的就是动作迅速，快速、正确地使触电者脱离电源。操作步骤如下。

1）使触电者脱离带电体。对于低压触电事故，应立即切断电源或用有绝缘性能的木棍棒挑开带电体、隔绝电流，如果触电者的衣服干燥，又没有紧缠在身上，则可以用一支手抓住他的衣服，将其拉离带电体；但救护者不得接触触电者的皮肤，也不能抓他的鞋。对高压触电者，应立即通知有关部门停电，不能及时停电的，也可抛掷裸金属线，使线路短路接地，迫使保护装置动作，断开电源。注意在抛掷金属线前，应将金属线的一端可靠接地，然后抛掷另一端。

2）根据触电者的具体情况，迅速对症救护。人触电后，一般会出现神经麻痹、呼吸中断、心脏停止跳动等征象，外表上呈现昏迷不醒的状态，但这不是死亡。触电急救现场应用

的主要救护方法是人工呼吸法和胸外心脏挤压法。

人工呼吸法：施行人工呼吸法时，以口对口人工呼吸法效果最好。救护者捏紧触电者鼻孔，深吸一口气后紧贴触电者的口并向口内吹气，时间约为 2s，吹气完毕后，立即离开触电者的口，并松开触电者的鼻孔，让他自行呼气，时间约 3s。如此以约 12 次/min 的速度进行。

胸外心脏挤压法：救护者跪在触电者一侧或骑跪在其腰部两侧，两手相叠，手掌根部放在伤者心窝上方、胸骨下方，掌根用力垂直向下挤压，压出心脏里面的血液，挤压后迅速松开，使胸部自动复原，血液充满心脏，以 100~120 次/min 的速度进行。一旦呼吸和心脏跳动都停止了，应同时进行口对口人工呼吸和胸外挤压，如现场仅一人抢救，可以两种方法交替使用，每吹气 2~3 次，再挤压 10~15 次。抢救要坚持不断，切不可轻率终止，运送途中也不能终止抢救。

2. 电气火灾的扑救

电力线路或电气设备发生火灾，由于是带电燃烧，因此蔓延迅速。如果扑救不当，则可能引起触电事故，扩大火灾范围，加重火灾损失。

（1）断电灭火　电力线路或电气设备发生火灾时，如果没有及时切断电源，则扑救人员身体或所持器械可能触及带电部分而造成触电事故。因此发生火灾后，应该沉着果断，设法切断电源，然后组织扑救。应该特别注意的是，在没有切断电源时千万不能用水冲浇，而要用砂子或四氯化碳灭火器灭火；只有在切断电源后才可用水灭火。切断电源时应该注意做到以下几点。

1）火灾发生后，由于受潮或烟熏，开关设备绝缘强度降低，因此拉闸时应使用适当的绝缘工具进行操作。有配电室的单位，可先断开主断路器；无配电室的单位，应先断开负载断路器，后拉开隔离开关。

2）切断用磁力起动器起动的电气设备时，应先按"停止"按钮，再拉开闸刀开关。

3）切断电源的地点要恰当，防止切断电源后影响火灾的扑救。

4）剪断电线时，应穿戴绝缘靴和绝缘手套，用绝缘胶柄钳等绝缘工具将电线剪断。不同相电线应在不同部位剪断，以免造成线路短路；剪断空中电线时，剪断的位置应选择在电源方向的支持物上，防止电线剪断后落地而造成短路或触电伤人事故。

5）如果线路上带有负载，则应先切除负载，再切断灭火现场电源。

（2）带电灭火　有时为了争取时间、防止火灾蔓延，来不及切断电源，或者因生产需要及其他原因无法断电时，则需要带电灭火。带电灭火应注意做到以下几点。

1）选用适当的灭火器。在确保安全的前提下，应使用不导电的灭火剂，如二氧化碳、四氯化碳、"1211"、"1301"、红卫 912 或干粉灭火器进行灭火。应指出的是，泡沫灭火器的灭火剂（水溶液）有一定的导电性，而且对电气设备的绝缘强度有影响，不应用于带电灭火。

2）在使用小型二氧化碳、"1211"、"1301"、干粉等灭火器灭火时，由于其射程较近，故人体、灭火器的机体及喷嘴与带电体之间应有一定的安全距离。用水进行带电灭火，其优点是价格低廉，灭火效率高，但水能导电，带电灭火时会危害人体。因此，灭火人员在穿戴绝缘手套和绝缘靴，水枪喷嘴安装接地线的情况下，可使用喷雾水枪灭火。对架空线路等空中设备灭火时，人体位置与带电体之间的仰角不应超过 45°，以免导线断落伤人。如遇带电导线断落地面，则应划出警戒区，防止跨入。扑救人员需要进入燃烧区灭火时，必须穿上绝缘靴。在带电灭火过程中，人应避免与水流接触。没有穿戴保护用具的人员，不应接近燃烧区，防止地面水渍导电引起触电事故。火灾扑灭后，如设备仍有电压，则任何人员均不得接近带电设备和水渍地区。

3）对变压器、油断路器、电容器等充油电气设备进行火灾扑救时，其中的油闪亮点大都为 130~140℃，有较大的危害性，如果只是容器外面局部着火，而设备没有受到损坏，则可用二氧化碳、四氯化碳、"1211"、红卫 912、干粉等灭火剂带电灭火。如果火势较大，则应先切断起火设备和受威胁设备的电源，然后用水扑救。如果容器设备受到损坏，喷油燃烧，火势很大，则除了切断电源外，有事故储油坑的应设法将油放进储油坑，坑内和地面上的油火应使用泡沫灭火剂扑灭。要防止着火油料流入电缆沟内。如果燃烧的油流入电缆沟而顺沟蔓延，则沟内的油火只能用泡沫覆盖扑灭，不宜用水喷射，防止火势扩散。灭火时，灭火器和带电体之间应保持足够的安全距离。用四氯化碳灭火时，扑救人员应站在上风方向防止中毒，灭火后要注意通风。

19.2　常用电工工具及仪表

19.2.1　常用电工工具

常用电工工具是指电工随时都可能使用的常备工具。

1. 低压验电器

低压验电器又称试电笔，检测范围为 60~500V，有钢笔式、旋具式和组合式多种，主要由工作探头、降压电阻、氖管、弹簧和笔身等组成，如图 19-1 所示，其握法如图 19-2 所示。低压验电器只能在 380V 以下的电压系统和设备上使用。

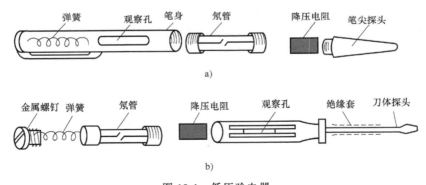

图 19-1　低压验电器
a）钢笔式低压验电器　b）旋具式低压验电器

低压验电器的使用方法和注意事项如下。

1）测试带电体前，一定要先测试已知有电的电源，以检查电笔中的氖管能否正常发光。

2）在明亮光线下测试时，往往不易看清氖管的辉光，故应避光检测。

3）金属的工作探头多制成螺丝刀形状，它只能承受很小的扭矩，使用时应特别注意，

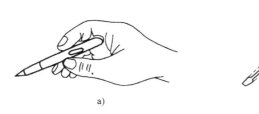

a)　　　　　　　　b)

图 19-2　低压验电器的握法

a）钢笔式握法　b）旋具式握法

以防损坏。

4）低压验电器可用来区分相线和零线，氖管发亮的是相线，不亮的是零线。

5）低压验电器可用来区分交流电和直流电，若为交流电，则氖管在被验的两极附近都发亮；若为直流电，则氖管仅在一个被验的电极附近发亮。

6）低压验电器可用来判断电压的高低。如氖管发暗红，轻微亮，则电压低；如氖管发黄红色，很亮，则电压高。

7）低压验电器可用来识别相线接地故障。在三相四线制电路中，发生单相接地后，用低压验电器测试中性线时，氖管会发亮；在三相三线制星形连接电路中，用低压验电器测试三根相线，如果在两根相线上很亮，另一根相线上不亮，则这根相线很可能有接地故障。

2. 电工刀

电工刀是一种切削工具，主要用来剖削和切割导线的绝缘层、削制木枕、切削木台等。电工刀有普通型和多用型两种，按刀片长度分为大号（112mm）和小号（88mm）两种规格。多用型电工刀除具有刀片外，还有可收式的锯片、锥针和旋具，可用来锯割电线槽板、胶木管、锥钻木螺丝的底孔。目前常用的电工刀规格为 100mm。电工刀结构如图 19-3 所示。

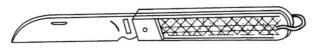

图 19-3　电工刀结构

使用电工刀的注意事项如下。

1）使用时，应将刀口向外进行剖削；剖削导线绝缘层时，应使刀面与导线成较小的锐角，以免损伤芯线。

2）使用电工刀时，应注意避免伤手。

3）电工刀用完后，应随时将刀身折进刀柄。

4）电工刀的刀柄不是用绝缘材料制成的，因此不能在带电导线或器材上进行剖削，以防触电。

3. 常用旋具

常用的旋具如图 19-4 所示。改锥用来紧固或拆卸螺钉，一般分为一字型旋具和十字型旋具两种。

（1）一字型旋具　其规格用柄部以外的长度表示，常用的有 100mm、150mm、200mm、300mm、400mm 等规格。

（2）十字型旋具　十字型旋具有时称为梅花改锥，一般分为四种型号，其中：I号适用于

图 19-4　改锥

a）一字型旋具　b）十字型旋具

直径为 2~2.5mm 的螺钉；Ⅱ~Ⅳ号分别适用于直径为 3~5mm、6~8mm、10~12mm 的螺钉。

4. 钢丝钳

（1）钢丝钳的结构和用途　钢丝钳又称为克丝钳，是电工应用最频繁的工具。常用的规格有 150mm、175mm 和 200mm 三种。

电工钢丝钳由钳头和钳柄两部分组成。钳头由钳口、齿口、刀口和铡口四部分组成。它的功能较多，钳口用来弯铰或钳夹导线线头，齿口可代替扳手用来旋紧或旋松螺母，刀口用来剪切导线、剖切导线绝缘层或掀拔铁钉，铡口用来铡切电线线芯和钢丝、铝丝等较硬的金属。其使用方法如图 19-5 所示。电工所用的钢丝钳，在钳柄上应套有耐压 500V 以上的塑料绝缘套。

（2）使用注意事项　使用电工钢丝钳之前，必须检查绝缘套的绝缘是否完好，如绝缘损坏，不得进行带电操作，以免发生事故。

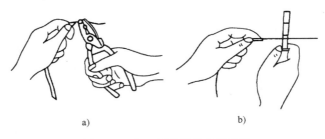

图 19-5　电工钢丝钳的使用方法

a）弯铰导线　b）铡切钢丝

使用电工钢丝钳时，要使钳口朝内，以便于控制钳切部位；钳头不可代替锤子做为敲打工具使用；钳头的轴销上应经常加机油润滑。

使用电工钢丝钳剪切带电导线时，不得用刀口同时剪切相线和零线，或者同时剪切两根相线，以免发生短路事故。

5. 尖嘴钳

尖嘴钳的头部尖细，适用于在狭小的工作空间内操作。带刃口的尖嘴钳能剪断细小金属丝。尖嘴钳的绝缘柄耐压 500V，其规格以全长表示，有 130mm、160mm、180mm 和 200mm 四种。尖嘴钳结构如图 19-6 所示。

6. 断线钳

断线钳又称为斜口钳，钳柄有铁柄、管柄和绝缘柄三种型式，其中电工用的绝缘断线钳的结构如图 19-7 所示，其绝缘柄耐压 1000V。断线钳专供剪断较粗的金属丝、线材及电线电缆等使用。

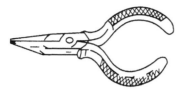

图 19-6　尖嘴钳结构

图 19-7　断线钳结构

7. 剥线钳

剥线钳是用来剥 $6mm^2$ 以下电线的端部塑料线或橡胶绝缘皮的专用工具。剥线钳有直径 $0.5 \sim 3mm$ 等的多个规格切口，以适应不同规格的线芯。使用时，电线必须放在大于其线芯直径的切口上剥，否则会切伤线芯。剥线钳结构如图 19-8 所示。

图 19-8　剥线钳结构

19.2.2　常用电工仪表

电工仪表是电磁测量过程中所需技术工具的总称。电工仪表按测量对象的不同，分为电流表（安培表）、电压表（伏特表）、功率表（瓦特表）、电度表（千瓦时表）、欧姆表等；按仪表工作原理的不同，分为磁电系、电磁系、电动系、感应系等；按被测电量种类的不同，分为交流表、直流表、交直流两用表等；按使用性质和装置方法的不同，分为固定式（开关板式）、携带式和智能式；按误差等级的不同，分为 0.1 级、0.2 级、0.5 级、1.0 级、1.5 级、2.5 级和 5.0 级共七个等级，数字越小，仪表的误差越小，准确度等级较高。

1. 万用表

万用表又称为多用表、三用表和复用表，一般分为指针式万用表和数字式万用表两种，如图 19-9 和图 19-10 所示。万用表是一种多功能、多量程的测量仪表，一般可测量直流电流、直流电压、交流电流、交流电压、电阻及半导体的一些参数等。

图 19-9　指针式万用表

图 19-10　数字式万用表

（1）万用表的基本使用方法　万用表的基本使用方法可分为如下几点。

1）插孔和转换开关的使用：要根据测试目的选择插孔或转换开关的位置。

2）测试表笔的使用：表笔插放万用表插孔时，一定要严格按颜色和正负插入。一般情况下，红表笔为"+"，黑表笔为"−"。如果位置接反、接错，则会发生测试错误或烧坏表头。测直流电压或直流电流时，一定要注意正负极性，即红表笔接正，黑表笔接负。测量电流时，表笔与被测电路串联；测量电压时，表笔与被测电路并联。

正确读数：使用万用表前，应检查其指针位置，如不指零位，可调正表盖上的机械调节旋钮，将其调至零位。万用表有多条标尺，一定要认清对应的读数标尺，不能马虎大意，而把交流和直流标尺混用。万用表的同一测量项目有多个量程，例如直流电压量程有 1V、10V、15V、25V、100V、500V 等，量程选择时应使指针位于满刻度的 2/3 附近。测电阻时，应使指针位于该档的中心电阻值附近。

（2）使用万用表时的注意事项　万用表在使用时，必须水平放置，以免造成误差。同时，还要注意避免外界磁场对万用表的影响。

在使用万用表的过程中，不能用手去接触表笔的金属部分，这样一方面可以保证测量的准确性，另一方面也可以保证人身安全。

在测量某一电量时，不能在测量的同时换档，尤其是在测量高电压或大电流时，更应注意，否则会使万用表毁坏。如需换档，应先断开表笔，换档后再去测量。用万用表测电阻时，每更换一次档位要进行一次欧姆调零。用电阻档测量二极管时，应使用 R * 100 或 R * 1k 档。

万用表使用完毕，应将转换开关置于交流电压的最大档。如果长期不使用，还应将万用表内部的电池取出来，以免电池腐蚀表内其他器件。

2. 兆欧表

兆欧表又称为摇表，是用来检查线路、电机和电器绝缘情况和测量高阻值电阻的仪表。兆欧表结构如图 19-11 所示。

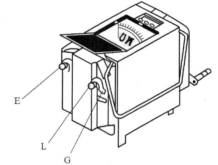

图 19-11　兆欧表结构

兆欧表的使用方法及注意事项如下。

1）测量前，应将兆欧表水平放置，左手按住表身，右手摇动兆欧表摇柄，转速约为 120r/min，指针应指向无穷大（∞），否则说明兆欧表有故障。

2）测量前，应切断被测电器及回路的电源，并对相关元件进行临时接地放电，以保证人身与兆欧表的安全和测量结果准确。

3）测量时必须正确接线。兆欧表共有三个接线端（L、E、G）。测量回路的对地电阻时，L 端与回路的裸露导体连接，E 端与接地线或金属外壳连接；测量回路的绝缘电阻时，回路的首端与尾端分别与 L、E 连接；测量电缆的绝缘电阻时，为防止电缆表面泄漏电流并对测量精度产生影响，应将电缆的屏蔽层接至 G 端。

4）兆欧表接线柱引出的测量软线应绝缘良好，两根导线之间和导线与地之间应保持适当距离，以免影响测量精度。

5）摇动兆欧表摇柄时，不能用手接触兆欧表的接线柱和被测回路，以防触电。

6）摇动兆欧表摇柄后，各接线柱之间不能短接，以免损坏。

第20章

三相异步电动机检修

20.1 三相异步电动机概述

1. 异步电动机

异步电动机又称为感应电动机，是交流电动机的一种。据统计，在国家电网总的负载中，动力负载约占 59%，而异步电动机的容量则占动力负载的 85%，这就可以看出它的重要性。异步电动机应用如此广泛，主要是它具有结构简单、使用方便、坚固耐用、价格便宜、维修方便等一系列优点。当然，异步电动机也有一些缺点，主要是功率系数较低，调速性能较差，在一定程度上限制了它的应用。

2. 分类及型号

（1）分类　按电源相数，可分为三相交流电动机和单相交流电动机；按工作原理，可分为同步电动机和异步电动机；按转子结构，可分为鼠笼式电动机和绕线式电动机；按工作环境，可分为封闭式电动机、防护式电动机和防爆式电动机。

（2）型号　异步电动机型号是表示电动机品种、防护型式和转子类型的专用代号。常用的电动机型号字母及含义是：J 为交流异步，O 为封闭式（没有 O 表示防护式），R 为绕线式转子（没有 R 为鼠笼式转子），S 为双鼠笼式转子，B 为防爆式。

举例如下：

3. 异步电动机交流绕组的基本概念

（1）极距　相邻两个磁极轴线之间的距离称为极距，用字母"τ"表示。极距大小可以用长度表示，也可用铁心上的线槽数表示，还可以用电角度表示。由于各磁极是均匀分布的，因此极距在数值上也等于每极所占有的线槽数，但极距与磁极所占有槽的空间位置不同。以 24 槽 4 极电动机为例，每极所占槽数是 24/4 槽，即 6 槽，各极中心轴线到与它相邻的磁极中心轴线的距离，也就是极距，显然也是 6 槽。

一般情况下，总槽数为 Z、有 $2P$ 个磁极的电动机，其极距为

$$\tau = Z/(2P)$$

（2）节距　一个绕组的两条有效边之间相隔的槽数称为节距（也有称为跨距、开档

的），用 y 表示，一般用槽数表示，$y<\tau$ 的绕组称为短距绕组，$y=\tau$ 的绕组称为整距绕组，$y>\tau$ 的绕组称为长距绕组。常用的是短距绕组与整距绕组。

（3）每极每相槽数　在交流电动机中，每个极距所占槽数一般要均等地分给所有的相绕组，每相绕组在每个极距下所分到的槽数，称为"每极每相槽数"，用 q 表示。在三相交流电动机中，相数是 3，而单相交流电动机的相数是 2。总槽数为 Z，有 $2P$ 个磁极、m 相的电动机，其每极每相槽数 q 为

$$q=Z/(2Pm)$$

（4）相带　每相绕组在每一对极下所连续占有的宽度（用电角度表示）称为相带。在三相交流电动机中，一般将每相所占有的槽数均匀地分布在每个磁极下。因为每个磁极所占有的电角度为 180°，所以对于三相绕组，每相占有 60° 的电角度，即称为 60° 相带。由于三相绕组在空间上彼此相距 120° 电角度，因此沿定子内圆，相带的划分依次为 U1、W1、V1、U2、W2、V2，只要掌握了相带的划分和线圈的节距，就可以掌握绕组的排列规律。

（5）冷态直流电阻　将电动机在室内放置一段时间，用温度计测量电动机绕组或铁心的温度，当所测温度与冷却介质温度之差不超过 2K 时，即为实际冷态。记录此时的温度并测量定子绕组的直流电阻，此阻值即为冷态直流电阻。

500V 以下的异步电动机用 550V 兆欧表进行测量，对于新装的异步电动机绕组，绝缘电阻不低于 5MΩ。一般情况下，1000V 的异步电动机绝缘电阻为 1MΩ，380V 的异步电动机绝缘电阻为 0.38MΩ。

20.2　三相异步电动机工作原理

当定子绕组中通入对称的三相电流时，便产生旋转磁场。由于转子绕组与旋转磁场之间存在相对运动，磁场的磁力线切割转子绕组，并在转子的绕组中产生感应电动势，而且转子绕组为闭合回路，因此在转子绕组中就产生了感生电流，此电流的方向可以通过右手定则确定。如图 20-1 所示，转子上半部导体中的感应电流方向是流出纸面，转子下半部分导体中的感应电流是流入纸面，转子绕组中的电流在旋转磁场中受到电磁力的作用，其作用方向由左手定则决定。这些电磁力对转子转轴形成一个旋矩，称为电磁转矩。电磁转矩的方向与旋转磁场的方向一致，因此转子就顺着旋转磁场的方向旋转。

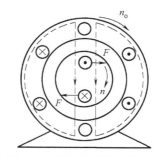

图 20-1　异步电动机工作原理

因为转子的转数总是低于旋转磁场的转数，所以这种电动机称为异步电动机。又由于转子电流是通过电磁感应产生的，故又称为感应电动机。

20.3　三相异步电动机结构

异步电动机的结构可分为定子、转子两大部分。定子就是电动机中固定不动的部分，转子是电动机的旋转部分。由于异步电动机的定子可产生励磁旋转磁场，同时从电源吸收电能，并且通过旋转磁场把电能转换成转子上的机械能，因此与直流电动机不同，交流电动机

定子是电枢。另外，定子、转子之间还必须有一定间隙（称为空气隙），以保证转子的自由转动。异步电动机的空气隙比其他类型电动机要小，一般为 0.2~2mm。

三相异步电动机外形有开启式、防护式、封闭式等多种型式，以适应不同的工作需要。在某些特殊场合，还有特殊的外形防护型式，如防爆式、潜水泵式等。不管外形如何，电动机结构基本上是相同的。下面以封闭式电动机为例，介绍三相异步电动机的结构。图 20-2 所示为一台封闭式三相异步电动机解体后的结构图。

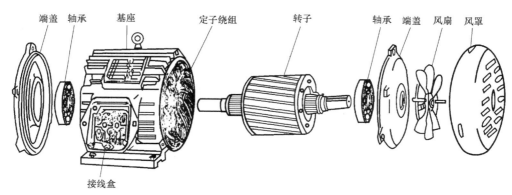

图 20-2　封闭式三相异步电动机解体后的结构

1. 定子

三相异步电动机的定子组成见表 20-1。

表 20-1　三相异步电动机的定子组成

定子铁心	定子铁心由厚度为 0.5mm 的、相互绝缘的硅钢片叠成，硅钢片内圆上有均匀分布的槽，其作用是嵌放定子三相绕组 AX、BY、CZ
定子绕组	定子绕组是三组用漆包线绕制好的、对称地嵌入定子铁心槽内的相同的线圈。这三相绕组可接成星形或三角形
机座	机座用铸铁或铸钢制成，其作用是固定铁心和绕组

2. 转子

三相异步电动机的转子组成见表 20-2。

表 20-2　三相异步电动机的转子组成

转子铁心	转子铁心由厚度为 0.5mm 的、相互绝缘的硅钢片叠成，硅钢片外圆上有均匀分布的槽，其作用是嵌放转子三相绕组
转子绕组	鼠笼式异步电动机的转子绕组为鼠笼式 绕线式异步电动机的转子绕组为绕线式
转轴	转轴上加机械负载

由于鼠笼式电动机构造简单，价格低廉，工作可靠，使用方便，成为生产上应用最广泛的一种电动机。

20.4　三相异步电动机的拆卸与组装

对异步电动机进行拆卸与组装，所需使用的工具主要包括拔轮器、铁锤、螺丝刀、铜棒或铝棒等。

1. 拆卸顺序和要求

1）用拔轮器将带轮拔出，使用拔轮器时要注意顶正，拆不下来时可渗些煤油。

2）将电动机大端盖（两侧）和长轴端小端盖的螺丝拧出，用铜棒或铝棒垫在长轴端大端盖与机壳的连接处向外敲打大端盖（在四周敲打时用力要均匀，以免将端盖打坏），使大端盖隔离机壳和转轴上的轴承。

3）用铜棒或铝棒垫在长轴端，用手锤敲打，使轴承脱离大端盖，然后用铜棒或铝棒垫在大端盖和机壳的连接处，用手锤轻轻敲打，使之脱离机壳，最后将转子安全抽出。

需要注意的是前两步拆卸顺序有时可根据具体情况使用，最常使用的是第3种方法。

2. 组装顺序和要求

1）装配电动机之前，要吹刷一次定子绕组端部，并查看转子表面是否有油污和脏物。

2）装配顺序与拆卸的相反，将转子安全地放入定子机壳内，而后再将端盖装好，拧紧紧定螺钉。

3）紧定螺钉应均匀地交替拧紧，它们可以调整定子与转子铁心的气隙，以转子转动时有惯性为准。

4）敲打端盖时要用铜棒或铝棒垫在端盖上敲打，以免将端盖或其他零件损坏。

5）在装配时，要保持各零件的清洁，正确地将各处拆下来的零件装上。

3. 注意事项

在拆卸和组装的过程中需要注意以下两点，第一是不要用手锤直接敲打电动机各部分，第二不要划伤铁心和线圈的绝缘部分。

20.4.1 定子绕组制作

1. 绕组的制作要求

1）少量的绕组可用手摇绕线机制作，批量较大的绕组用电动绕线机制作。线圈的形状大多数为菱形和腰形，如图20-3所示。

2）导线在线模上要紧密平整地排列，不应有重叠或交叉。

3）导线的始、末端要留有一定的长度（约为周长的40%），绕完后用线锤扎好。

4）绕制过程中如有断头，可将断头拉到端部进行交接（焊接），禁止在线圈的有效边焊接。焊接完，去掉毛刺，套上黄蜡管。

2. 定子绕组线圈的下线工艺要求

对定子绕组线圈进行下线所需使用的工具主要包括压线板、划线板、弯头剪子、橡皮锤和刮线刀等。下线工艺要求包括如下几点。

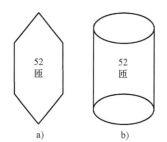

图20-3　绕组线圈形状

a）菱形　b）腰形

1）下线前定子铁心和槽内要确保干净，导线上不得有油污和灰尘。

2）把做好的绝缘纸下入槽内，引槽纸放在槽口两边，然后将线圈松开，并捏扁两个线头放在接线盒一侧，对着引槽纸一根一根地下入槽中。

3）顺着槽的方向将线圈来回拉动，使槽内的线圈平整，并使槽外两端部长度相等，而后将两端都往下压,以免线圈超出定子内圆。

4)如有少部分导线压入槽,则可用划线板,沿着槽的方向边划边压,导线如有高低不平的情况,则用压线板在槽内边压边移动,将槽内导线压平为止。

5)取出引槽纸,剪去多余的槽外绝缘纸,将线圈包好后,再打入槽楔。槽楔的长度要比绝缘纸短一些(2~3mm)。

6)下完一个极相组的线圈,用兆欧表测量绕组间的绝缘和对地绝缘(新绕线圈的绝缘电阻要求在 5MΩ 以上)。

3. 绕组的下线步骤

1)首先将第一组两大线圈的下边嵌入槽中,上边暂不嵌入槽中。

2)空一槽将第二组一个小线圈嵌入槽中,同样其上边暂不下入槽中去。

3)再空两槽将第三组两个大线圈下边下入槽中去,其上边可直接入槽。

4)以后按照下两个空一个、下一个空两个的规律下线直到完成。

例如,单层交叉式 36 槽 4 级的定子绕组,槽号与线圈的对应顺序如图 20-4 所示。如展开槽号不同,可改变其 A、B、C 在各极上的槽号位置。其中,大线圈 12 个,节矩为 1~9;小线圈 6 个,节矩为 1~8。

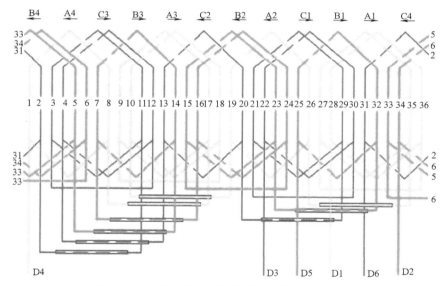

图 20-4 三相异步电动机单层交叉式绕组展开图

20.4.2 三相绕组的连接及首末端判断

1. 异步电动机的星形和三角形接法

三相异步电动机定子绕组通常采用两种接线方法,即星形接法(Y)和三角形接法(△)。星形接法如图 20-5a 所示,把三相绕组的尾端连接在一起,由三个首端连接三相电源。三角形接法如图 20-5b 所示,由一相绕组的首端与另一相绕组的末端相连,三相绕组依次串联形成一个三角形,再由三角形的三个顶点接向三相电源。

2. 异步电动机的首末端判断

异步电动机的首末端判断如图 20-6 所示。先用万用表测出各绕组的两个出线端,将其

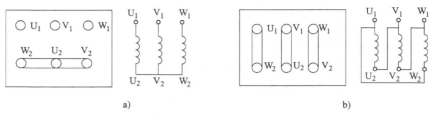

图 20-5　异步电动机的星形和三角形接法

a）星形连接　b）三角形连接

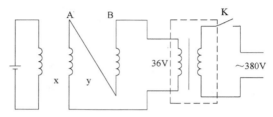

图 20-6　异步电动机的首末端判断

中的任意两相绕组串联。然后将调压器旋钮调至零位，开启电源总开关，按下"开"按钮，接通交流电源。调节调压旋钮，使绕组端为 80~100V 单相低电压，注意电流不应超过额定值。测出第三相绕组的电压，如测得的电压值有一定读数，则表示两相绕组的末端与首端相连。反之，如测得的电压近似为零，则两相绕组的末端与末端（或首端与首端）相连。可以用同样的方法继续找出第三相绕组的首端和末端，从而判断出异步电动机的首、末端。

第21章

二次回路保护

发电厂和变电站的电气设备分为一次设备和二次设备。一次设备是构成电力系统的主体，是直接生产、输送、分配电能的设备（发电机、电力变压器、断路器隔离开关、电力母线、电力电缆和输电线路等）。二次设备是对一次设备进行监测、控制、调节和保护的设备（测量仪表、控制及信号器具、继电保护和自动装置等）。一次回路指一次设备及相互连接的回路。二次回路指二次设备及其相互连接的回路。二次回路是电力系统安全生产、经济运行、可靠供电的重要保障。

21.1 二次配线中的继电器介绍

1. 自动重合闸继电器（KRC）

自动重合闸继电器使用的是 DH-3 型一次重合闸装置。

（1）用途 DH-3 型一次重合闸装置用于在输电线路上实现三相一次重合闸的接线，作为其中的主要组成部分。

（2）结构和工作原理 DH-3 型一次重合闸装置的原理接线如图 21-1 所示，由一台 DS-22 时间继电器（作为时间元件）、一台电码继电器（作为中间元件）及一些电阻、电容元件组成。

在该装置的接线中，信号灯 XD 监视中间元件的接点 KM1、KM2 和控制按钮的辅助接点是否正常。故障发生时信号灯应熄灭，当直流电源发生中断时，信号灯也应熄灭。附加电阻 17R 用于降低信号灯 XD 上的电压。

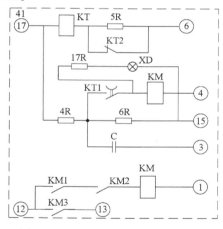

图 21-1 DH-3 型一次重合闸装置的
原理接线

当输电线路为正常状态时，重合闸装置中的电容器 C 经电阻 4R 已经充满电，整个装置准备着动作。当断路器由于保护动作或其他原因而跳闸时，断路器的辅助接点启动重合闸装置的时间元作 KT，经过延时后接点 KT1 闭合，电容器 C 通过 KT1 对 KM（V）放电，KM（V）启动后接通了 KM（I）回路并自保持到断路器完成合闸。如果线路上发生的是暂时性故障，则合闸成功后，电容器自行充电，装置重新处于准备动作的状态。如线路上存在永久性故障，此时重合闸不成功，断路器第二次调闸，但这一段时间远远小于电容器充电到使 KM（V）启动所必需的时间（15~25s），因而能够保证装置只动作一次。

（3）技术要求

1）DH-3 型一次重合闸装置的额定电压为直流 110V、220V。中间元件电流绕组 KM（I）的额定保持电流为 0.25A、0.5A、1A、2.5A。

2）额定电压下，当环境温度为 20±5℃，相对湿度不大于 70% 时，电容器充电到中间元件动作所需电压的时间（装置准备下一次动作的时间）为 15～25s 内。

3）在 70% 额定电压下，环境温度为 20±5℃，相对湿度不大于 70% 时，装置应保证可靠动作，此时电容器充电到中间元件动作所必需电压的时间允许增加到 2min。

4）当中间元件的电压绕组去掉电压，在电流绕组流过额定电流时，衔铁应保持在吸合位置。

5）中间元件的电流绕组 KM（I）允许短暂流过 3 倍额定电流 1min。

6）中间元件的接点 KM1、KM2 串联后，在额定电压下允许短暂流过不小于 8A 的电流 5s。

7）在额定电流下，中间元件电流绕组 KM（I）的功率消耗应不小于 1.35W。

8）时间元件的延时调整范围为 1.2～5s。

9）时间元件的线圈串联附加电阻后，能长期经受 110V 额定电压。

2. 中间继电器

（1）DZB-10B 系列中间继电器（KCO 出口跳闸继电器使用）　DZB-10B 系列中间继电器在直流操作的各种保护和自动控制线路中作为辅助继电器使用，以增加接点的数量及接点的容量。DZB-11B～DZB-13B 为电压启动、电流保持的中间继电器，DZB-14B 为电流启动、电压保持的中间继电器。DZB-15B 为电流或电压动作、电流保持或电压保持的中间继电器。

本系统采用的是 DZB-12B 型号作为 KCO 继电器。

（2）DZ-30B 系列中间继电器（KCC 位置继电器）　DZ-30B 系列中间继电器用于直流操作的各种保护和自动控制线路中，作为辅助继电器以增加接点数量和接点容量。

本系统采用的是 DZ-31B 型号，具有 3 开 3 转换节点。

（3）DZS-10B 系列延时中间继电器（KCP 后加速继电器）　DZS-10B 系列延时继电器用于各种保护和自动控制线路中，以增加保护和控制线路的接点数量和接点容量。DZS-11B、DZS-13B 为动作延时继电器，DZS-12B、DZS-14B 为返回延时继电器。DZS-15B、DZS-16B 为电压延时动作和电流保持的继电器。

本系统采用的是 DZS-12B 型号。

（4）ZJ3-B 系列快速中间继电器（KCF 防跳继电器）　ZJ3-B 用于直流操作的各种保护和自动控制回路中，作为出口继电器或用于扩大主继电器的控制范围。ZJ3-3B、ZJ3-4B 为电压动作、电流保持继电器，ZJ3-5B 为电压动作、电流保持或电流动作、电压保持继电器，可通过联结片切换。

本系统采用 ZJ3-5B 型号，它既可以是电流动作，也可以是电压动作，具有 2 开 2 转换节点。

3. 电流继电器（KA）

电流继电器是当输入电流达到规定的电流值时，做出相应动作的一种继电器。

4. 时间继电器（KT）

DS-20 系列时间继电器作为各种保护和自动线路中的辅助元件，用以使被控制元件的动作得到可调节的延时。

5. 信号继电器（KS）

本继电器用于直流操作的保护和自动装置中，作为机械保持和手动复归的动作指示器。动作显示为机械掉牌。

21.2　二次回路基本工作原理

21.2.1　输电线路的电流三段式保护

（1）无时限电流速断保护（电流Ⅰ段）　在满足可靠性和保证选择性的前提下，当所在线路保护范围内发生短路时，反应电流增大而能瞬时动作切除故障的电流保护，称为电流速断保护，也称为无时限电流速断保护。

（2）限时电流速断保护（电流Ⅱ段）　为了保护本线路全长，限时电流速断保护的范围必须延伸到下一条线路中去，这样当下一条线路出口处短路时，它就能切除故障。

为了保证选择性，限时电流速断保护的动作时间就必须有一定的时限。

为了保证速动性，时限应尽可能缩短。时限的大小与延伸的范围有关，为使时限最小，使限时电流速断保护的范围不超出下一条线路无时限电流速断保护的范围。

（3）定时限过电流保护（电流Ⅲ段）　反应电流增大而动作，它要求能保护本线路全长和下一条线路全长。作为本条线路主保护拒动的近后备保护，也作为下一条线路保护和断路器拒动的远后备保护，其保护范围应包括下一条线路或设备的末端。过电流保护在最大负荷时，保护不应动作。

由于电流速断保护只能保护线路的一部分，限时电流速断保护能保护线路全长，但却不能作为下一相邻线路的后备保护，因此必须采用定时限过电流保护作为本条线路和下一段相邻线路的后备保护。由电流速断保护、限时电流速断保护及定时限过电流保护相配合构成的一整套保护，称为三段保护。

21.2.2　自动重合闸在电力系统中的作用

运行经验表明，在电力系统故障中，输电线路（尤其是架空线路）故障占了绝大部分，而且，其中的绝大部分是瞬时性的。例如，由雷电引起的绝缘子表面闪络、由大风引起的短时碰线、通过鸟身体的放电以及树枝杂物掉落在导线上引起的短路等。当故障线路被继电保护装置的动作跳闸保护后，故障点的电弧即被熄灭，绝缘强度得以复原，这时如果把断开的线路重新投入使用，就能够恢复正常供电，因此，这类故障是瞬时性故障。此外，线路上也会发生永久性故障，例如，线路倒杆断线、绝缘子击穿或损坏等引起的故障，在故障线路被继电保护装置断开之后，由于故障依然存在，即使把断开的线路重新投入使用，线路还会被继电保护装置再次断开。

鉴于输电线路上发生的故障大多数为瞬时性，因此，在线路被断开之后再重合闸以恢复供电，显然提高了供电的可靠性。当然，重新合上断路器的工作也可由运行人员手动进行，但手动合闸时，停电时间较长，大多数用户的电动机可能停转，因而重合闸所取得的效果并不显著，并且加重了运行人员的劳动强度。为此，在电力系统中广泛采用自动重合闸装置

（缩写为 KRC），当断路器跳闸后，它能自动将断路器重新合闸。

自动重合闸本身并不能判断故障是瞬时还是永久的，因此，重合闸动作对供电的恢复有可能成功，也可能不成功。根据多年运行资料的统计，重合闸的成功率是相当高的，一般可达 60%~90%。

根据有关规定，在 1kV 及以上电压的架空线路及电缆与架空线的混合线路上，凡装有断路器的，一般都应该装设自动重合闸装置。在用高压熔断器保护的线路上，可采用自动重合熔断器。但是采用自动重合闸之后，当重合于永久性故障时，系统将再次受到短路电流的冲击，可能引起电力系统振荡。同时，断路器在短时间内连续两次切断短路电流，这就恶化了断路器的工作条件。对于油断路器，其实际切断容量将比额定切断容量低 80% 左右。因此，在短路电流比较大的电力系统中，装设油断路器的线路往往不能使用自动重合闸。

视其功能自动重合闸装置可分为三相自动重合闸、单相自动重合闸和综合自动重合闸。在我国，110kV 及以上的系统普遍采用三相自动重合闸装置，220kV 及以上的系统采用综合自动重合闸装置（包括单相自动重合闸）。

21.2.3　对自动重合闸装置的基本要求

1. 自动重合闸装置动作应迅速

在满足故障点去游离（即介质强度恢复）所需要的时间时，在满足断路器消弧室及断路器的传动机构准备好再次动作所必需的条件下，自动重合闸动作时间应尽可能短。因为从断路器断开到自动重合闸发出合闸脉冲的时间越短，用户的停电时间就越短，从而可减轻故障对用户和系统带来的不良影响。重合闸动作时间一般采用 0.5~1s。

2. 在一些情况下自动重合闸装置不应动作。

1）当运行人员手动操作或遥控操作使断路器跳闸时，自动重合闸装置不应自动重合。

2）当手动合闸于故障线路时，继电保护动作使断路器跳闸后，自动重合闸装置不应重合。因为在手动合闸前，线路上还没有电压，如果合闸到已有故障的线路，则线路故障多属于永久性故障。

为了满足上述要求，重合闸装置应优先采用控制开关与断路器位置不对应的原则来启动，即当控制开关在合闸位置而断路器实际上是断开的时，重合闸装置就启动，这样就可以保证无论什么原因使断路器误跳闸之后，都可以进行一次重合闸。而当手动操作控制开关使断路器跳闸后，由于两者位置仍然是对应的，因此这时重合闸装置不会启动。

自动重合闸装置的动作次数应符合预先的规定，一次自动重合闸就应该只动作一次。当重合于永久性故障而断路器被继电保护的再次动作跳开后，不应再重合。

自动重合闸装置动作后，应能自动复归，准备好再次动作，以减少操作和提高可靠性。

3）单侧电源输电线路的三相一次重合闸装置的原理接线如图 21-2 所示，图中虚线方框内为 DH-3 型重合闸继电器的内部接线，其主体部分包括电容器 C、充电电阻 4R、放电电阻 6R、时间继电器 KT 和带有电流自保持线圈的中间继电器 KM。它是根据电阻、电容回路充放电的原理构成的。

KCC 是断路器跳闸位置继电器，当断路器处于断开位置时，KCC 通过断路器辅助常闭触点 QF 和合闸接触器线圈 YR 而动作。这时，合闸接触器 YR 虽与 KCC 串联，但电流很小，并不动作。

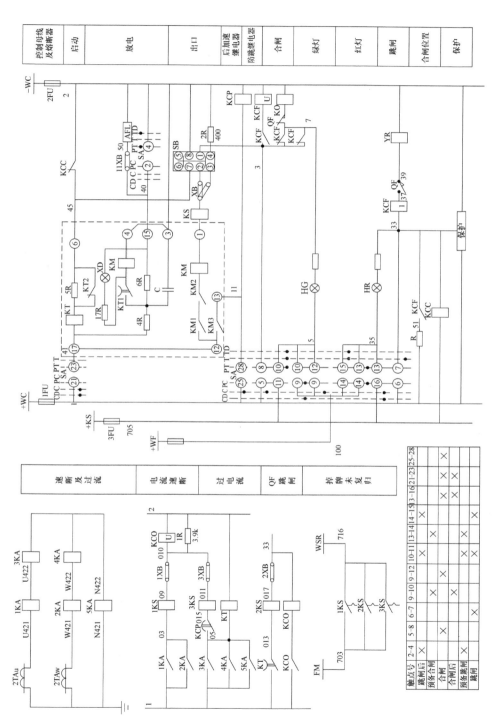

图 21-2　三相一次重合闸装置的原理接线

KCF 是断路器跳跃闭锁继电器。KCP 是 KRC 的加速保护动作的继电器。SA 为控制开关，在各种操作位置下控制开关的接触点通断状态见图 21-2 中表格。

3. KCC 装置动作情况的分析

1）在正常运行情况下，断路器处在合闸状态，而控制开关 SA 的手柄处在合闸位置上，其接点 SA21-23 接通，SA2-4 断开，这时电容器 C 经过充电电阻 4R 和 SA21-23 而充电，使电容器 C 的电压等于直流电源电压，重合闸继电器处于准备好工作的状态。信号灯 XD 亮，它的通电回路是 C→6R→XD→17R→KM→4→3→C。XD 的作用是监视中间继电器。

2）当线路发生暂时性故障时，保护动作跳闸前，常开辅助接点 QF 闭合，电流流过防跳继电器 KCF 的电流启动线圈、跳闸位置继电器 KCC 的电压起动线圈，以及 YR 分闸线圈，此时，由于 KCC 电压启动线圈的电阻远大于另外两个线圈的电阻，故 KCC 启动而 YR 分闸线圈不启动，且跳闸位置继电器 KCC 的常闭辅助触点断开。

断路器跳开后，其常开辅助接点 QF 断开，使跳闸位置继电器 KCC 的电压起动线圈失电，使 KCC 的常闭辅助触点闭合，启动时间继电器 KT［+→SA21-23→KT→KT2（启动回路）或 5R（保持回路）→KCC-］。

经过整定时限（0.5～1.5s）后，其延时常开接点 KT1 闭合，接通电容器 C 对中间继电器 KM 电压线圈的放电回路，从而使 KM 动作，其常开接点闭合。

接通合闸接触器回路；+ SA21-23→KM3→KM2→KM1→KM 电流自保持线圈→KS→XB→KCF→QF→KO→-，KO 为可带动合闸接触器动作的直流接触器线圈，使断路器合闸。

KM 电流自保持线圈的作用是：只要 KM 被电压线圈短时起动，便可通过电流自保持线圈使 KM 在合闸过程中一直保持在动作状态，以保证可靠地合闸。

切换连片 XB 用以投入或解除 KRC。

断路器重合后，常闭辅助接点 QF 断开，KM 因电流自保持线圈失去电流而返回。常开辅助触头 QF 闭合，KCC 随之起动，KCC 的常闭辅助触点断开，使 KT 返回。KT 返回后，其接点 KT1 断开，电容器 C 重新充电。15s～25s 后电容 C 充满电，准备好下次动作。

当断路器由于其他原因而误跳闸时，重合闸的动作情况与上述过程相反。

3）当线路发生永久性故障时，自动重合闸装置的动作过程与上述相同。但在重合后，因故障并未消除，继电保护将再次动作使断路器跳闸，重合闸的时间继电器 KT 将再次启动，经整定延时后 KT1 闭合，电容 C 向 KM 电压线圈放电，回路又接通。但由于电容器 C 充电时间短，电压低，不能使 KM 动作，因此，断路器不能再次重合。

4）当用控制开关 SA 手动操作跳闸时，SA21-23 断开，SA2-4 接通，电容 C 向 6R 放电。由于 6R 只有几百欧，所以放电很快。

由于 KT 回路已由 SA21-23 断开；电容 C 两端的电压又降低至零伏所以断路器不可能再重合闸。

5）当手动合闸于故障线路时，由于 SA25-28 闭合，使加速继电器 KCP 动作。如线路在合闸前已存在故障，则当手动合上断路器后，保护动作，经加速继电器 KCP 的常开接点使断路器加速跳闸。这时，因电容 C 充电时间短，电压很低，不能使 KM 动作，所以断路器不会自动重合。

6）防止跳跃。为了防止断路器多次重合于故障线路，装设了防跳继电器 KCF，在手动合闸及自动重合闸过程中都能防止断路器跳跃。例如，当 KM1～KM3 接点卡住或粘住时，可以由 KCF 来防止将断路器多次重合到永久性故障上。因为发生永久性故障时，KRC 进行第一次重合以后，保护将再次动作使断路器跳闸，在跳闸时使 KCF 启动，于是 KCF 的电压保持线圈通过卡住了的 KM1～KM2 接点和本身的常开接点 KCF1 而自保持，使断路器跳闸后，KCF 不返回。借助其常闭接点的断开，切断合闸回路，使断路器不能重合。同样，当手动合闸到永久性故障时，由于操作时 SA5-8 总要闭合一段时间，在保护装置动作使断路器跳开时，KCF 启动，并经 SA5-8 及 KCF1 接通其电压回路，使 SA5-8 断开之前 KCF 不能返回，借助 KCF2 切断合闸回路，使断路器不能再次重合。

7）重合闸闭锁回路，在某些情况下，断路器跳闸后不允许自动重合。例如，按周波自动减负荷装置动作，或母线差动保护动作，这时，应将自动重合闸闭锁，使之退出工作。实现的方法是利用该保护的常闭接点与 SA2-4 接点并联，当保护装置动作后，其常开接点闭合，电容 C 既经过 6R 放电，使重合闸不能动作，以达到闭锁重合闸的目的。

21.3 二次回路配线工艺要求

1）排列整齐，接线正确、牢固，与图样一致。采用塑铜线，开启的门上采用多芯软铜线。

2）端子间不允许有接头及分支线。配线端部必须套上绝缘标号头，写明编号。

3）端子连接必须加垫圈或花垫，且应为铜质。

4）排成线束、垂直或水平，超过 200mm 加扎带。

5）穿过金属板时应套绝缘套管，若为绝缘板，则可直接穿过。

6）屏相连的电缆，在端子排连接前应固定在支架上，使端子不受机械力的作用。

7）电压回路的截面不得小于 $1.5mm^2$，电流回路的不得小于 $2.5mm^2$。

8）电缆头至端子排全长套上塑料软管。

9）电缆弯曲半径与其外径的比值不应小于 10。

第22章

室内照明配线

室内照明是将电能转换为光能的一项技术，也是室内环境设计的重要组成部分。室内照明设施主要由照明灯具、附加元件和照明线路组成。室内照明设计的首要目的是有利于人的活动安全，同时要给人提供一种舒适美好的生活环境。

22.1 室内照明灯具和附加元件

1. 常用电光源及特性

按发光原理电光源可以分为热辐射光源和气体放电光源两大类。热辐射光源结构简单，使用方便，显色性好，故在一般场所仍被普遍采用。气体放电光源一般比热辐射光源光效高，寿命长，并能制成各种不同光色，在电气照明中应用日益广泛。

（1）白炽灯　白炽灯是最普通且最常用的一种照明灯具，它属于热辐射型电光源。在白炽灯泡内部，由支架支撑一根钨丝的两端，并用两根细铜丝引出密封的玻璃壳外。白炽灯功率在40W以下时，将玻璃壳内抽成真空；功率在40W及以上时，为使钨丝在高温状态下不易挥发，白炽灯内部充有氩气等惰性气体或氮气。新型节能型白炽灯在灯泡内壁上涂有白色涂膜，以提高发光效率。

白炽灯的主要缺点是发光效率偏低。白炽灯在发光的同时损耗掉了大量的热能，只有10%左右的电能用于发光。而且白炽灯使用寿命比较短，一般为1000h左右。

（2）日光灯　日光灯又称为荧光灯，是日常生活中最常使用的照明灯具之一。它主要由灯管、启辉器、镇流器组成。日光灯发光效率是白炽灯的4倍，使用寿命一般为1500～5000h。

1）日光灯的结构。

灯管：灯管是一支玻璃管，内部两端各有两个电极，两电极间有一小圈灯丝。管内充有少量氩气等惰性气体，同时封入少量水银。内壁上涂有荧光粉，荧光粉不同将决定荧光颜色不同。

启辉器：启辉器由一个固定的电极和一个U形双金属片组成。双金属片接触点之间的间隙很小，当电路接通后，供电电压通过填充气体而引起辉光放电。由于两种金属的热膨胀不同，缓慢加热的金属片产生了相对的弯曲，一两秒后，在灯管两端的灯丝间产生一高压脉冲，把灯管点燃。金属片接触后，辉光放电熄灭，金属片随即开始冷却，接触点弹开，电路断开。

镇流器：镇流器实际上是一个电抗器，其铁心上绕有许多线圈。根据日光灯的功率，镇流器可以有单线圈和双线圈两种。镇流器的主要作用是限制日光灯的电流，以及在日光灯起燃时由于线路内电流的突然变化而产生一个脉冲的高电压。

2）日光灯的工作原理。当日光灯接通电源时，启辉器就启辉放电导通，使两组灯丝串联在电源上。这时灯丝发热，发出大量电子。启辉器放电时，双金属片受热膨胀使双金属片相互接触，导致启辉器放电熄灭，双金属片的随即冷却并分开。双金属片的突然分开使线路电流发生变化，于是在镇流器的两端产生开路脉冲高电压，使管内的气体电离，气体放电后，灯管温度升高，管内水银压力上升，由于电子撞击水银蒸气，因此管内状态从气体放电过渡到水银蒸气放电，并在放电时辐射出肉眼看不到的紫外线，激励管内壁上的荧光粉，使它发射日光似的光线。日光灯的工作原理如图22-1所示。

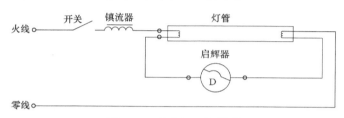

图 22-1　日光灯工作原理

（3）高压水银灯　高压水银灯也称为高压汞灯，经常用在道路、广场和施工现场的照明中。高压水银灯按构造的不同可以分为外镇流式高压汞灯和自镇流高压汞灯两种。

1）外镇流式高压汞灯镇流器的作用有两种，其一是产生高压脉冲以点燃高压汞灯，其二是稳定工作电流。补偿器的作用是改善功率因数。外镇流式高压汞灯的优点是省电、耐振、寿命长、发光强。缺点是启动慢、显色性差、功率因数低、当电压突然降落5%时会熄灯。

2）自镇流高压汞灯的优点是发光效率高、省电、附件少，功率因数接近于1.0。缺点是寿命短，只有大约1000h。由于自镇流高压汞灯光色好，显色性好，经济实用，故可以用于施工现场照明或工业厂房整体照明。

（4）高压钠灯　高压钠灯发光效率高，属于节能型光源。它的结构简单，坚固耐用，平均寿命长。显色性差，但紫外线少，不招飞虫。若电压突然降落5%以上，则可能自灭。

（5）金属卤化物灯　金属卤化物灯主要用在要求高照度的场所、繁华街道及要求显色性好的大面积照明的场合。金属卤化物灯的特点是发光效率高、光色接近自然光、显色性好、能让人真实看到被照物体的本色。金属卤化物灯的缺点是平均寿命比高压汞灯短、电压变化影响光效和光色的变化、电压突降会自灭，因此电压变化不宜超过额定值的±5%。

（6）氙灯　氙灯显色性很好，发光效率高，功率大。氙灯可分为长弧氙灯和短弧氙灯两种，建筑施工现场使用的是长弧氙灯。氙灯适用于广场、飞机场、海港等大面积照明的场合。

2. 开关和插座

（1）开关　开关是用来隔离电源，或者能在电路中接通或断开电流而改变电路接法的一种电气装置。开关的类型很多，按装置方式可分为明装式、暗装式、悬吊式和附装式，按操作方法可分为跷板式、倒扳式、拉线式、按钮式、推移式、旋转式、触摸式和感应式等。

安装明开关时，应先敷设线路，固定好开关盒和开关，最后接线。安装暗开关时，要先将开关盒按施工图样要求的位置预埋在墙内，并注意开关盒口面与墙面粉刷平整一致，然后，再预埋暗管内穿线。各种照明开关必须串联在相线上，开关离地面高度一般不低于1.5m。安装扳动式开关时，都应安装成向上扳时电路接通，向下扳时电路断开。

（2）插座　插座是指电源接入一个或一个以上电路接线的电气装置，通过它可插入各种接线，便于与其他电路接通。插座分明插座和暗插座两种。对于单相两孔插座和单相三孔插座，安装时插孔必须按一定顺序排列。插座插孔接线顺序如图22-2所示。对于单相两孔插座，在两孔竖直排列时，相线在上孔，中性线在下孔；在两孔水平排列时，相线在右孔，中性线在左孔。对于单相三孔插座，保护接地线在上孔，相线在右孔，中性线在左孔。

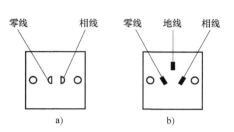

图 22-2　插座插孔接线顺序
a) 单相两孔插座　b) 单相三孔插座

普通家用插座的额定电流为10A，额定电压为250V。当住宅客厅中安装空调或卫生间中安装有热水器时，一般需要就近安装独立单相插座（250V/16A）。在一般场合，插座应距地1.5m以上。但对于幼儿园、托儿所等场所，出于安全考虑，要求插座距地面至少1.8m。

3. 漏电保护断路器

漏电保护断路器又称为自动开关或空气开关。它相当于刀开关、熔断器、热继电器和欠电压继电器的组合，是一种既有手动开关作用又能自动进行欠压、失压、过载和短路保护的电器。

安装接线时，照明线路的相线和零线均要首先经过漏电保护断路器。其中，电源进线必须接在漏电保护断路器的正上方，即外壳上标注的"电源"或"进线"的一端。出线接正下方，即外壳上标注的"负载"或"出线"的一端，如图22-3所示。

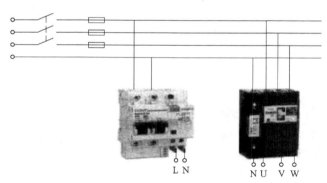

L　N　　　　N　U　V　W

图 22-3　漏电保护断路器的接线

4. 单相电度表

电度表又称为电能表，是用来对用户的用电量进行计量的仪表。按电源相数，可分为单相电度表和三相电度表。在小容量照明配电板上，大多使用单相电度表。

（1）电度表的选择　选择电度表时，应考虑照明灯具和其他用电器具的总耗电量，电度表的额定电流应大于室内所有用电器具的总电流，电度表所能提供的电功率为额定电流和额定电压的乘积。

（2）电度表的安装　单相电度表一般应安装在配电板的左侧，而开关应安装在配电板的右侧，与其他电器的距离大约为60mm。安装时应注意，电度表必须与地面垂直，否则将会影响电度表计数的准确性。电度表应安装在离地 1.4～1.8m 的高度上，以使其容易检查、读取。要求振动小，并用专用电表配电盘，可靠固定。

（3）电度表的接线 电度表的接头及小挂钩必须连接可靠，螺钉必须夹紧，在电度表接线端子接线时不允许焊接，不允许让裸线丝露在端子盒外面。单相电度表的接线盒内有四个接线端子，安装接线方法如图 22-4 所示，接线端子自左向右依次编号为①～④。接线方法是①、③接进线，②、④接出线。其中，相线连接①、②端，零线连接③、④端。也有的电度表接线特殊，具体接线时应以电度表所附接线图为依据。

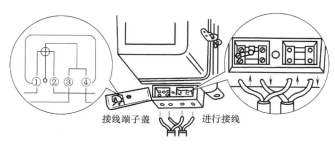

图 22-4 单相电度表的接线

22.2 室内照明控制电路

1. 两个双联开关控制的照明电路

两个双联开关在两地控制一盏灯的线路在楼梯或走廊的照明线路当中比较常见。在这种控制电路中，相线要求连接进入开关，零线直接与灯座带螺纹的接线柱相连接。其中，相线的连线路径是控制电路的连接重点。相线首先连接于双联开关 S_1 的动触头固定端，再从另一个双联开关 S_2 的动触头固定端连接到灯座中心簧片的接线柱上，如图 22-5 所示。

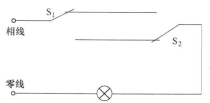

图 22-5 双联开关控制的照明电路

2. 家用配电盘的控制电路

家用配电盘是供电电路与用户之间的中间环节，通常也称为照明配电盘。配电盘的盘面一般固定在配电箱的箱体内，主要制作步骤如下。

（1）盘面板制作 盘面板需根据设计要求来制作。一般家用配电板电路如图 22-6 所示。

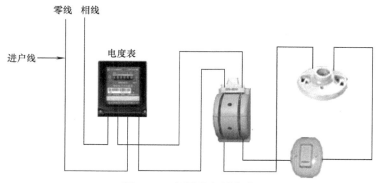

图 22-6 家用配电板电路

盘面板的长度尺寸应根据配电线路的组成及各器件规格来确定，盘面板四周与箱体边之间应适当留有缝隙，以便在配电箱内安装固定，并且应在板后加框边，以便反面布设导线。为节约木材，盘面板目前已广泛采用塑料代替木材。

电器排列的原则是将电度表装在盘面的左侧或上方，刀闸安装在电度表下方或右侧，回路开关及灯座要相互对应，同时放置的位置要便于操作和维护，并使面板的外形整齐美观。各电器排列的最小间距应符合电气距离要求。除此之外，各器件和出线口距盘面板四周边缘的距离均不得小于30mm。

（2）盘面板加工　按照电器排列的实际位置，首先标出每个电器的安装孔和出线孔（间距要均匀），然后进行盘面板的钻孔（如采用塑料板，应先钻一个直径 $\phi3mm$ 的小孔，再用木螺钉安装固定电器），对盘面板进行刷漆并等其干了以后，在出线孔套上瓷管头（适用于木质和塑料盘面）或橡皮护套（适用于铁质盘面）以保护导线。

（3）电器固定　待盘面板加工好以后，将全部电器摆正固定，用木螺钉将电器固定牢靠。

（4）盘面板配线　根据电度表和电器的规格、容量及安装位置，按设计要求选取导线截面和长度。盘面导线须排列整齐，一般布置在盘面板的背面。盘后引入和引出的导线应留出适当的余量，以便于检修。导线敷设好后，即可将导线按设计要求依次正确、可靠地把电器元件进行连接。

22.3　室内照明系统安装工艺

1. 灯具安装基本要求

室外照明灯具安装应不低于3m（在墙上安装时可不低于2.5m）。每个照明回路的灯具和插座数量不宜超过25个，且应有15A及以下的熔丝保护。行灯安装时电压不得超过36V。在特别潮湿的场所或导电良好的地面上，或者在工作地点狭窄、行动不便（如在锅炉、金属容器内工作）时，行灯的电压不得超过12V。吊灯灯具的重量超过3kg时，应预埋吊钩和螺栓。软线吊灯限于1kg以下，超过者应加吊链。

2. 开关、插座安装技术要求

对于双孔插座，左侧插孔接线柱接电源的零线，右侧插孔接线柱接电源的相线。对于三孔插座，上方插孔接线柱接地线，左侧插孔接线柱接电源零线，右侧插孔接线柱接电源相线。

3. 照明配电箱安装

照明配电箱型号繁多，但其安装方式不外乎悬挂式明装和嵌入式暗装两种。配电箱悬挂式明装可安装在墙上或柱子上。配电箱嵌入式暗装通常是与土建砌墙相配合，将箱体预埋在墙内。

4. 配管配线

配管配线常使用的主要有水煤气钢管（又称为焊接钢管）、电线管（管壁较薄、管径以外径计算）、硬塑料管、半硬塑料管、塑料波纹管、软塑料管和软金属管（俗称蛇皮管）等。

（1）配管的选择

电线管：管壁较薄，适用于干燥场所的明、暗配管。

焊接钢管：管壁较厚，适用于潮湿、有机械外力、有轻微腐蚀气体场所的明、暗配管。

硬塑料管：耐蚀性较好，易变形老化，机械强度次于钢管，适用于腐蚀性较大场所的明、暗配管。

半硬塑料管：刚柔结合，易于施工，劳动强度较低，质轻，运输较为方便，已被广泛应用于民用建筑暗配管。

（2）配管的一般要求 暗配管时沿最近的路线敷设，并应减少弯曲，埋入墙或混凝土内的管子离表面的净距不得小于 15mm。

（3）配管的加工 配管的切割有钢锯切割、切管机切割和砂轮机切割三种方式。其中，砂轮机切割是目前比较先进、有效的方法，其切割速度快、功效高、质量好。切割后应打磨管口，使之光滑。禁止使用气焊切割。

配管偎弯，其方法有冷偎弯和热偎弯两种。冷偎弯使用弯管器（适用于 DN25，即 25.4mm 以下的钢管）。应用电动弯管机偎弯，一般可弯制 $\phi70mm$ 以下的管子。$\phi70mm$ 以上的管子采用热偎弯。热偎管爆弯角度不应小于 90°。

（4）配管的连接 管与管的连接采用丝扣连接，禁止采用电焊或气焊连接。用丝扣连接时要加焊跨接地线。

（5）配管的安装 电气管应敷设在热水管或蒸汽管下面。在条件不许可的情况下，电气管也可敷设在热水管或蒸汽管的上面。电气管在热水管下方时，间隙应为 0.2m，在热水管上方时，间隙应为 1m。电气管路在蒸汽管下方时，间隙应为 0.5m，在蒸汽管上方时，间隙应为 1m。电线管路平行敷设、管子长度每超过 30m 且无弯曲时，中间应加接线盒。

第23章

低压动力盘及配电变压器

23.1 低压动力盘概述

1. 低压动力盘的分类

低压动力盘是工矿企业广泛使用的一种低压成套配电装置。低压成套配电装置广泛应用于额定电压 500V、额定电流 1600A 及以下的三相交流系统中，主要作为低压动力和照明配电使用。一般可分为配电盘（屏、柜）和配电箱两类，如图 23-1 所示。通过配电盘的一次接线将电源（即配电变压器低压侧出线）与负载连接成为一个供电整体，以形成比较完整的低压配电系统。

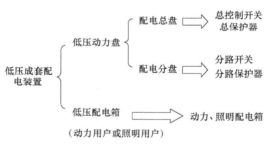

图 23-1 低压成套配电装置分类

2. 低压动力盘的功能及作用

低压动力盘上的低压配电装置分为控制电器和保护电器。控制电器包括断路器、隔离开关和负载开关。其中，断路器用于切断过载电流和短路电流；负载开关则只能用于切、合负载电流；隔离开关只能在无负载时拉开，以作为断路点，在电路器的电源侧应装有隔离开关，以便检修时切断断路器电源。

保护电器的作用通常分为短路保护、过载保护和漏电保护三类。短路保护由熔断器或自动开关中的电磁脱扣器来实现。过载保护可由热继电器、过电流继电器或自动开关中的热脱扣器来实现。漏电保护通常由漏电继电器和自动开关中的漏电脱扣器来完成。

23.2 低压动力盘结构

常用的低压配电盘有 BSL、BDL、BFC 三个系列。BSL 系列为离墙式，可双面维护，检修方便，但不宜安装于有尘埃和腐蚀性气体、有爆炸危险的场合。BDL 系列为靠墙式，一般只能单面维护，维修不便。BFC 系列为抽屉式，主要设备装在抽屉或手车上，故障时，可利用备用抽屉或手车迅速更换设备，停电时间短。

1. 结构特点

低压动力盘主要由薄钢板及角钢焊接而成。整个盘体采用开启式双面维护设计。柜前有门，柜面上方有仪表门，可装设指示仪表，维护较为方便。盘后骨架上方有主母线安装于绝缘框。低压动力盘具有良好的保护接地系统，主要接地点焊接在骨架的下方，同时仪表盘也有接地点与壳体相连。

以 BSL-10 型低压动力盘为例，盘面自上而下主要分为三段，盘顶放置低压出线母线；上操作板安装隔离开关、手柄及控制按钮；下操作板主要安装低压断路器、电流互感器及直流接触器等。可根据需要组成各种接线方案。

2. 电气组成及元件技术特性

（1）DW16 系列低压断路器　DW16 系列低压断路器作为一种可以手动及自动切断低压线路电路的配电电器，主要适用于交流 50Hz、额定电流 100～4000A、额定工作电压为 380V 的配电网络中。可用于分配电能，保护线路和电源设备的过载、欠电压、短路。在正常条件下，可作为线路的不频繁转换之用。该系列产品的操作机构采用储能式，触头系统借助电流流过平行导体产生的电动力以提高通断能力。抽屉式产品可通过推拉操作机构使断路器分别处于接通、测试和分断三种位置上。断路器处于测试位置时，主电路断电，仅控制电路通电，供进行必要操作用。

1）结构特点。DW16 系列低压断路器是在正常工作条件下不频繁操作的电气装置。当电路过载、失压、短路时，它能自动分断电路。主要由带自由脱扣器的操作机构、触头、脱扣器、灭弧室等部分组成，如图 23-2 所示。

① 带自由脱扣器的操作机构。DW16 系列低压断路器的合闸方式有直接手柄操作、电磁铁操作和电动操作等。1500A 以下的低压断路器可用手柄合闸，其中 200～600A 的低压断路器也可根据需要采用电磁铁合闸，1000～1500A 的低压断路器采用电动机合闸。

图 23-2　DW16 系列低压断路器

② 触头：触头分为主触头、副触头和灭弧触头三个部分。合闸时，触头闭合的顺序为灭弧触头、副触头、主触头；分断时，触头分开的顺序则为主触头、副触头、灭弧触头，可见电弧的产生和熄灭均在灭弧触头上。

③ 分励脱扣器：分励脱扣器为拍合式电磁铁，反力特性由衔铁中弹性铜片调节。分励线圈为短时工作制，其工作间隙为 5～7mm（最大开距）。

④ 失压脱扣器：用以当电压降低到额定电压 40% 以下时断开自动开关。欠电压瞬时脱扣器由拍合式电磁铁和反力弹簧组成。反力特性可通过螺杆调节反力弹簧来达到。失压脱扣器为长期通电工作制。

⑤ 辅助开关：辅助开关靠主轴的凸轮带动，触点一般为三常开和三常闭。

2）技术参数。DW16 系列低压断路器技术参数见表 23-1。

（2）HR3 型低压隔离开关　HR3 系列熔断器式隔离开关适用于交流 50Hz、380V，额定电流至 1000A 的配电系统中作为短路保护和电缆、导线的过载保护。在正常情况下，可供不频繁地手动接通和分断正常负载电流与过载电流。在短路情况下，由熔断器分断电流。

表 23-1　DW16 系列低压断路器技术参数

壳架等级额定电流	额定工作电压	功率因数	飞弧距离	进线方式
630A	380V	0.25	250mm	上进线

1）结构特点。熔断器式隔离开关是熔断器和刀开关的组合电器，具有熔断器和刀开关的基本性能。在电路正常供电的情况下，接通和切断电源由刀开关来担任。当线路或用电设备过载或短路时，熔断器的熔体烧断，及时切断故障电流。熔断器式隔离开关结构如图 23-3 所示。

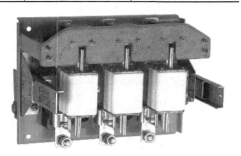

图 23-3　熔断器式隔离开关结构

2）技术参数。HR3 系列熔断器式刀开关的分类和分断能力分别见表 23-2 和表 23-3。

表 23-2　HR3 系列熔断器式刀开关分类

额定电流 /A	交流 380V（三极）			直流 440V（两极）	
	前操作前检修	前操作后检修	侧操作前检修	前操作前检修	前操作后检修
100	HR3-100/31	HR3-100/32	HR3-100/33	HR3-100/21	HR3-100/22
200	HR3-200/31	HR3-200/32	HR3-200/33	HR3-200/21	HR3-200/22
400	HR3-400/31	HR3-400/32	HR3-400/33	HR3-400/21	HR3-400/22
600	HR3-600/31	HR3-600/32	HR3-600/33	HR3-600/21	HR3-600/22
1000	HR3-1000/31	HR3-1000/32		HR3-1000/21	HR3-1000/22

表 23-3　HR3 系列熔断器式刀开关分断能力

型号	刀开关分断能力/A		熔断器分断能力/A	
	交流 380V（50Hz）$\cos\varphi \geqslant 0.6$	直流 440V $T \leqslant 0.0045\mathrm{s}$	交流 380V（50Hz）$\cos\varphi \leqslant 0.3$	直流 440V $T = 0.015 \sim 0.02\mathrm{s}$
HR3-100	100	100	50000	25000
HR3-200	200	200	50000	25000
HR3-400	400	400	50000	25000
HR3-600	600	600	50000	25000
HR3-1000	1000	1000	50000	25000

（3）直流接触器　直流接触器是一种自动的电磁式开关，利用电磁力作用下的吸合和反向弹簧力作用下的释放使触点闭合和分断，进而实现电路的接通和断开。它还能实现远距离操作和自动控制，适宜频繁启动及控制电路。

1）结构特征。直流接触器主要由电磁系统、触头系统、灭弧装置三大部分组成，如图 23-4 所示。当电磁系统线圈通电后，线圈电流产生磁场，使静铁心产生电磁吸力而吸引动铁心，并带动直流接触器触头系统动作，使常闭触点断开，常开触点闭合，两者联动。当线圈断电时，电磁吸力消失，衔铁在释放弹簧的作用下释放，使触点复原、常开触点断开、常闭触点闭合。在直流接触器触头系统分断的同时，

图 23-4　直流接触器

灭弧装置进行灭弧操作。

2）功能及作用。直流接触器主要用于远距离瞬时操控高压油断路器的电磁操作机构，并适用于瞬时接通与断开快速断路器的合闸线圈。

（4）穿心式电流互感器　电流互感器是一种电流变换装置，其作用是将大电流、高电压变成小电流、低电压，从而保证仪表测量和继电保护的安全，同时扩大仪表、继电器的使用范围。互感器从基本结构和工作原理来说就是一种特殊的变压器。

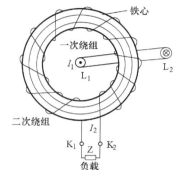

图 23-5　穿心式电流互感器结构

1）结构特征。穿心式电流互感器的结构较为简单，如图 23-5 所示。主要由相互绝缘的一次绕组、二次绕组、铁心及构架、壳体、接线端子等组成。穿心式电流互感器的自身结构不设一次绕组，载流（负载电流）导线由 L_1 至 L_2 穿过由硅钢片擀卷制成的圆形（或其他形状）铁心起一次绕组作用。二次绕组直接均匀地缠绕在圆形铁心上，并与仪表、继电器、变送器等电流线圈的二次负载串联形成闭合回路。

2）技术参数。穿心式电流互感器技术参数见表 23-4。选用电流互感器时须注意：电流互感器应按装置地点的条件及额定电压、一次电流、二次电流（一般为 5A）、准确度等级等条件选用，并校验短路时的动稳定度和热稳定度。低压电流互感器常用 LMZ 系列和 LQJ 系列。

表 23-4　穿心式电流互感器技术参数

额定一次电流	额定二次电流	额定电压	计量准确级次	负载功率因数
100~1200A	5A 或 1A	0.5kV	0.2S、0.5S、0.2、0.5	$\cos\varphi = 0.8$（滞后）

23.3　低压动力盘电器元件安装与调试

1. 低压断路器的安装与调试

1）低压断路器应垂直安装，安装件使用角钢。先固定上角钢，安装高度视具体情况而定，下角钢位置由开关孔距确定。

2）注意开合位置，"合"在上，"分"在下。操作力不应过大。

3）在闭合、断开过程中，触头可动部分与灭弧室的零件之间不应有卡阻现象。应将铁心极面上的防锈油擦净。

2. 低压隔离开关的安装与调试

1）低压隔离开关的主体部分由两根支件（角钢）固定。先固定下角钢，再根据低压隔离开关安装孔的位置决定上角钢位置。

2）低压隔离开关应垂直安装，注意灭弧栅在上端，并注意手柄开合位置，"合"在上，"分"在下，刀座装好后先不将螺丝拧紧。

3）操作手柄要装正，螺母要拧紧。将手柄打到合上位置。将手柄连杆与刀座连接起来并拧紧螺母。

4）打开低压隔离开关，再慢慢合上，检查三相是否能同时闭合。如不能够同时闭合则予以调整，反复试合3~4次，直到三相基本一致。最后拧紧紧定螺母。

5）检查触刀与静触头是否接触良好。如接触面不够，就应将手柄连杆收短，如果有回弹现象，则应适当放长。

3. 电流互感器的安装与调试

1）电流互感器的一次侧 L_1、L_2 应与被测回路串联，二次侧 K_1、K_2 应与各测量仪表串联。L_1 与 K_1 为同极性端（同名端），安装和使用时应注意极性正确，否则可能烧坏电流表。

2）LMZ 型穿心式互感器直接装在角钢上。角钢的无孔面朝上，电流互感器的接线端子朝上。

3）使用时不得使电流互感器二次侧开路，安装时二次侧接线应保证接触良好和牢固。二次侧不得串入开关或熔断器。

4）电流互感器的铁心应可靠接地，电流互感器二次侧一端要接地。

4. 接触器的安装与调试

1）安装前，应先检查线圈的电压与电源的电压是否相符；各触头接触是否良好，有无卡阻。最后将铁心极面上的防锈油擦净，以免油垢粘滞造成不能释放的故障。

2）接触器安装时，其底面应与地面垂直，倾斜角小于5°。

3）接触器安装时，应使有孔两面放在上、下位置，以利于散热。

4）安装时，切勿使螺钉、垫圈落入接触器内，防止造成机械卡阻或短路故障。

5）检查接线正确无误后，应在主触点不带电的情况下，先使线圈通电分合数次，确保其动作可靠，然后才可将其投入使用。

23.4 低压动力盘配线工艺

1. 一次线的安装工艺

一次线（母线）也称为汇流排，按材料不同可分为铜、铝两种。

（1）母线的选择 某段母线的规格应以其下端电器元件的额定电流作为选择依据，所选母线的允许载流量应大于或等于其下端电器的额定电流。常用母线选择见表23-5。

表 23-5 常用母线选择

电器额定电流/A	铝		铜	
	母线规格/mm×mm（宽×厚）	允许载流量/A	母线规格/mm×mm（宽×厚）	允许载流量/A
200 以下	15×3	134	15×3	170
200	25×3	213	20×3	223
250	30×4	294	25×3	277
400	40×5	440	40×4	506
600	50×6	600	50×5	696
1000	80×8	1070	60×7	1070
1500	100×10	1475	80×10	1540

（2）母线的加工　母线的加工大致分为校正、测量和下料、弯曲、钻孔等步骤。

1）校正。母线本身要求很平直，故应对弯曲不正的母线进行校正。校正最好应用母线校正机进行，也可手工将弯曲的母线放在平台或槽钢上，用硬木锤敲打校正，也可用垫块（铜、铝、木垫块均可）垫在母线上用大锤敲打。敲打时用力要适当，不能过猛。

2）测量和下料。在施工图样上一般不标注母线加工尺寸，因此在母线下料前，应到现场实测出实际需要的安装尺寸，测量工具为线锤、角尺、卷尺等。下料时应注意节约、合理用料。为了检修时拆卸母线方便，可在适当地点将母线分段，用螺栓连接，但这种母线接头不宜过多，否则不仅浪费人力和材料，还增加了事故点。其余接头采用焊接。

3）弯曲。矩形母线的弯曲，通常有平弯、立弯和扭弯（麻花弯）三种。平弯可采用平弯机完成，小型母线也可用虎钳完成弯曲。立弯可采用立弯机完成。扭弯可用扭弯器完成。

4）钻孔。凡是螺栓连接的接头，都应在母线上钻孔。钻孔步骤为：首先按尺寸在母线上划线；其次在孔中心用冲头冲眼；然后用电钻或台钻钻孔；孔眼直径不大于螺栓直径1mm，孔眼要垂直钻孔面；最后钻好孔后，除去孔口毛刺。

（3）母线的安装　母线的漆色及安装时的相序位置规定见表23-6。

表 23-6　母线漆色及安装时的相序位置（以盘前视方向为准）

组别	漆色	相序位置		
		垂直布置	水平布置	引下线
U	黄	上	后	左
V	绿	中	中	中
W	红	下	前	右

母线安装的一般规定如下。

1）母线与母线、母线与盘架之间的距离应不小于20mm。当母线工作电流大于1500A时，每相母线的支持铁件及母线支持夹板零件（如双头螺栓、压板垫板等）应不使其构成闭合磁路。母线跨径太长时，为防止振动和电动力造成短路，需加母线夹固定。

2）除采用焊接外，硬母线大都采用螺栓连接。用螺栓连接母线时，螺栓连接处加弹簧垫圈及平垫圈，所用螺栓和螺母应是精制或半精制的，室内潮湿场所应选用镀锌的螺栓和螺母，用于室内干燥场所的也要做防锈处理。

3）将母线用螺栓连接后，应将连接处外表油垢擦净，在接头表面和缝隙处涂2~3层能产生弹性薄膜的透明清漆，使接点密封良好。

2. 盘内配线的要求

配电盘电器元件和母线全部安装完毕后，可进行盘内配线工作。配线开始前应仔细阅读安装接线图和屏面布置图，并与展开图、原理图相对照，了解清楚细节后才能按图配线。

（1）盘内配线的要求　接线应按电路图进行，并确保准确无误。线路布置应横平竖直、整齐美观、清晰。导线应绝缘良好且无损伤。电气回路的连接应牢固可靠。

除电路图样有要求外，一般选用单根铜芯塑料导线。当导线两端分别连接固定部分和可动部分（如配电盘门）时，应采用多芯软导线，并留有适当余量。

盘内电器之间一般不经过接线端子而用导线直接连接，导线中间不应有接头，当需要接入试验仪表仪器时，应通过试验型端子进行连接。配线走向力求简洁明显，横平竖直。同一排电器的连接线应汇集成同一水平线束，然后转变成竖直线束，再与下一排电器的连接线汇集成为较粗的竖直线束。总线束走至端子排区域时，则应按上述相反次序分散到各排端子排上。

所配导线的端部均应标明其回路编号，并确保编号正确、与安装接线图一致、字迹清晰不易脱色。导线标号放置方法为：横放时从左向右读字，竖放时从下向上读字。

（2）导线的敷设方法　敷线前应根据安装接线图确定导线的敷设方位，确定敷设走向。为了使接线不混乱、避免导线在接线时交叉，敷线前应根据安装接线图和二次元件分布位置进行排列接线。接线的长短要根据实际元件的位置量线，切割导线时应将线拉直，每个转弯处都要量，最后放一定余量（17cm 左右），裁完的线应整齐放好，不得弯曲。在裁好的导线两端套上根据安装接线图写好的导线标号。然后按确定的排列编成线束，线束可用 8～12mm 宽的镀锌铁皮做成的带扣抱箍绑扎，也可用绑扎线绑扎。在线束导线较少时，采用铝线作为卡子来绑扎。

（3）导线的分列和连接　导线的分列是指导线由线束引出并有次序地接向端子。在进行分列前，应仔细校对导线标号与端子标号是否相符。导线分列时，应注意工艺美观，并应使引至端子上的线端留有一个弹性弯，以免线端或端子受到应力。

23.5　配电变压器

配电变压器是根据电磁感应原理变换交流电压和电流，从而传输交流电能的一种静止电器，主要应用于输配电系统中，通常装在电杆或配电所内。配电变压器一般能将电压从 6～10kV 降至 400V 左右并输入用户。

1. 配电变压器的总体结构

以目前广泛应用的 10kV 油浸配电变压器为例，10kV 油浸式配电变压器是一台容量1000kVA 左右，高压侧额定电压为 10kV 的油浸式配电变压器。变压器的器身放在油箱内，浸泡在变压器油中。变压器油主要起绝缘和带走器身热量的作用。变压器线圈的出线分别由高、低压套管引导。油箱外壁有许多散热管，以增大散热面积。另外还设置了保护装置，即油枕、防爆管、呼吸器和瓦斯继电器等。油浸式配电变压器的结构如图 23-6 所示。

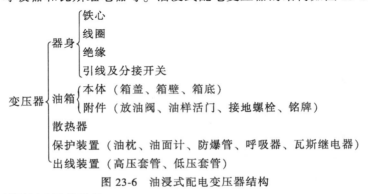

图 23-6　油浸式配电变压器结构

2. 配电变压器的不吊芯检修

配电变压器的不吊芯检修又称为小修。小修周期是根据配电变压器的重要程度、运行环境、运行条件等因素确定的。额定电压不大于 10kV 的变压器，一般规定其每年小修一次，运行于配电线路上的 10kV 配电变压器可每两年小修一次；运行于恶劣环境（严重污染、腐蚀、高原、高寒、高温）的变压器，可在上述基础上适当缩短小修周期。配电变压器的不吊芯检修需要进行以下项目的检查。

（1）检查接头状况是否良好　检查引出线接头的紧定螺栓是否松动，若有接触不良或接点腐蚀，应修理或更换。同时，还应检查套管的导电杆螺栓有无松动及过热。

（2）套管清扫和检查　清扫高低压套管的积污，检查有无裂纹、破损和放电痕迹。检查后要对故障进行及时处理。

（3）检查变压器是否漏油　清扫油箱和散热管，检查箱体结合处、油箱和散热管焊接处及其他部位有无漏油和锈蚀。若焊缝渗漏，则应进行补焊或用胶粘剂补漏。若密封垫渗漏，可能的原因有：密封垫圈老化或损坏；密封圈不正，压力不均匀或压力不够；密封填料处理不好，发生硬化或断裂。

检查后针对具体情况进行处理。老化、硬化、断裂的密封垫和填料应予以更换；装配时，注意螺栓要均匀地压紧，垫圈要放正。油箱和散热管的锈蚀处应除锈涂漆。

3. 配电变压器吊芯检修

变压器吊芯后应首先对器身进行冲洗，清除油泥和积垢。用干净的变压器油按从下向上，再从上向下的顺序冲洗一次。不能直接冲到的地方，可用软刷刷洗，器身的沟凹处可用木片裹上浸有变压器油的布擦洗。冲洗后进行以下项目的检查。

（1）检查螺栓、螺母　检查器身和箱盖上的全部螺栓、螺母，对器身上松动的螺栓、螺母加以紧固。若有螺栓缺螺母，则一定要找到该螺母，将它拧紧在原位置，决不允许它散落在油箱或器身中。

（2）检查绕组　检查各线圈是否有松动、位移和变形，线圈间隔衬垫是否牢固，木夹件是否完好。检查并清理绕组中的纵、横向油道，使其畅通。

（3）检查铁心　检查铁心是否紧密、整齐，硅钢片漆膜是否完好、颜色有无异常。检查铁心接地是否牢固而有效，铁心与线圈间的油道是否畅通。

（4）检查铁轭夹件和穿心螺杆的绝缘状况　检查时，用兆欧表测定它们对铁心（地）的绝缘电阻。测量时，取下接地铜片，检查铁轭和穿心螺栓是否松动，再用 1000V 摇表测绝缘电阻。10kV 及以下的变压器，其绝缘电阻值应不低于 $2M\Omega$。

（5）引线的检查　线圈的引出线应包扎严密、牢固、焊接良好。引出线与分接开关和套管应连接正确、接触紧密。引出线间的电器距离应符合要求。

4. 配电变压器的试验和测量

（1）空载试验　中小型电力变压器的空载电流 $I_0 \approx (4\% \sim 16\%) I_N$（$I_N$ 为额定电流），依此范围选择电流表和功率表的量程，空载功率因数一般小于 0.2，因此最好选用低功率因数功率表。接通电源前，把调压器回零，闭合开关后，增加外施电压至 $1.2U_N$，然后逐渐降低电压，在 $(1.2 \sim 0.5)U_N$ 范围内，测量三相空载电压、电流及功率，共取读数 6~7 组（在 U_N 点附近应多测几点），记录于表 23-7 中。

（2）短路试验　中小型电力变压器短路电压数值为 $(3\% \sim 8\%)U_N$。开关 K 闭合前，将调压器回零，然后接通电源，逐渐增大外施电压，使短路电流达 $1.1I_N$，在 $(1.1 \sim 0.5)I_N$ 范围内，测量三相输入功率、三相电压和三相电流，读取数据 4~5 组，记录于表 23-8 中。

表 23-7 变压器空载试验

序号	试验数据								计算数据					
	电压/V			电流/A			功率/W		U_0/V	U_0^*/V	I_0/A	I_0^*/A	P_0/W	$\cos\phi_0$
	U_{ab}	U_{bc}	U_{ac}	I_{a0}	I_{b0}	I_{c0}	P_{01}	P_{02}						

注：$U_0=(U_{ab}+U_{bc}+U_{ac})/3$，$I_0=(I_{a0}+I_{b0}+I_{c0})/3$，$P_0=P_{01}+P_{02}$，$\cos\phi_0=P_0/(1.732U_0I_0)$，$U_0^*=U_0/U_N$，$I_0^*=I_0/I_N$。

表 23-8 变压器短路试验

序号	电流/A				电压/V				功率/W			$\cos\phi_K$
	I_A	I_B	I_C	I_K	U_{AB}	U_{BC}	U_{AC}	U_K	P_{K1}	P_{K2}	P_K	

注：$I_K=(I_A+I_B+I_C)/3$，$U_K=(U_{AB}+U_{BC}+U_{AC})/3$，$P_K=P_{K1}\pm P_{K2}$，$\cos\phi_K=P_K/(1.732U_KI_K)$。

（3）直流电阻 中小型变压器高压线圈可用单臂电桥测量的直流电阻，低压线圈的直流电阻可用双臂电桥测量。对于 1600kW 及以下的变压器，相间差别应不大于三相平均值的 4%，线间差别应不大于三相平均值的 2%。

（4）绝缘电阻和吸收比 测量绝缘电阻和吸收比的仪器为摇表。根据测试设备额定电压的不同，可分别选用电压为 2500V、1000V 或 500V 的摇表。对于高压绝缘，通常用 2500V 的摇表测量。摇表有三个接线端子，端子①连接到被试物的引出线绝缘端头，端子②连接到被试物的接地端头，当被试物的端头部分有表面泄漏电流时，则加屏蔽，接在第③端子上。

在进行测量变压器高压线圈对地和对低压线圈绝缘电阻的试验时，把被试物接地放电约 2min，接好测量连线。当连线短接时，指针应在零点。连线开路时，指针应在无穷大处。以 120r/min 的稳定速度转动摇表手柄，指针逐渐升高，待指针在一定位置稳定约 1min 以后，读取表上绝缘电阻的数值（R60）。测量时，要记录被试物的温度。测出的绝缘电阻应不低于产品出厂试验数值的 70% 或不低于表 23-9 中的允许值。

表 23-9 油浸式变压器绝缘电阻允许值 （单位：MΩ）

高压线圈 电压等级	温度/℃							
	10	20	30	40	50	60	70	80
3～10kV	450	300	200	130	90	60	40	25
20～35kV	600	400	270	180	120	80	50	35

吸收比 $K=R60/R15$，是在额定转速下，摇表 60s 的绝缘电阻读数和 15s 的绝缘电阻读数之比。在 10～30℃ 时的吸收比，35kV 及以下者应不低于 1.2。

（5）绝缘油击穿电压 绝缘油的击穿电压试验在专用的油标中进行。绝缘油耐压试验的升压系统与一般交流耐压试验的方法相似。试验中，电压从零开始，以（2～3）kV/s 的速度逐渐升高，一直到绝缘油发生击穿或电压达到绝缘油耐压试验器的最高电压为止。

第24章

低压电器及控制回路

本章介绍各种基本电气元件的结构和工作原理，电气控制系统各种保护、自锁、互锁等环节及电工工艺的配线方法，主要介绍平行排列配线法的基本工艺要求。

24.1 常用低压电器元件规格性能

1. 按钮（符号SB）

按钮是一种手动的主令电器，常用来发布各种命令，如启动、停止等。用于工业控制的按钮通常是自复位的。按钮结构如图24-1所示，由一对常开触点和一对常闭触点组成，常开触点和常闭触点在电路图中的符号如图24-2和图24-3所示。另外，同一个按钮上的常开与常闭触点为联动关系，所以按钮在电路图中的符号如图24-4所示。

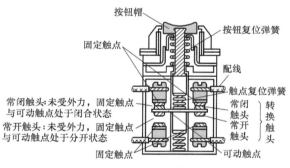

图 24-1　按钮结构图

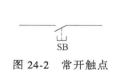

图 24-2　常开触点

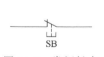

图 24-3　常闭触点

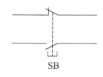

图 24-4　联动触点

2. 熔断器（符号FU）

熔断器如图24-5所示，一般串接于被保护的电路中，当电路发生短路故障时，熔断器内的熔体被瞬时熔断而分断电路，起短路保护作用。熔体应能够承受电动机起动电流的冲击而不致熔断。因此，必须合理选择，熔体所能承受的电流不能过小，也不能过大。一般熔体额定电流通常大于或等于1.5~2.5倍的电动机额定电流。图24-6所示为熔断器的图形符号。

图 24-5　熔断器

图 24-6　熔断器图形符号

3. 热继电器（符号 FR）

热继电器如图 24-7 所示，主要用于电力拖动系统中电动机负载的过载保护。热继电器一般与接触器配合使用。把热元件串接于电动机的主电路中，而常闭触点串接于电动机的控制电路中。图 24-8 为热继电器图形符号。

图 24-7　热继电器

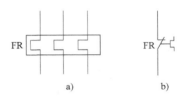

图 24-8　热继电器图形符号
a）主节点　b）常闭辅助触点

4. 交流接触器（符号 KM）

交流接触器如图 24-9 所示，是一种用于中远距离频繁地接通与断开交直流主电路及大容量控制电路的一种自动开关电器。用于 500V 以下交流电动机或其他操作频繁的电路中，以作为远距离操作或自动开关电器。（但它不能切断过负载和短路电流，因此不能用做保护电气）交流接触器具有操作方便、动作迅速、能频繁操作、灭弧性能好的优点。

接触器主要由动、静触点和电磁两大部分构成。动、静触点部分包括三对常开的主触点，两对常开的辅助触点，两对常闭的辅助触点。电磁部分主要包括动铁心、静铁心（两边极上装有短路环）、吸引线圈、反作用弹簧及灭弧罩。接触器的图形符号主要包括四种，图 24-10 为三对联动的常开主触点，图 24-11 为接触器的线圈，图 24-12 为接触器的常开辅助触点，图 24-13 为接触器的常闭辅助触点。

图 24-9　交流接触器

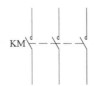

图 24-10　接触器的常开主触点

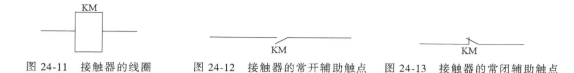

图 24-11　接触器的线圈　　　　图 24-12　接触器的常开辅助触点　　　图 24-13　接触器的常闭辅助触点

24.2　三相异步电动机可逆起动电路原理图

1. 三相异步电动机的点动控制

点动正转控制线路是用按钮、接触器来控制电动机运转的最简单的正转控制线路。所谓点动控制是指：按下按钮，电动机得电运转；松开按钮，电动机就失电停转。

典型的三相异步电动机的点动控制电气原理如图 24-14 所示。点动正转控制线路是由空气开关 QF、启动按钮 SB、接触器 KM 及电动机 M 组成。其中，以空气开关 QF 作为电源隔离开关，熔断器 FU 用于短路保护，按钮 SB 控制接触器 KM 的线圈得电、失电，接触器 KM 的主触头控制电动机 M 的启动与停止。

点动控制原理：当电动机需要点动时，先合上转换开关 QF，此时电动机 M 尚未接通电源。按下启动按钮 SB，接触器 KM 的线圈得电，带动接触器 KM 的三对主触点闭合，电动机 M 便接通电源启动运转。当电动机需要停转时，只要松开启动按钮 SB，使接触器 KM 的线圈失电，带动接触器 KM 的三对主触点断开，电动机 M 即失电停转。

2. 三相异步电动机的自锁控制

三相异步电动机的自锁控制电气原理如图 24-15 所示，与点动控制的主电路大致相同，但在控制电路中又串接了一个停止按钮 SB0，在启动按钮 SB1 的两端并联了接触器 KM 的一对常开辅助触头。接触器自锁正转控制线路不但能使电动机连续运转，而且还有一个重要的特点，就是具有欠压和失压保护作用。它主要由按钮开关 SB（起停电动机使用）、交流接触器 KM（用做接通和切断电动机的电源及失压和欠压保护等）、热继电器（用做电动机的过载保护）等组成。

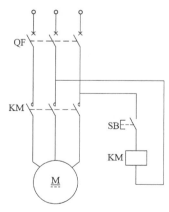

图 24-14　三相异步电动机点动
控制电气原理图

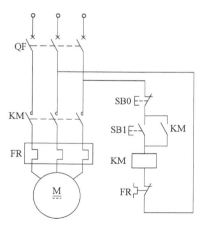

图 24-15　三相异步电动机自锁
控制电气原理图

（1）欠压保护　欠压是指线路电压低于电动机应加的额定电压。欠压保护是指当线路电压下降到某一数值时，电动机能自动脱离电源电压并停转，从而避免电动机在欠压下运行的一种保护。当线路电压下降时，电动机的转矩随之减小，电动机的转速也随之降低，从而使电动机的工作电流增大，影响电动机的正常运行，电压下降严重时还会出现"堵转"（即电动机接通电源但不转动）的现象而损坏电动机。采用接触器自锁正转控制线路就可避免电动机欠压运行，这是因为当线路电压下降到一定值（一般指低于额定电压的85%）时，接触器线圈两端的电压也同样下降到一定值，从而使接触器线圈磁通减小，产生的电磁吸力减小。当电磁吸力减小到小于反作用弹簧的拉力时，动铁心被迫释放，带动主触头、自锁触头同时断开，自动切断主电路和控制电路，电动机失电停转，达到欠压保护的目的。

（2）失压保护　失压保护是指电动机在正常运行中，由于外界某种原因而突然断电时，能自动切断电动机电源；当重新供电时，保证电动机不能自行起动，避免造成设备损坏和人员伤亡事故。采用接触器自锁控制线路，由于接触器自锁触头和主触头在电源断电时已经断开，控制电路和主电路都不能接通，因此在电源恢复供电时，电动机就不能自行起动运转，保证了人员和设备的安全。

（3）控制原理　当按下启动按钮SB1后，电源U相通过停止按钮SB0的常闭触点、启动按钮SB1的常开触点、交流接触器KM的线圈及热继电器FR的常闭触点接通电源V相，使交流接触器线圈带电而动作，其主触点闭合从而使电动机转动。同时，交流接触器KM的常开辅助触点短接了启动按钮SB1的常开触点，保持交流接触器的线圈始终处于带电状态，这就是所谓的自锁（自保）。与启动按钮SB1并联起自锁作用的常开辅助触头称为自锁触点（或自保触点）。

3. 三相异步电动机的可逆启动

三相异步电动机接触器联锁的正反转控制的电气原理如图24-16所示。线路中采用了两个接触器，即正转用的接触器KM1和反转用的接触器KM2，它们分别由正转按钮SB1和反转按钮SB2控制。这两个接触器的主触点所接通的电源相序不同，KM2接通时对调了KM1接通时两相的相序。控制电路有两条，一条是由按钮SB1和KM1线圈等组成的正转控制电路；另一条是由按钮SB2和KM2线圈等组成的反转控制电路。

（1）控制原理　当按下正转启动按钮SB1后，电源通过停止按钮SB0的常闭触点、正转启动按钮SB1的常开触点、反转交流接触器KM2的常闭辅助触点、正转交流接触器线圈KM1、热继电器FR的常闭触点使正转接触器KM1带电而动作，其主触点闭合使电动机正向转动运行，并通过接触器KM1的常开辅助触点自保持运行。反转启动过程与以上过程相似，只是接触器KM2动作后，调换了电源的相序，从而达到反转目的。

（2）互锁原理　接触器KM1和KM2的主触点决不允许同时闭合，否则会造成两相电源短路事故。为了保证一个接触器得电动作时，另一个接触器不能得电动作，以避免电源的相间短路，就在正转控制电路中串联了反转接触器KM2的常闭辅助触点，而在反转控制电路中串联了正转接触器KM1的常闭辅助触点。当接触器KM1得电动作时，串在反转控制电路中的KM1的常闭触点断开，切断了反转控制电路，保证了KM1主触点闭合时，KM2的主触点不能闭合。同样，当接触器KM2得电动作时，KM2的常闭触点断开，切断了正转控制电路，可靠地避免了两相电源短路事故的发生。这种在一个接触器得电动作时，通过其常闭辅助触点使另一个接触器不能得电动作的作用称为互锁（或联锁）。实现互锁作用的常闭触点称为互锁触点（或联锁触点）。

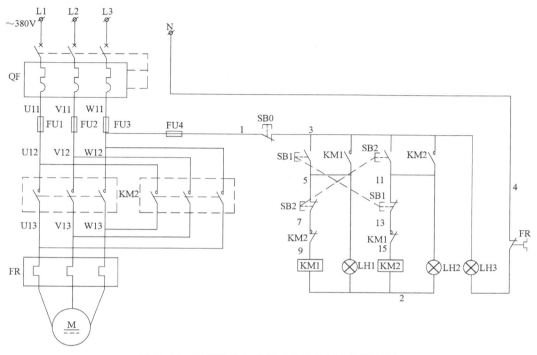

图 24-16　三相异步电动机正反转控制电气原理图

24.3　配线工艺要求

采用平行排列配线法，实物如图 24-17 所示，主要工艺要求有：

1）横平竖直，拐直角弯。

2）线间平行，相互集中。

3）主线路悬空，辅助线路贴近盘面。

4）同一接点上不引出三根以上接线。

5）少交叉，交叉支路从干路下面走。

6）接点上的引出线留 10~15mm 长。

图 24-17　配线实物图

第25章

高压开关检修

25.1 高压断路器的基本知识

高压断路器又称为高压开关，是电力系统中最重要的控制和保护电器。

1. 用途

在电力系统正常运行时，根据正常运行的需要，高压继电器接通或分断高压电路，供应和分配电能，对电力系统起控制作用；当电力系统发生故障时，高压继电器在继电保护装置的配合下，迅速切断故障电路，防止事故扩大，保证非故障部分的正常供电，对电力系统起保护作用。

2. 技术要求

由于高压断路器不仅控制正常电路、接通和切断负载电流，而且在故障时，还要能快速切断巨大的短路电流，对电力系统的安全运行至关重要，因此其应满足如下技术要求。

1) 工作可靠。应能长期可靠地正常工作。

2) 具有足够的断路能力。动稳定、热稳定性在 50~70kA。

3) 具有最短的切断时间。

4) 结构简单，价格低廉，安全可靠，运行维护方便。

3. 高压断路器的基本结构

高压断路器包括开断元件、绝缘支撑元件、传动元件和底座组成的本体，如图 25-1 所示。

（1）开断元件　开断元件由断路器的动、静触头，灭弧室，载流回路，均压电容及辅助切换装置（包括辅助触头和并联电阻）等组成。

开断元件是断路器的核心元件，控制、保护等方面的任务都需由其来完成。其他组成部分都是配合开断元件，为完成上述任务而设置的。

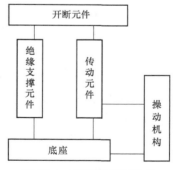

图 25-1　高压断路器组成

（2）支撑绝缘元件　支撑绝缘元件由绝缘子、瓷套或其他材料的绝缘件组成。支撑绝缘元件用来支撑断路器的器身，把处于高电压的开断元件与地点位部件在电器上隔绝，确保其对地绝缘，承受断路器的操作力与各种外力。

（3）传动元件　传动元件由各种连杆、齿轮、拐臂或空气管道等组成。用于将操作指令及操作传递给开断元件的触头和其他部件的中间环节。

（4）底座　底座是整台断路器的基础，一般指断路器的底座、底架或罐体。底座用来支撑和固定断路器。

（5）操动机构　操动机构由电磁、弹簧、液压、气动及手动、电动机等各类操动机构的本体和配件组成。操动机构向开断元件的分、合操作提供能量，并实现各种规定顺序的操作。

4. 分类

根据灭弧介质的不同，高压断路器可分为油断路器、高压空气断路器、真空断路器、六氟化硫断路器（SF₆）、产气断路器、磁吹断路器等；根据安装地点的不同，高压断路器可分为户内式、户外式。

5. 型号的意义

下述各方格依一定次序排列，各方格代表的意义如下。

$$\boxed{1}\ \boxed{2}\ \boxed{3}\text{-}\boxed{4}\ \boxed{5}/\boxed{6}\ \boxed{7}\ \boxed{8}$$

1——产品类型字母代号，S 代表少油断路器，K 代表空气断路器，L 代表 SF6 断路器，Z 代表真空断路器；

2——安装场所代号，N 代表户内，W 代表户外；

3——设计系列顺序号，以数字"1、2、3、…"表示；

4——额定电压（kV）；

5——其他标志，通常以字母表示，如 G 表示改进型；

6——额定电流（A）；

7——额定开断电流（kA）；

8——特殊环境代号。

例如，有一台高压断路器，型号和规格为 LW6-220H/3150-40，即说明这台断路器为 SF6 断路器，安装场所为户外，设计序列号为 6，额定电压为 220kV。字母 H 表示液压机构采用特殊结构，可用于高寒地区。额定电流为 3150A，额定开断电流为 40kA。

6. 特性参数

（1）额定电压（U_N）　额定电压指断路器正常工作时允许施加的电压等级。

（2）最高工作电压　由于输电线路存在电压损失，线路首端的初始电压高于额定电压，这样断路器就可在高于额定电压的情况下长期工作，因此，在设计制造中就给断路器规定了一个最高工作电压。按国家标准规定：220kV 及以上断路器的最高工作电压为 $1.15U_N$，330kV 及以上断路器的最高工作电压为 $1.1U_N$。

（3）额定电流（I_N）　额定电流指断路器可以长期通过的最大工作电流。断路器长期通过 I_N 时其各部分的发热温度不超过允许值。

（4）额定断路电流（I_d）　额定断路电流指断路器在 U_N 下能可靠切断的最大电流，它表明断路器的灭弧能力。

（5）额定断流容量　额定断流容量也是表征断路器灭弧能力的参数，它是以额定断路电流为基础推算出在 U_N 时的断流容量。

（6）动稳定电流　动稳定电流指断路器在冲击短路电流的作用下承受电动力的能力。它是由生产厂家在设计制造时确定的，一般以额定电流幅值的倍数表示。

（7）热稳定电流　热稳定电流指断路器承受短路电流热效应的能力。它是由制造厂给定的，是在某规定时间内，使断路器各部件的发热温度不超过短时最高允许温度的最大短路电流。

（8）合闸时间　合闸时间是对有操作机构的断路器，自合闸线圈加电压（即发出合闸信号）起，到断路器接通为止所需要的时间。

（9）分闸时间　分闸时间指自分闸线圈加电压（即发出分闸信号）起，到断路器触头断开，至三相电弧完全熄灭为止所需要的时间，即为固有分闸时间和电弧熄灭时间之和（0.06~0.12s）。分闸时间小于0.06s的断路器称为快速断路器。

25.2　户内少油断路器

油断路器是以油作为灭弧介质的高压断路器，分为多油式断路器和少油式断路器。

多油式断路器是将整个触头系统置于装有变压器油的容器中，油不仅作为灭弧介质，还作为绝缘介质。多油式断路器用油量多，体积庞大，有火灾和爆炸的危险。

少油式断路器的特点是绝缘油只作为触头间的绝缘和灭弧介质，导电部分之间及其对地绝缘是利用空气和固体绝缘材料来实现的。少油式断路器用油量少，体积小，结构简单坚固，使用安全简化了配电装置。

10kV户内少油断路器在发电厂用电和变配电系统中应用广泛，常用的型号有SN10-10Ⅰ、SN10-10Ⅱ、SN10-10Ⅲ、SN10-10Ⅳ。

1. SN10少油断路器的基本结构

SN10系列断路器为各相分装悬臂式，各相油箱通过绝缘子紧固悬挂在基础框架上，三相共用一套传动系统，由框架、油箱、传动机构三大部分组成。SN10-10少油断路器的外形结构如图25-2所示。

SN10-10少油断路器内部剖面结构如图25-3所示，油箱是断路器的主体，油箱绝缘筒用高强度玻璃钢制成，以减少外壳能量损耗并提高防爆性能。油箱的下端是铁铸底罩，底罩内装有放油阀、油缓冲器、传动拐臂、导电杆及动触头，动触头顶端装有铜钨合金头。底罩上部固定着下出线座，兼作中间触头架。中间触头采用滚动接触形式，由触头架和两对紫铜滚轮组成，在滚动触头架上装有油箱，油箱压环用螺栓拧入下出线座而固定。绝缘筒内装有灭弧室，上端与上出线座相连。上出线端外侧装有板式油标，可以通过透明的有机玻璃直接观察油箱内油位的变化。油箱上部装有插入式静触头，其中靠近吹弧口的四片静触片较长，并镶有铜钨合金，以保护静触头片不被烧损。在静触头座中间装有逆止阀，分闸时堵住通往顶罩的圆孔，以保证油箱内的压力。上出线座与上帽相接，上帽顶部装有油气分离器。油气分离器采用惯性膨胀式结构，在铸铝合金的上帽内铸有一小室，小室与上帽空间由一小孔相通，小孔的方向使气流进入小室后与小室内壁相切。由于小孔在气流途径截面最小，小孔内、外压差很大，故气流以高速从小孔射入小室，油气在惯性作用下顺内壁旋转、冷却，使油滴顺壁流下。同时由于气流由小孔进入小室后集聚膨胀，压力下降，故油雾冷凝成油滴。气体由定向排孔排出，油滴通过逆止阀流回油箱。

SN10-10Ⅰ、SN10-10Ⅱ型断路器的导电回路为：上接线端→静触头→动触头→中间触头→下接线端。当动、静触头分离后，导电回路即被切断。副触头分开10mm后，主筒灭弧触头分开。

2. SN10系列少油式断路器灭弧室及灭弧原理

SN10系列断路器采用纵横吹和机械油吹综合作用的灭弧结构，灭弧室由耐弧的三聚氰

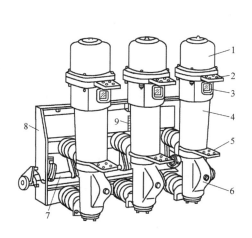

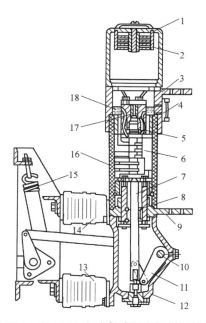

图 25-2　SN10-10 少油断路器外形结构

1—铝帽　2—上接线端子　3—油标

4—绝缘筒　5—下接线端子　6—基座

7—主轴　8—框架　9—断路弹簧

图 25-3　SN10-10 少油断路器内部剖面结构

1—铝帽　2—油气分离器　3—上接线端子　4—油标

5—静触头　6—灭弧室　7—动触头　8—中间滚动触头

9—下接线端子　10—转轴　11—拐臂　12—基座

13—下支柱瓷瓶　14—上支柱瓷瓶　15—断路弹簧

16—缘筒　17—逆止阀　18—绝缘油

胺压制成不同形状的六片隔弧片相叠而成，在静触头上套有一个绝缘筒，把灭弧室上部空间分成内、外两部分。内空间经静触头座上的逆止阀与上帽相通，外部空间是吹弧的油气进入上帽的通道。在第一隔弧片靠近喷弧方向的内侧压有一块铁片，能将电弧拉向喷口，以减轻电弧对静触头的烧伤。在灭弧室上部的三片隔弧片组成三道横吹弧道，分别由各自的纵孔通向绝缘罩筒外的通道。合闸位置上，动触头的导电杆由灭弧室中心孔插入静触头，堵住横吹弧道。

当动触头分离时，产生电弧，使油蒸发分解，产生大量的气体，使静触头周围的油压增高，压紧逆止阀，堵住通往上帽的孔道使灭弧室内的压力迅速增高，随着动触头继续向下运动，相继打开一、二、三道横吹沟，气体分三段高速横吹电弧并冲向上帽，同时动触头向下运动，挤压所形成的附加油流射向电弧；触头再向下运动，将电弧引入下面的中央孔（即进入隔弧片的第四、五片下部油囊），使油囊内的油变成气体又向上形成附加纵吹。如此，电弧被强烈地冷却和去游离。当电流过零，触头间绝缘强度大于其间的恢复电压时，电弧不再重燃而熄灭。

3. SN10-10Ⅰ型断路器的检修

（1）本体拆卸　拆下引线，卸开放油阀，拆除传动拐臂与绝缘连杆的连接，然后按下列顺序从上向下逐步拆卸：卸开顶部的四个螺钉，卸下断路器顶罩和上接线座；取下静触头座和绝缘套；用专用工具卸开螺纹压圈，逐次取出灭弧片；用套筒扳手卸开绝缘筒内的四个螺钉，取下铝压环、绝缘筒和下出线端座（如果断路器下部无异常现象，可不拆卸绝缘筒，用清洁的变压器油冲洗即可）；取出滚动触头，拉起导电杆，拔掉导电杆尾部与连板连接的销，即可取下导电杆；若需拆卸油缓冲器，卸下底部的三个螺钉即可。

（2）本体检修　断路器本体应进行如下检修。

1）将取出的隔弧片及大、小绝缘筒用合格的变压器油清洗干净后，检查有无烧伤、断裂、变形、受潮等情况。受潮部件应进行干燥（放在80~90℃的烘箱或变压器油内干燥）。在干燥过程中，受潮部件应立放，并经常调换在烘箱内的位置。

2）将静触头上的触指和弹簧取出，放在汽油中清洗干净。检查触指烧伤情况，轻者用"0-0"号砂纸打光，重者要更换。检查弹簧，如有变形或断裂，则应更换。

3）在组装触指时，应保证每片触指接触良好，导电杆插入后应有一定的接触压力。

4）检查逆止阀钢球动作是否灵活，行程为0.5~1mm。检查滚动触头表面镀银情况是否良好（镀银触头切忌用砂纸打磨，可用布擦拭）。

5）检查导电杆表面是否光滑，有无变形、烧伤等情况。从动触头顶端起60~100mm处，应保持光洁，不能有任何伤痕。导电杆的铜钨头如有轻度烧伤，可用锉刀或砂纸打光，烧伤严重的应更换。更换后的铜钨头接合处，要打三个防松的样冲眼（不能用虎钳直接夹持导电杆）。检查本体支撑绝缘子有无裂纹、破损，如有轻微掉块，可用环氧树脂修补，严重时应更换。

（3）传动机构的检修　拆开传动机构与操作机构的连接部分，并注意以下部件的检修。

1）检查各主轴有无磨损和变形，轴承孔眼内有无堵塞物。如发现主轴有轻微的磨损，可用锉刀或纱布打磨光滑，严重者应更换。

2）检查各传动部分有无卡滞现象，主轴在轴承内是否转动灵活，如发现主轴有卡滞，可移动支撑绝缘子位置或增减绝缘子与油箱间的垫片来改变油箱在支架上的安装位置和垂直度，以消除卡滞现象。在移动油箱位置时应注意，必须保持各相油箱间的中心距离为（250±2）mm。

3）传动机构的非可动部分应涂防锈漆。运动部分（轴、销子、垫片等）应涂润滑油。

4）各部件的轴销连接要牢固，各开口销、垫片应齐全、完整。

（4）本体组装　组装前将油箱用合格的变压器油冲洗干净，检查油位指示器、传动拐臂的转动油封、放油阀等处的密封情况，更换各处的密封圈，然后按与拆卸相反的顺序组装。组装要求如下。

1）隔弧片组合顺序和方向正确，灭弧室内横吹口要畅通，横吹口的方向为引出线的反方向。

2）装静触头前应检查触头架上是否有密封、触头座内是否有逆止阀；装顶罩时，V相顶罩排气孔的方向与引出线方向相反，U、W相顶罩排气孔与V相相差45°。

3）本体组装完毕后，将传动拉杆与拐臂连接，手动操作几次，检查连接是否正确。

（5）断路器试验　根据电气设备交接和预防性试验规程的要求，在断路器的交接或大修中，应进行的试验有：测量绝缘电阻试验，测量泄漏电流试验，交流耐压试验，测量导电回路电阻试验，测量分、合闸线圈动作电压试验，测量分、合闸速度试验，测量分、合闸时间试验。

1）测量绝缘电阻试验。测量绝缘电阻是断路器试验中的一项基本试验，用2500V兆欧表进行。

2）测量泄漏电流试验。由于少油断路器不能有效地发现绝缘缺陷，因此测量 35kV 及以上的少油断路器和压缩空气断路器的泄漏电流，是重要的绝缘预防性试验项目之一。

3）交流耐压试验。交流耐压试验是鉴定断路器绝缘强度最有效和最直接的试验项目。应在合闸状态下进行导电部分对地和在分闸状态下进行断口之间的交流耐压试验。交流耐压试验一般以不击穿为合格。

4）测量分、合闸时间试验。测量方法有电秒表法、示波器法。

25.3　真空断路器

真空断路器是以气体分子极少、不易游离且绝缘强度很高的真空空间作为灭弧介质的新型开关电器。

1. 真空断路器的结构及工作原理

真空断路器是将触头装在真空管中以开断电流并灭弧的断路器。大多数真空断路器的灭弧室结构如图 25-4 所示，动触头 2 和静触头 1 等都封闭在抽为真空的外壳 6 内，外壳由玻璃或陶瓷做成并承担两金属端盖之间的绝缘，在玻璃或陶瓷与金属端盖之间插入由铁镍铬合金制作的可伐环。触头周围是金属屏蔽罩 3，波纹管 4（一般由 0.15mm 厚的不锈钢油压成形）的一端与外壳端面焊接，在动触头运动时利用波纹管 4 的弹性保持灭弧室的真空。

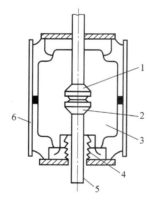

图 25-4　真空断路器的灭弧室结构

1—静触头　2—动触头　3—金属屏蔽罩　4—波纹管　5—导电杆　6—外壳

2. 真空断路器的特点

1）密封的容器中真空熄弧效果好，电弧和炽热气体不外漏。

2）触头间隙很小。

3）燃弧时间短，电压低，能量小，触头磨损少，允许的开断次数多。

4）动导电杆的惯性小，适宜频繁操作。

5）操作机构小且结构简单，整体体积小，重量轻。

6）操作时噪声小。

7）无火灾和爆炸的危险。

8）触头部分为完全密封结构，不容易因潮气、灰尘、有害气体等影响而降低性能，运行可靠。

真空断路器存在的缺点主要是操作中真空度难以直观监视且容易产生反弹，断弧后放电及过电压较高，使用时一般需加装氧化锌避雷器或 RC 电路加以保护。

25.4 高压断路器的操动机构

操动机构是用来使断路器合闸、分闸，并使其维持在合闸状态的设备。

1. 操动机构作用和类型

（1）操动机构组成　操动机构由合闸机构、分闸机构和维持合闸机构（搭钩）三部分组成。由于同一台断路器可配用不同型式的操动机构，因此操动机构通常与断路器的本体分离出来，具有独立的型号，使用时用传动机构与断路器连接。

由于操动机构是断路器分、合运动的驱动装置，对断路器的工作性能影响很大，因此对操动机构的工作性能有下列要求。

1）在各种规定的使用条件下，均应可靠地合闸，并维持在合闸位置。

2）接到分闸命令后应迅速、可靠地分闸。

3）任何型式的操动机构都应具备自由脱扣的性能，即不管合闸顶杆运动到什么位置，即使合闸信号没有撤销，断路器接到分闸信号时，能迅速可靠地分闸，并保持在分闸位置，为此需要防跳跃措施。

4）满足断路器对分、合闸速度的要求。

（2）操动机构类型　根据断路器合闸所需能量的不同，操动机构的类型包括以下几类。

1）手动机构：由人力进行合闸，用已储能的分闸弹簧分闸。适用于 10kV、开断电流为 6kA 以下的断路器。

2）电磁机构：由直流螺管电磁铁产生的电磁力进行合闸，靠已储能的分闸弹簧或分闸线圈分闸，可进行远距离控制和自动重合闸。

3）弹簧机构：由合闸弹簧（事先用电动机或人力储能）进行合闸，靠已储能的分闸弹簧进行分闸。动作快，可实现快速自动重合闸。

4）液压机构：由高压油推动活塞实现分、合闸操作。动作迅速，可实现自动重合闸。

5）气动机构：由压缩空气推动活塞实现分、合闸操作。

2. 电磁操动机构

电磁操动机构利用电磁铁的吸合原理进行合闸或跳闸操作，结构比较简单，应用比较广泛。目前与 SN10-10 高压断路器配套使用的电磁操动机构为 CD10 型，它是在老产品 CD2 型基础上改进的产品，主要是增大了合闸功率。CD10 型电磁操动机构如图 25-5 所示。

CD10 型电磁操动机构主要由电磁系统、传动部分和缓冲底座三部分组成。电磁系统包括合闸线圈及其铁心、跳闸线圈及其铁心；传动部分在操动机构的上部，它将合闸铁心的直线运动变为杠杆的转动并保持在合闸位置，同时还要在跳闸线圈通电动作时，可以自由脱扣；缓冲底座在操动机构的下部，用来缓和合闸铁心下落时的冲击。此外还有辅助开关，用于控制电路。

CD10 型电磁操动机构的状态包括合闸状态、分闸过程、合闸过程、合闸过程中跳闸。

3. 弹簧操动机构

弹簧操动机构的特点是利用储能弹簧的能量，进行断路器的合、分闸操作。只需要小容

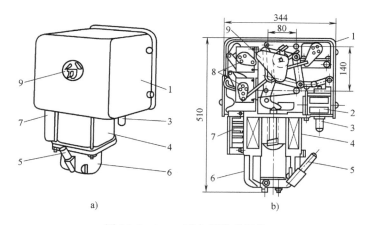

图 25-5　CD10 型电磁操动机构

a）外形图　b）装配图

1—外壳　2—跳闸线圈　3—手动跳闸铁心　4—合闸线圈　5—合闸操作手柄
6—缓冲底座　7—接线端子排　8—辅助开关　9—分合指示器

量的低压交流电源。

（1）弹簧式操动机构的组成　弹簧式操动机构主要由储能机构、电磁系统和机械系统组成。

1）储能机构。包括交、直流两用的储能电动机，蜗轮、蜗杆、齿轮、链轮、离合器或皮带轮组成的传动机构，合闸弹簧和联锁装置等。可以在传动轮的轴上套装储能的手柄和储能指示器。全套储能机构用钢板外罩保护，或者装配在同一铁箱里面。

2）电磁系统。包括合闸线圈、分闸线圈、辅助开关、联锁开关和接线板等。

3）机械系统。包括合、分闸机构和输出轴（拐臂）等。

操动机构箱上装有手动操作的合闸按钮、分闸按钮和位置指示器，在操动机构的底座或箱的侧面备有接地螺钉。

（2）弹簧操动机构工作原理

1）电动储能。电动机通过减速装置和储能机构的动作，使合闸弹簧储存机械能，储存完毕后通过闭锁使弹簧保持在储能状态，然后切断电动机电源。当接收到合闸信号时，将解脱合闸闭锁装置以释放合闸弹簧的储能。这部分能量中的一部分通过传动机构使断路器的动触头动作，进行合闸操作；另一部分则通过传动机构使分闸弹簧储能，为分闸做准备。当合闸动作完成后，电动机立即接通电源并动作，通过储能机构使合闸弹簧重新储能，以为下一次合闸动作做准备。当接收到分闸信号时，将解脱自由脱扣装置以释放分闸弹簧储存的能量，并使触头进行分闸动作。

2）手动储能。将手摇把插入减速箱前方孔中，顺时针摇转约 25 圈，棘爪进入凸轮上的缺口带动储能轴转动，继续用力摇转 25 圈，合闸弹簧储能完毕，卸下手摇把。

3）合闸。接通合闸电磁铁电源或用手按压合闸按钮，合闸掣子解脱，储能轴在合闸弹簧力的作用下反向转动，凸轮压在三角杠杆上的滚针轴承上，杠杆上的连杆将力传给断路器主轴，导电杆向上运动，主轴转动约 60° 时被分闸掣子锁住，断路器合闸完毕。在此过程中，分闸弹簧被储能，绝缘拉杆上的触头弹簧也被压缩，给触头施加一定压力。"合闸指示"显示在面板孔中。

4）分闸。接通分闸电磁铁电源或用手按压分闸按钮，分闸掣子解脱，主轴在分闸弹簧力和触头弹簧力作用下反向旋转，断路器分闸。"分闸指示"显示在面板孔中。

在断路器合闸后，电动机立即给合闸弹簧储能，也可手动储能。

（3）弹簧操动机构机械防跳原理　断路器防跳性能可以通过两个方面实现：第一是操动机构自身实现机械防跳，第二是在操动机构的合闸回路中设置的"防跳"线路实现机械防跳。图25-6展示了机械防跳装置的原理，其动作过程如下。

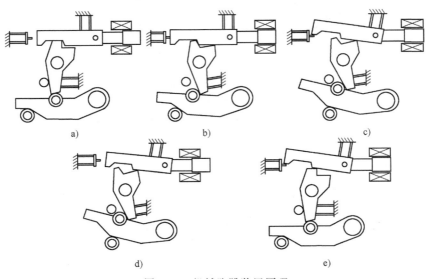

图25-6　机械防跳装置原理

1）图25-6a所示状态为开关处于分闸位置，此时合闸弹簧为储能（分闸弹簧已释放）状态，凸轮通过凸轮轴与棘轮相连，棘轮受到已储能的合闸弹簧力的作用存在顺时针方向的力矩，但在合闸触发器和合闸弹簧储能保持掣子的作用下处于锁住状态，开关保持在分闸位置。

2）当合闸电磁铁被合闸信号励磁时，铁心杆带动合闸撞杆先压下防跳销钉，后撞击合闸触发器。合闸触发器沿顺时针方向旋转，并释放合闸弹簧储能保持掣子，合闸弹簧储能保持掣子沿逆时针方向旋转，释放棘轮上的轴销。合闸弹簧力使棘轮带动凸轮轴沿逆时针方向旋转，使主拐臂沿顺时针方向旋转，断路器完成合闸。

3）滚轮推动脱扣器的回转面，使其进一步逆时针转动。进而使脱扣器推动脱扣杆沿顺时针方向转动（见图25-6b），并从防跳销钉上滑脱，而防跳销钉使脱扣杆保持倾斜状态（图25-6c）。

4）断路器合闸结束，合闸信号消失，电磁铁复位（图25-6d）。

5）如果断路器此时得到了意外的分闸信号开始分闸，则在分闸在这一过程中，只要合闸信号一直保持，脱扣杆由于防跳销钉的作用而始终是倾斜的，致使铁心杆不能撞击脱扣器，因此，断路器不能重复合闸操作（图25-6e）实现防跳功能。

当合闸信号解除时，合闸电磁铁失磁，铁心杆通过电磁铁内弹簧返回，则铁心杆和脱扣杆均处于图25-6a状态，为下次合闸操作做好准备。

参 考 文 献

[1] 教育部高等学校教学指导委员会. 普通高等学校本科专业类教学质量国家标准：全2册 [M]. 北京：高等教育出版社，2018.

[2] 教育部高等学校机械基础课程教学指导分委员会. 高等学校机械基础系列课程现状调查分析报告暨机械基础系列课程教学基本要求 [M]. 北京：高等教育出版社，2012.

[3] 张祝新. 工程训练：基础篇 [M]. 北京：机械工业出版社，2013.

[4] 张祝新. 工程训练：数控机床编程与操作篇 [M]. 北京：机械工业出版社，2013.

[5] 傅水根，张学政，马二恩. 机械制造工艺基础 [M]. 北京：清华大学出版社，2010.

[6] 于俊一，邹青. 机械制造技术基础 [M]. 2版. 北京：机械工业出版社，2009.

[7] 赵月望. 机械制造技术实践 [M]. 北京：机械工业出版社，2000.

[8] 马保吉. 机械制造基础工程训练 [M]. 西安：西北工业大学出版社，2006.

[9] 黄明宇，徐钟林. 金工实习 [M]. 北京：机械工业出版社，2005.

[10] 吴鹏，迟剑锋. 工程训练 [M]. 北京：机械工业出版社，2005.

[11] 高美兰. 金工实习 [M]. 北京：机械工业出版社，2006.

[12] 金禧德. 金工实习 [M]. 4版. 北京：高等教育出版社，2004.

[13] 柳秉毅. 金工实习 [M]. 3版. 北京：机械工业出版社，2015.

[14] 张世昌，李旦，张冠伟. 机械制造技术基础 [M]. 3版. 北京：高等教育出版社，2014.

[15] 邓文英，郭晓鹏，邢忠文. 金属工艺学：上册 [M]. 6版. 北京：高等教育出版社，2017.

[16] 邓文英，宋力宏. 金属工艺学：下册 [M]. 6版. 北京：高等教育出版社，2016.

[17] 郗安民. 金工实习 [M]. 北京：清华大学出版社，2008.

[18] 朱建军. 制造技术基础实习教程 [M]. 北京：机械工业出版社，2015.

[19] 王浩程. 面向卓越工程师培养：金工实习教程 [M]. 北京：清华大学出版社，2015.

[20] 刘新，崔明铎. 工程训练通识教程 [M]. 北京：清华大学出版社，2015.

[21] 陶俊，胡玉才. 制造技术实训 [M]. 北京：机械工业出版社，2016.

[22] 张艳蕊，王明川，刘晓微. 工程训练 [M]. 北京：科学出版社，2013.

[23] 杨琦，李舒连. 工程训练及实习报告 [M]. 合肥：合肥工业大学出版社，2016.

[24] 廖常初. PLC编程及应用 [M]. 5版. 北京：机械工业出版社，2019.

[25] 韩建海. 工业机器人 [M]. 武汉：华中科技大学出版社，2019.

[26] 张福学. 机器人技术及其应用 [M]. 北京：电子工业出版社，2000.

[27] 吴新辉，汪祥兵. 安全用电 [M]. 3版. 北京：中国电力出版社，2015.

[28] 尤海峰. 电动机检修实训 [M]. 北京：中国电力出版社，2011.

[29] 刘震，佘伯山. 室内配线与照明 [M]. 3版. 北京：中国电力出版社，2015.

[30] 杨杰忠. 电机维修技术 [M]. 北京：电子工业出版社，2016.

[31] 杨杰忠. 电机变压器的保养与维护 [M]. 北京：机械工业出版社，2015.

[32] 沈诗佳. 电力系统继电保护及二次回路 [M]. 2版. 北京：中国电力出版社，2017.

[33] 王旭波，张刚毅. 高压电气设备的检修与试验 [M]. 西安：西安交通大学出版社，2017.